映像情報メディア学会 編

テレビジョン学会教科書シリーズ 2

基礎光学

— 光の古典論から量子論まで —

早稲田大学名誉教授　工学博士
大頭　仁
東京農工大学教授　博士(工学)
高木康博
共　著

コロナ社

映像情報メディア学会教科書委員会

委員長	東京大学名誉教授	工学博士	瀧　保夫
企画委員長	東北大学名誉教授	工学博士	高木　相
企画委員	電気通信大学名誉教授	工学博士	長谷川　伸
	東京大学名誉教授	工学博士	岡部洋一
	慶應義塾大学教授	工学博士	小沢慎治
	早稲田大学教授	工学博士	加藤　勇
	東京農工大学教授	工学博士	越田信義
	東京大学教授	工学博士	原島　博

(2006年8月現在)

ま　え　が　き

光学は力学と並んで古典物理学の基礎となるものである。2000年あまりの歴史の中で，光に関する古典論は多くの先人たちによって築き上げられ，マクスウェルによる電磁波としてのまとめ上げの仕事で体系化されている。この本は，大学理工系の3年度生を対象に，「光学」の基礎を1年間で講義することを念頭におき，知識より論理とその理解を中心にまとめてみたものである。

現在，光に関する学問と技術は，特にレーザの発明以後急速な変貌をとげている。きたるべき世紀は光の世代ともいわれているほど，光応用技術は多岐にわたると同時に，「光学」の守備範囲が広がっていることは言うまでもない。何事も基本が大切なように，光の古典を学ぶことが新しい技術や学問の進展につながることを思い，大学での教科には基礎を十分に理解して欲しいために，あえて着実な事柄を中心に編集してみた。

1章では，マクスウェルの電磁場方程式とその解としての光を論じ，古典的波動の性質を述べた。続いて，2章では光と視覚の問題を略述し，視覚の問題から光の明るさ感覚などの定義を明らかにした。物理的な電磁波の中で，光というものが人間の視覚によって受容される過程と，「光」という概念が視覚特性によって規定されていることを述べることにした。色覚については重要な課題であるが割愛した。

3章は歴史的な光学の発展の過程を尊重し，光線という概念でレンズの結像や身近な光の現象を理解できる幾何光学とその応用についてまとめた。これは光の伝搬を取り扱ううえでの近似法としてたいへん優れた手法であって，光学レンズや機器の設計に欠くことのできない重要な方法論である。

4章は波動の重ね合わせである干渉の議論を要約し，5章には波動伝搬の一般論である回折の理論をまとめた。多くの光学機械はこの回折と干渉の組み合わせで構成されている。ただし，光の波長に比べて小さい物体による散乱や回折の問題は割愛した。

6 章は，幾何光学では理解できない，例えば結像における像の質を問題にして，4 章，5 章で述べた波動の性質から生じる現象をさらに深く理解するために取り入れることにした。これまでは，光が伝搬する媒質の性質は均一なものと仮定していたが，7 章では，誘電率が光の伝搬方向に依存する媒質についての理解を深めるために典型的な例として結晶や液晶などの性質を論じた。これは光を人工的に制御する技術，特に最近のオプトエレクトロニクスの基礎となる。さらに，8 章では，これまでの自由空間中での光の伝搬に対して，光を閉じ込めて伝搬させるいわゆる光導波路に言及した。紙面の都合により，現代の光通信技術に必須な光ファイバの原理を説明することにとどめた。また，最後の章では，古典的波動としての光に対して，エネルギー粒子としての光の性質を量子力学的に解釈することを目的にして，量子光学への入門を試みた。

光学に関する専門書，教科書類は幸いにして非常に多く出版されている。その範囲が広大であるために，紙面の制限があるととかく広く浅くなりがちであるが，新しい分野への進展のために最小限必要な基本の事柄を理解することを目的にした。また，直観的理解も大切であり，なるべく図面を多くすることを心掛けた。

2000 年 4 月

大頭　仁
高木康博

目　　次

1 光の電磁気学

2 光 と 視 覚

3 幾 何 光 学

4 干渉

5 回折

6 フーリエ光学

7 結 晶 光 学

8　光ファイバ

9　光の量子論

1 光の電磁気学

電磁波は，**図 1.1** に示すようにその周波数によってさまざまな名前が付けられている。本書では，一般に光と呼ばれている赤外光，可視光，および紫外光について扱う。この領域は，波動性と粒子性がともに顕著になる重要な領域でもある。この領域より周波数の低い電波と呼ばれる領域では波としての性質が強く，逆に周波数の高い領域では粒子性がより顕著になる。本章では，電磁気学をもとに光の波としての性質を論じる。

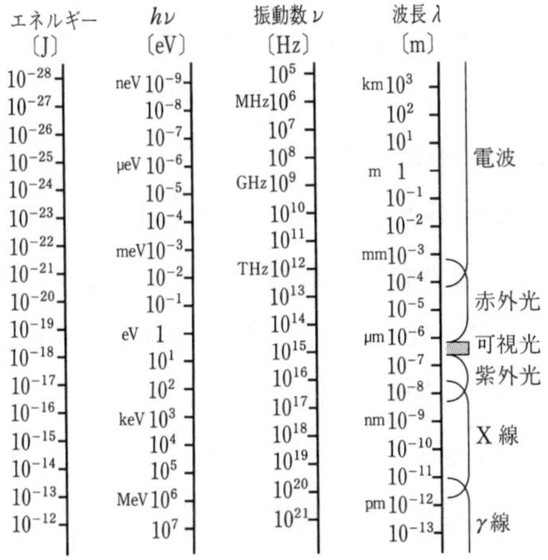

$h=6.626\,075\,5\times10^{-34}$〔J·s〕
$1\,\mathrm{eV}=1.602\,18\times10^{-19}$〔J〕

図 1.1　電磁波の分類

1.1 光の伝搬

1.1.1 マクスウェル方程式と物質方程式

電磁波は電場 $\boldsymbol{E}$，磁場 $\boldsymbol{H}$，電気変位 $\boldsymbol{D}$，および磁気誘導 $\boldsymbol{B}$ で記述される。これらの関係を表すのが**マクスウェル方程式**で，MKS 単位系を用いれば以下のように記述される。ただし，ρ は電荷密度で $\boldsymbol{j}$ は電流密度である。

$$\nabla\times\boldsymbol{H}=\boldsymbol{j}+\frac{\partial\boldsymbol{D}}{\partial t} \tag{1.1 a}$$

$$\nabla\times\boldsymbol{E}=-\frac{\partial\boldsymbol{B}}{\partial t} \tag{1.1 b}$$

$$\nabla\cdot\boldsymbol{D}=\rho \tag{1.1 c}$$

$$\nabla\cdot\boldsymbol{B}=0 \tag{1.1 d}$$

電磁波が伝搬する物質の特性はつぎの**物質方程式**で記述される。

$$\boldsymbol{j}=\sigma\boldsymbol{E} \tag{1.2 a}$$

$$\boldsymbol{D}=\varepsilon\boldsymbol{E}=\varepsilon_0\boldsymbol{E}+\boldsymbol{P} \tag{1.2 b}$$

$$\boldsymbol{B}=\mu\boldsymbol{H}=\mu_0\boldsymbol{H}+\boldsymbol{M} \tag{1.2 c}$$

σ，ε，μ がそれぞれ**導電率**，**誘電率**，**透磁率**と呼ばれる物質に固有な量である。ただし，ε_0 と μ_0 は真空中の値で，$\varepsilon_0=8.854\times10^{-12}\ \mathrm{F\cdot m^{-1}}$ で $\mu_0=1.257\times10^{-6}\ \mathrm{H\cdot m^{-1}}$ である。$\boldsymbol{P}$ は光の電磁場によって原子・分子の電荷分布が変化して生じる**分極**で，$\boldsymbol{M}$ は磁荷分布が変化して生じる**磁化**である。

方向によって性質が変わらない**等方的**な物質に対しては，σ，ε，および μ はスカラーとして取り扱える。本章では，等方的な物質のみを対象とする。方向によって性質が異なる**異方性**を示す物質に対してはテンソルとしての取り扱いが必要で，これは 7 章で扱う結晶などの場合である。

$\sigma\neq0$ の場合，式(1.2 a)より光の電場により電流が発生し光のエネルギーがジュール熱として失われるため，物質は不透明である。これは金属の場合などで特に顕著で，光はすぐに減衰する。$\sigma=0$ の場合は，電磁波のエネルギーは失われず物質は透明である。ガラス，空気，真空などの場合である。$\sigma \neq 0$ の物質を**導体**といい，$\sigma = 0$ の物質を**誘電体**あるいは**絶縁体**という。ほとんどの物質で光のような高い周波数に磁化 $\boldsymbol{M}$ は追従できないので，通常は $\boldsymbol{M}=0$ で $\mu \simeq \mu_0$ としてよい。

光の伝搬を扱う場合は物質中の電荷密度 ρ を 0 としてよいことを示す。ベクトル解析の公式 $\nabla\cdot(\nabla\times\boldsymbol{A})=0$ を式(1.1 a)に適用し，式(1.1 c)，(1.2 a)，(1.2 b)を用いると，ρ に関する微分方程式 $\partial\rho/\partial t+(\sigma/\varepsilon)\rho=0$ を得る。したがって，ρ の時間的な変化はつぎのように求まる。

$$\rho=\rho_0 e^{-t/\tau} \tag{1.3}$$

$\tau=\varepsilon/\sigma$ は**緩和時間**と呼ばれ，電荷は緩和時間 τ で指数関数的に減少する。通常，緩和時間は光の振動周期に比べて十分小さいので $\rho=0$ としてよい。

以上より，$\boldsymbol{E}$ と $\boldsymbol{H}$ だけでマクスウェル方程式をつぎのように記述できる。

$$\nabla\times\boldsymbol{H}=\sigma\boldsymbol{E}+\varepsilon\frac{\partial\boldsymbol{E}}{\partial t} \tag{1.4 a}$$

$$\nabla\times\boldsymbol{E}=-\mu_0\frac{\partial\boldsymbol{H}}{\partial t} \tag{1.4 b}$$

$$\nabla\cdot\boldsymbol{E}=0 \tag{1.4 c}$$

$$\nabla\cdot\boldsymbol{H}=0 \tag{1.4 d}$$

【コラム 1.1】 半導体の導電率

絶縁体と半導体は，自由電子で満たされた伝導帯と自由電子の存在しない価電子帯のバンドギャップの大きさで区別される。絶縁体に比べると半導体のバンドギャップは小さく数 eV 程度で，常温でも価電子帯から伝導帯へ容易に電子が励起される。導電率 σ は伝導帯の電子密度に比例するので，絶縁体の導電率は $\sigma=0$ で，半導体は $\sigma>0$ である。ところで，光はその周波数 ν で決まるエネルギー $h\nu$ を持ち，その値は図 1.1 から数 eV 程度である。したがって，半導体のバンドギャップより大きなエネルギーを持つ光は吸収され電子を励起し，小さなエネルギーを持つ光は吸収されない。例えば，Ge や GaAs などの半導体は，可視光に対しては不透明で，赤外光に対しては透明である。このように，半導体での光の吸収は光の周波数に依存するので注意が必要である。

1.1.2 波動方程式

ここでは，光の伝搬を表す**波動方程式**を導く。ベクトル解析の公式$\nabla\times(\nabla\times\boldsymbol{A})=\nabla(\nabla\cdot\boldsymbol{A})-\nabla^2\boldsymbol{A}$を式(1.4 b)に適用する。

$$\nabla(\nabla\cdot\boldsymbol{E})-\nabla^2\boldsymbol{E}=-\mu_0\frac{\partial}{\partial t}(\nabla\times\boldsymbol{H}) \tag{1.5}$$

式(1.4 a)と式(1.4 c)を代入して，電場$\boldsymbol{E}$に関する波動方程式を得る。

$$\nabla^2\boldsymbol{E}-\sigma\mu_0\frac{\partial\boldsymbol{E}}{\partial t}-\varepsilon\mu_0\frac{\partial^2\boldsymbol{E}}{\partial t^2}=0 \tag{1.6 a}$$

同様に，磁場$\boldsymbol{H}$についてもつぎの波動方程式を得る。

$$\nabla^2\boldsymbol{H}-\sigma\mu_0\frac{\partial\boldsymbol{H}}{\partial t}-\varepsilon\mu_0\frac{\partial^2\boldsymbol{H}}{\partial t^2}=0 \tag{1.6 b}$$

これらの微分方程式の形は**電信方程式**と呼ばれる。力学の減衰振動の運動方程式の類推から，第2項が減衰項で光の減衰に関与することが推測される。

波動方程式は$\boldsymbol{E}$と$\boldsymbol{H}$のx，y，z方向の各成分で独立に成り立つ。それぞれの成分をスカラー関数$V(\boldsymbol{r},t)$で代表させてつぎのスカラー波動方程式を得る。

$$\nabla^2 V-\sigma\mu_0\frac{\partial V}{\partial t}-\varepsilon\mu_0\frac{\partial^2 V}{\partial t^2}=0 \tag{1.7}$$

1.1.3 調和振動解としての光波

6章のフーリエ光学で述べるように，任意の波形はさまざまな周波数で調和振動する波の重ね合わせとして表せる。そこで，一つの角周波数ωで振動する**調和振動波**をスカラー波動方程式の解としてつぎのように複素数表示する。

$$V(\boldsymbol{r},t)=U(\boldsymbol{r})e^{-i\omega t} \tag{1.8}$$

これをスカラー波動方程式に代入する。

$$(\nabla^2+\tilde{k}^2)U(\boldsymbol{r})=0 \tag{1.9}$$

複素数の誘電率$\tilde{\varepsilon}$と複素数の**波数**(**伝搬定数**)$\tilde{k}$はつぎのように定義した。

$$\tilde{\varepsilon}=\varepsilon+i\frac{\sigma}{\omega} \tag{1.10 a}$$

$$\tilde{k}^2=\omega^2\tilde{\varepsilon}\mu_0 \tag{1.10 b}$$

式(1.9)は**ヘルムホルツ方程式**と呼ばれる。このように，時間に対して調和振動する波を考えると，波動方程式を位置 $\boldsymbol{r}$ のみに関する微分方程式に帰着でき，この式を解くことで光の空間的な伝搬特性を知ることができる。

式(1.8)の調和振動波解で，時間に依存しない部分 $U(\boldsymbol{r})$ を**複素振幅**という。実数関数 $A(\boldsymbol{r})$ を用いて，$U(\boldsymbol{r})=A(\boldsymbol{r})\exp\{i\zeta(\boldsymbol{r})\}$ と表すと，調和振動波解はつぎのように表せる。

$$V(\boldsymbol{r},t)=A(\boldsymbol{r})\exp[-i\{\omega t-\zeta(\boldsymbol{r})\}] \tag{1.11}$$

$A(\boldsymbol{r})$ を**振幅**といい，$\{\omega t-\zeta(\boldsymbol{r})\}$ を**位相**という。位相が一定の面，つまり $\omega t-\zeta(\boldsymbol{r})=$(一定)を満たす $\boldsymbol{r}$ が作る面を**等位相面**または**波面**という。等位相面上で振幅が一定な波を **homogeneous な波**といい，そうでない波を **inhomogeneous な波**という。通常，光は homogeneous な波と考えてよい。inhomogeneous な波としては，1.3.4 項で扱うエバネッセント波が有名である。

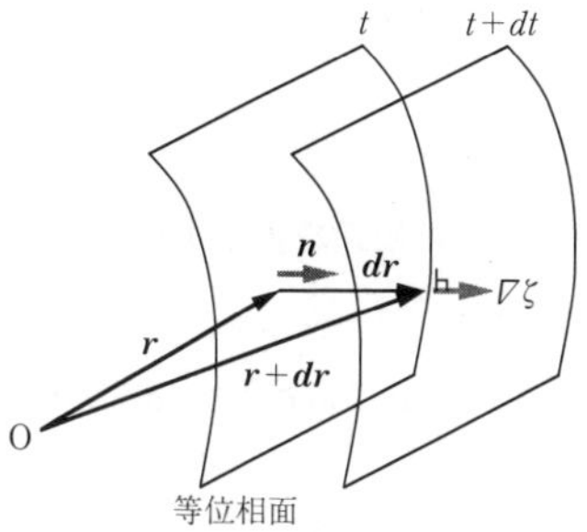

図 1.2　等位相面と位相速度

つぎに，等位相面の速度を求める。**図 1.2** に示すように，等位相面上のある位置 $\boldsymbol{r}$ が，微小時間 dt 後に $\boldsymbol{dr}$ だけ変位したとする。

$$\omega dt-\nabla\zeta(\boldsymbol{r})\cdot\boldsymbol{dr}=0 \tag{1.12}$$

ここで，等位相面の変位 $\boldsymbol{dr}$ の単位ベクトルを $\boldsymbol{n}$ で表して $\boldsymbol{dr}=\boldsymbol{n}dr$ とすると，速度 dr/dt はつぎのように表せる。

$$\frac{dr}{dt}=\frac{\omega}{\boldsymbol{n}\cdot\nabla\zeta(\boldsymbol{r})} \tag{1.13}$$

これは，$\boldsymbol{n}$ と $\nabla\zeta(\boldsymbol{r})$ が平行であるとき，すなわち変位方向 $\boldsymbol{n}$ が等位相面の法線に平行であるとき最小になり，$\boldsymbol{n}$ はつぎのように表せる。

$$\boldsymbol{n}=\frac{\nabla\zeta(\boldsymbol{r})}{|\nabla\zeta(\boldsymbol{r})|} \tag{1.14}$$

このときの速度を**位相速度**と定義して v_p で表すとつぎのようになる。

$$v_p=\frac{\omega}{|\nabla\zeta(\boldsymbol{r})|} \tag{1.15}$$

【コラム 1.2】　複素数による波の表現

波の振動は実数であるから三角関数を用いて

$$V(\boldsymbol{r},t)=A(\boldsymbol{r})\cos\{\omega t-\zeta(\boldsymbol{r})\} \tag{1.16}$$

と表される。しかし，本文のように複素数で表すと便利なことが多い。

$$V(\boldsymbol{r},t)=\mathrm{Re}[A(\boldsymbol{r})\exp\{-i\{\omega t-\zeta(\boldsymbol{r})\}\}] \tag{1.17}$$

通常は，式(1.11)のように実数部を表す記号 Re を省略して表す。この場合も，当然のことながら実数部のみが意味を持つ。複素数表示を用いると，微分や積分などの計算が容易になる。例えば，微分について示す。

$$\frac{d}{dt}\{A\cos(\omega t-\delta)\}=-\omega A\sin(\omega t-\delta) \tag{1.18 a}$$

$$\frac{d}{dt}\{Ae^{-i(\omega t-\delta)}\}=-\omega A\sin(\omega t-\delta)-i\omega A\cos(\omega t-\delta) \tag{1.18 b}$$

実数部が等しいことがわかる。たいていの場合は複素数表示を用いて計算しても問題は生じないが，例外は複素数表示どうしの積の場合である。

$$A_1\cos(\omega t-\delta_1)A_2\cos(\omega t-\delta_2)=\frac{A_1A_2}{2}\{\cos(2\omega t-\delta_1-\delta_2)+\cos(\delta_1-\delta_2)\} \tag{1.19 a}$$

$$A_1e^{-i(\omega t-\delta_1)}A_2e^{-i(\omega t-\delta_2)}=A_1A_2\cos(2\omega t-\delta_1-\delta_2)-iA_1A_2\sin(2\omega t-\delta_1-\delta_2) \tag{1.19 b}$$

このように，食い違いが生じるので注意が必要である(コラム 1.3 参照)。

1.1.4　誘電体中での光波

誘電体中($\sigma=0$)の光の伝搬について調べる。マクスウェル方程式は

$$\nabla\times\boldsymbol{H}=\varepsilon\frac{\partial\boldsymbol{E}}{\partial t} \tag{1.20 a}$$

$$\nabla\times\boldsymbol{E}=-\mu_0\frac{\partial\boldsymbol{H}}{\partial t} \tag{1.20 b}$$

$$\nabla\cdot\boldsymbol{E}=0 \tag{1.20 c}$$

$$\nabla\cdot\boldsymbol{H}=0 \tag{1.20 d}$$

となり，スカラー波動方程式はつぎのようになる。

$$\nabla^2 V-\varepsilon\mu_0\frac{\partial^2 V}{\partial t^2}=0 \tag{1.21}$$

光の伝搬方向を x 方向として，1 次元の波動方程式に書き換える。

$$\frac{\partial^2 V(x,t)}{\partial x^2}-\varepsilon\mu_0\frac{\partial^2 V(x,t)}{\partial t^2}=0 \tag{1.22}$$

この波動方程式を満たす特解としてつぎの二つの関数 V_1 と V_2 が存在する。

$$V_1(x,t)=f(x-vt) \tag{1.23 a}$$

$$V_2(x,t)=g(x+vt) \tag{1.23 b}$$

$$v=\frac{1}{\sqrt{\varepsilon\mu_0}} \tag{1.24}$$

関数 f と g はそれぞれ $x-vt$ と $x+vt$ を変数とするから，波はその形を変えずに x 軸の正あるいは負の方向に速さ v で伝わる(**図 1.3** 参照)。スカラー波動方程式の一般解は，これらの二つの関数の重ね合わせとしてつぎの形で与えられる。

$$V(x,t)=f(x-vt)+g(x+vt) \tag{1.25}$$

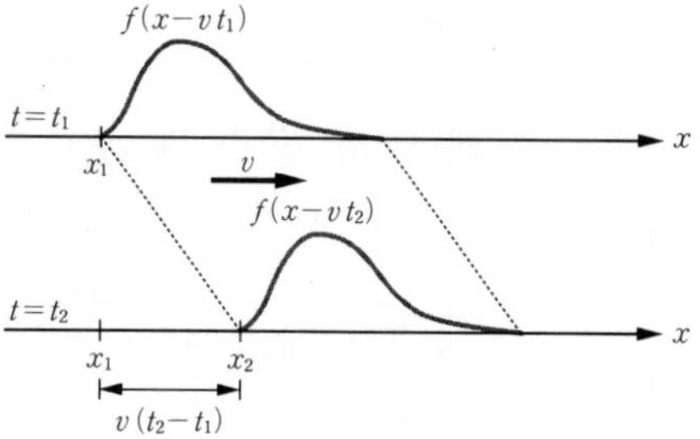

図 1.3　波の伝搬の様子

真空中での光の速さ c を計算すると，$c=1/\sqrt{\mu_0\varepsilon_0}=2.998\times10^8\,\mathrm{m/s}$ である。一般の物質では $\varepsilon\geq\varepsilon_0$ であるから，物質中の光の速さ v と真空中の速さ c の間には $v\leq c$ なる関係がある。物質の光に対する性質を，真空中の光の速さとの比で表したのが**屈折率** n で，式(1.26)のように定義される。

$$n=\frac{c}{v}=\sqrt{\frac{\varepsilon}{\varepsilon_0}} \tag{1.26}$$

真空の屈折率は 1 で，空気の屈折率は 1.000 3 程度である。

調和振動波に関するいくつかの用語を定義する。**周波数**(**振動数**)ν は単位時間当りの振動回数で，角周波数 ω を 2π で割って，つぎのように表される。

$$\nu=\frac{\omega}{2\pi} \tag{1.27}$$

周期 T は 1 回の振動に要する時間で，周波数の逆数である。

$$T=\frac{1}{\nu}=\frac{2\pi}{\omega} \tag{1.28}$$

波長 λ は 1 周期の間に波の進む距離で，つぎのように表される。

$$\lambda=vT=\frac{cT}{n}=\frac{\lambda_0}{n} \tag{1.29}$$

ただし，λ_0 は真空中の光の波長である。

式(1.9)のヘルムホルツ方程式は，誘電体中ではつぎのようになる。

$$(\nabla^2+k^2)\,U(\boldsymbol{r})=0 \tag{1.30}$$

$\sigma=0$ であるから，波数 k は実数である。

$$k=\omega\sqrt{\varepsilon\mu_0}=\frac{\omega}{v}=\frac{2\pi}{\lambda}=\frac{2\pi n}{\lambda_0} \tag{1.31}$$

波数 k は光が単位長さ進むときの位相変化を表すことがわかる。

ここで，式(1.24)の速さ v が式(1.15)の位相速度 v_p と等しいことから

$$|\nabla\zeta(\boldsymbol{r})|=\frac{\omega}{v}=k \tag{1.32}$$

を得る。さらに式(1.14)を用いて，等位相面に関するつぎの式を得る。

$$\nabla\zeta(\boldsymbol{r})=k\boldsymbol{n}=\boldsymbol{k} \tag{1.33}$$

ここで，$\boldsymbol{k}=k\boldsymbol{n}$ は**波数ベクトル**あるいは**伝搬ベクトル**と呼ばれ，等位相面の進行方向を向きに持つ。

1.1.5　平面波と球面波

図 1.4 に示すように，等位相面が平面である波を**平面波**という。等位相面の

単位法線ベクトル $\boldsymbol{n}$ は空間内で不変であるので，等位相面上の位置を $\boldsymbol{r}$ で表すと，式(1.33)より $\zeta(\boldsymbol{r})$ はつぎのように求まる。

$$\nabla\zeta(\boldsymbol{r})=k\boldsymbol{n}=\boldsymbol{k}, \qquad \zeta(\boldsymbol{r})=\boldsymbol{k}\cdot\boldsymbol{r} \tag{1.34}$$

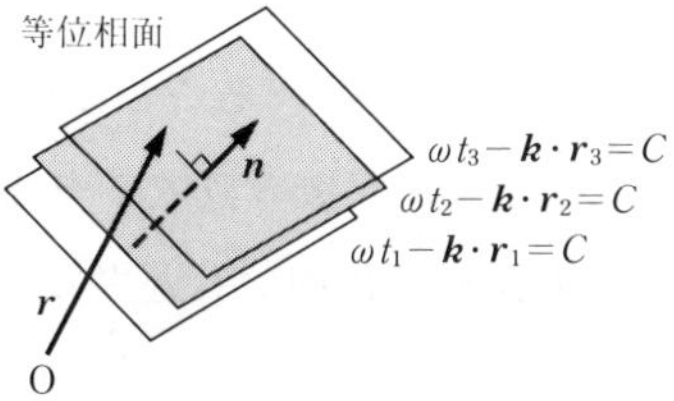

図 1.4 平面波の等位相面

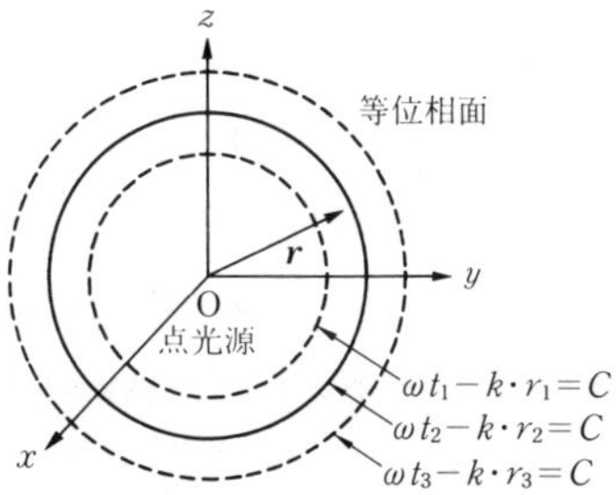

図 1.5 球面波の等位相面

これを調和振動波の式(1.11)に代入して，平面波を表す次式を得る。

$$V(\boldsymbol{r},t)=A\exp\{-i(\omega t-\boldsymbol{k}\cdot\boldsymbol{r})\} \tag{1.35}$$

つぎに，点光源から発せられ，その点光源を中心とした半径 r の球面を等位相面に持つ波を考える。このような波を**球面波**という(**図 1.5** 参照)。点光原が原点 O にあるとすると，球面の単位法線ベクトルは $\boldsymbol{r}/r$ で表せるから，式(1.33)より次式を得る。

$$\nabla\zeta(\boldsymbol{r})=k\frac{\boldsymbol{r}}{r}, \qquad \zeta(\boldsymbol{r})=kr \tag{1.36}$$

ここで，誘電体中の波動方程式(1.21)を極座標(r,θ,φ)で書き直す。付録 B の式(B.8)と，球面波を表す関数 V は θ と φ によらないことから

$$\nabla^2 V=\frac{1}{r^2}\frac{\partial}{\partial r}\left(r^2\frac{\partial V}{\partial r}\right) \tag{1.37}$$

となる。したがって，極座標表示した波動方程式はつぎのようになる。

$$\frac{\partial^2 V}{\partial r^2}+\frac{2}{r}\frac{\partial V}{\partial r}=\frac{1}{v^2}\frac{\partial^2 V}{\partial t^2}$$

$$\frac{\partial^2}{\partial r^2}(rV)-\frac{1}{v^2}\frac{\partial^2}{\partial t^2}(rV)=0 \tag{1.38}$$

$rV(r)$ に対して波動方程式(1.22)と同じ形の式になることがわかる。したが

って，$rV(r)$が調和振動波解を持ち，球面波 $V(r)$は次式で与えられる。

$$V(r,t)=\frac{A}{r}\exp\{-i(\omega t-kr)\} \tag{1.39}$$

このように，球面波の振幅は点光源からの距離 r に反比例して減少する。

1.1.6 導体中での光波

導体中の光の伝搬はヘルムホルツ方程式(1.9)をもとに調べることになるが，誘電体中のヘルムホルツ方程式(1.30)と比較すると，実数の波数 k を複素数の波数 $\tilde{k}$ に置き換えれば，誘電体で得られた結論が導体中でも適用できることがわかる。

導体中では $\sigma\neq 0$ であるから，式(1.24)と式(1.26)を参照して，複素数の速さ $\tilde{\boldsymbol{v}}$ と複素数の屈折率 $\tilde{n}$ をつぎのように定義する。

$$\tilde{v}=\frac{1}{\sqrt{\tilde{\varepsilon}\mu_0}} \tag{1.40 a}$$

$$\tilde{n}=\frac{c}{\tilde{v}}=c\sqrt{\tilde{\varepsilon}\mu_0} \tag{1.40 b}$$

ここで，屈折率 $\tilde{n}$ と波数 $\tilde{k}$ を実数部と虚数部に分けてつぎのように表す。

$$\tilde{n}=n(1+i\kappa) \tag{1.41 a}$$

$$\tilde{k}=\omega\sqrt{\tilde{\varepsilon}\mu_0}=\frac{\omega n}{c}(1+i\kappa) \tag{1.41 b}$$

導体中での平面波解 $V(\boldsymbol{r})=A\exp\{-i(\omega t-\tilde{k}\boldsymbol{n}\cdot\boldsymbol{r})\}$に代入すると

$$V(\boldsymbol{r},t)=A\exp\left(-\frac{\omega n\kappa}{c}\boldsymbol{n}\cdot\boldsymbol{r}\right)\exp\left\{-i\omega\left(t-\frac{n}{c}\boldsymbol{n}\cdot\boldsymbol{r}\right)\right\} \tag{1.42}$$

となる。$\sigma\neq 0$ の場合は $\kappa\neq 0$ で，導体中を伝搬する光は指数関数的に減衰することがわかる。複素屈折率の虚数部 $n\kappa$ は光の減衰に関係し，κ は**消滅係数**と呼ばれ，$n\kappa$ は**吸収係数**と呼ばれる。

導体に入射した光の振幅が $1/e$ まで減衰する距離 d を**表皮深さ**といい，上式より $d=c/\omega n\kappa$ である。ここで，式(1.10 a)を式(1.40 b)に代入して式(1.41 a)と比較することで，n と $n\kappa$ が式(1.43 a, b)のように求まる。

$$n^2=\frac{c^2\mu_0}{2}\left\{\sqrt{\varepsilon^2+\left(\frac{\sigma}{\omega}\right)^2}+\varepsilon\right\} \tag{1.43 a}$$

$$n^2\kappa^2=\frac{c^2\mu_0}{2}\left\{\sqrt{\varepsilon^2+\left(\frac{\sigma}{\omega}\right)^2}-\varepsilon\right\} \tag{1.43 b}$$

通常は $\sigma/\omega \gg \varepsilon$ であるので，$n \simeq n\kappa \simeq c\sqrt{\sigma\mu_0/2\omega}$ と近似できる。したがって，表皮深さは $d=\sqrt{2/\omega\sigma\mu_0}$ と表せる。

1.1.7 電場と磁場の関係

平面波を例に電場と磁場の関係について考える。

$$\boldsymbol{E}=\boldsymbol{E}_0\exp\{-i(\omega t-\boldsymbol{k}\cdot\boldsymbol{r})\} \tag{1.44 a}$$

$$\boldsymbol{H}=\boldsymbol{H}_0\exp\{-i(\omega t-\boldsymbol{k}\cdot\boldsymbol{r})\} \tag{1.44 b}$$

$\boldsymbol{E}_0$ と $\boldsymbol{H}_0$ は一定な複素ベクトルである。つぎの関係は簡単に示せる。

$$\nabla\times\boldsymbol{E}=i\boldsymbol{k}\times\boldsymbol{E} \tag{1.45 a}$$

$$\frac{\partial\boldsymbol{E}}{\partial t}=-i\omega\boldsymbol{E} \tag{1.45 b}$$

$$\nabla\times\boldsymbol{H}=i\boldsymbol{k}\times\boldsymbol{H} \tag{1.45 c}$$

$$\frac{\partial\boldsymbol{H}}{\partial t}=-i\omega\boldsymbol{H} \tag{1.45 d}$$

上の関係をマクスウェル方程式(1.4 a)と(1.4 b)に代入する。

$$\boldsymbol{k}\times\boldsymbol{H}=-\omega\varepsilon\boldsymbol{E} \tag{1.46 a}$$

$$\boldsymbol{k}\times\boldsymbol{E}=\omega\mu_0\boldsymbol{H} \tag{1.46 b}$$

波数ベクトル $\boldsymbol{k}$ とのスカラー積をとると

$$\boldsymbol{E}\cdot\boldsymbol{k}=-\frac{1}{\omega\varepsilon}(\boldsymbol{k}\times\boldsymbol{H})\cdot\boldsymbol{k}=0 \tag{1.47 a}$$

$$\boldsymbol{H}\cdot\boldsymbol{k}=\frac{1}{\omega\mu_0}(\boldsymbol{k}\times\boldsymbol{E})\cdot\boldsymbol{k}=0 \tag{1.47 b}$$

となり，電場と磁場の振動方向は波面の進行方向 $\boldsymbol{k}$ に垂直であることがわかる。つまり，光は**横波**である。また，式(1.46)より

$$\boldsymbol{E}\cdot\boldsymbol{H}=-\frac{1}{\omega\varepsilon}\boldsymbol{H}\cdot(\boldsymbol{k}\times\boldsymbol{H})=\frac{1}{\omega\mu_0}\boldsymbol{E}\cdot(\boldsymbol{k}\times\boldsymbol{E})=0 \tag{1.48}$$

となり，電場 $\boldsymbol{E}$ と磁場 $\boldsymbol{H}$ が直交していることがわかる。光の進行方向 $\boldsymbol{k}$，電場 $\boldsymbol{E}$，および磁場 $\boldsymbol{H}$ の関係を**図1.6**に示す。さらに，式(1.46)と式(1.31)から，電場と磁場の大きさの関係が導ける。$\boldsymbol{E}$ と $\boldsymbol{H}$ の位相差は無視して図に示した。

$$|\boldsymbol{E}|=\sqrt{\frac{\mu_0}{\varepsilon}}\,|\boldsymbol{H}| \tag{1.49}$$

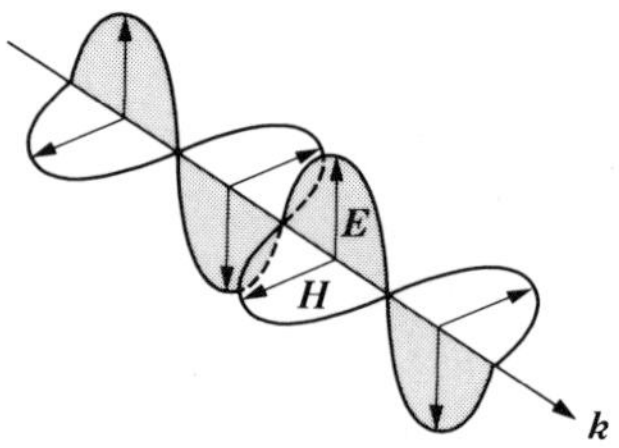

図1.6　電場 $\boldsymbol{E}$ と磁場 $\boldsymbol{H}$ と波数ベクトル $\boldsymbol{k}$ の関係

1.1.8　光のエネルギー

電磁気学では，電磁波のエネルギーは空間の場に分布していると考える。単位体積当りのエネルギーをエネルギー密度と呼び，誘電体中では

$$u_e=\frac{1}{2}\boldsymbol{D}\cdot\boldsymbol{E}=\frac{1}{2}\varepsilon\boldsymbol{E}\cdot\boldsymbol{E} \tag{1.50 a}$$

$$u_m=\frac{1}{2}\boldsymbol{H}\cdot\boldsymbol{B}=\frac{1}{2}\mu_0\boldsymbol{H}\cdot\boldsymbol{H} \tag{1.50 b}$$

で与えられる。u_e は**電気エネルギー密度**で，u_m は**磁気エネルギー密度**である。式(1.49)より，$u_e=u_m$ であることがわかる。

体積 V 内の電磁場のエネルギー U はつぎのように与えられる。

$$U=\int_V (u_e+u_m)\,dv=\frac{1}{2}\int_V (\varepsilon\boldsymbol{E}\cdot\boldsymbol{E}+\mu_0\boldsymbol{H}\cdot\boldsymbol{H})\,dv \tag{1.51}$$

このエネルギー U の時間変化を求める。

$$\frac{\partial U}{\partial t}=\int_V\left(\varepsilon\boldsymbol{E}\cdot\frac{\partial\boldsymbol{E}}{\partial t}+\mu_0\boldsymbol{H}\cdot\frac{\partial\boldsymbol{H}}{\partial t}\right)dv \tag{1.52}$$

損失のない誘電体中に議論を限定して，誘電体中のマクスウェル方程式(1.20 a)と(1.20 b)を代入する。

$$\frac{\partial U}{\partial t}=\int_V\{\boldsymbol{E}\cdot(\nabla\times\boldsymbol{H})-\boldsymbol{H}\cdot(\nabla\times\boldsymbol{E})\}dv=-\int_V\nabla\cdot(\boldsymbol{E}\times\boldsymbol{H})\,dv \quad (1.53)$$

さらに，**ガウスの定理** $\int_V\nabla\cdot\boldsymbol{A}\,dv=\int_S\boldsymbol{A}\cdot\boldsymbol{n}ds$ を用いて，体積積分を面積積分に置き換える。

$$\frac{\partial U}{\partial t}=-\int_S(\boldsymbol{E}\times\boldsymbol{H})\cdot\boldsymbol{n}ds=-\int_S\boldsymbol{S}\cdot\boldsymbol{n}ds \quad (1.54)$$

S は体積 V を囲む閉曲面で，$\boldsymbol{n}$ は閉曲面上の法線ベクトルである。ここで，$\boldsymbol{S}=\boldsymbol{E}\times\boldsymbol{H}$ は**ポインティングベクトル**と呼ばれる。上式より，ポインティングベクトルは体積 V の表面 S から単位時間・単位面積当り流れ出ていくエネルギー量であることがわかる。エネルギー密度が空間にはりついた量で測定できないのに対して，ポインティングベクトルは空間を流れていくエネルギー量で測定可能である。以上より，ポインティングベクトルを用いてエネルギー保存則をつぎのように表すことができる。

$$\int_S\boldsymbol{S}\cdot\boldsymbol{n}ds+\frac{\partial}{\partial t}\int_V(u_e+u_m)\,dv=0 \quad (1.55)$$

また，式(1.46)を用いるとポインティングベクトルはつぎのように表せる。

$$\boldsymbol{S}=\boldsymbol{E}\times\frac{\boldsymbol{k}\times\boldsymbol{E}}{\omega\mu_0}=\frac{1}{\omega\mu_0}\{\boldsymbol{k}(\boldsymbol{E}\cdot\boldsymbol{E})-\boldsymbol{E}(\boldsymbol{E}\cdot\boldsymbol{k})\}=\frac{\boldsymbol{E}\cdot\boldsymbol{E}}{\omega\mu_0}\boldsymbol{k} \quad (1.56)$$

ポインティングベクトル $\boldsymbol{S}$ の向きと波面の進む方向が等しいことがわかる。

光の振動数は非常に高いので，われわれが現有する技術で測定できるのはポインティングベクトルの時間平均である。この時間平均のことを**強度**といい，次式で与えられる(コラム 1.3 参照)。

$$\langle|S|\rangle=\langle|E||H|\rangle=\frac{1}{2}\sqrt{\frac{\varepsilon}{\mu_0}}\,|\boldsymbol{E}_0|^2=\frac{1}{2}\sqrt{\frac{\mu_0}{\varepsilon}}\,|\boldsymbol{H}_0|^2 \quad (1.57)$$

【コラム 1.3】 複素数表示の積の時間平均

式(1.57)では，波の積の時間平均を求める必要がある。二つの波 A と B がつぎのように複素数表示される場合について考える。

$$A=A_0\exp\{-i(\omega t+\phi_A)\} \quad (1.58\,\mathrm{a})$$

$$B=B_0\exp\{-i(\omega t+\phi_B)\} \quad (1.58\,\mathrm{b})$$

つぎのようにして，複素数表示を実数表示に変換できる。

$$Re\{A\}=\frac{1}{2}(A+A^*) \tag{1.59 a}$$

$$Re\{B\}=\frac{1}{2}(B+B^*) \tag{1.59 b}$$

$Re\{A\}$と $Re\{B\}$の積の時間平均を $\langle AB\rangle$ で表す。

$$\langle AB\rangle=\frac{1}{T}\int_0^T Re\{A\}Re\{B\}dt$$

$$=\frac{1}{4T}\int_0^T (AB+AB^*+A^*B+A^*B^*)\,dt \tag{1.60}$$

T は波の周期である。AB と A^*B^* の時間平均は 0 であるから，次式を得る。

$$\langle AB\rangle=\frac{1}{4T}\int_0^T (AB^*+A^*B)\,dt=\frac{1}{2}\,Re\{AB^*\}=\frac{1}{2}\,|A||B| \tag{1.61}$$

特に，$B=A^*$ の場合はつぎのようになる。

$$\langle|A|^2\rangle=\langle AA^*\rangle=\frac{1}{2}\,|A|^2 \tag{1.62}$$

【コラム 1.4】　ベクトルポテンシャルとゲージ変換

誘電体中のマクスウェル方程式$\nabla\cdot\boldsymbol{B}=0$ と $\nabla\times\boldsymbol{E}=-\partial\boldsymbol{B}/\partial t$，およびベクトル解析の公式 $\nabla\cdot\nabla\times\boldsymbol{A}=0$ と $\nabla\times\nabla\phi=0$ から，$\boldsymbol{B}$ と $\boldsymbol{E}$ は

$$\boldsymbol{B}=\nabla\times\boldsymbol{A}, \qquad \boldsymbol{E}=-\nabla\phi-\frac{\partial\boldsymbol{A}}{\partial t} \tag{1.63}$$

と表すことができる。ここで，$\boldsymbol{A}(\boldsymbol{r},t)$を**ベクトルポテンシャル**，$\phi(\boldsymbol{r},t)$を**スカラーポテンシャル**と呼ぶ。これらは，残りの二つのマクスウェル方程式 $\nabla\times\boldsymbol{B}=\varepsilon\mu\partial\boldsymbol{E}/\partial t$ と $\nabla\cdot\boldsymbol{E}=0$ も満たす必要があるので

$$\nabla^2\boldsymbol{A}-\varepsilon\mu\frac{\partial^2\boldsymbol{A}}{\partial t^2}=0, \qquad \nabla^2\phi-\varepsilon\mu\frac{\partial^2\phi}{\partial t^2}=0 \tag{1.64}$$

である。ただし，$\boldsymbol{A}$ と ϕ の組み合わせには自由度があることから，$\nabla\cdot\boldsymbol{A}+\varepsilon\mu\partial\phi/\partial t=0$ の関係を満たすように選んだ。この関係を，ローレンツの条件という。

さらに，ベクトル解析の公式 $\nabla\times\nabla\chi=0$ から，$\boldsymbol{A}$ と ϕ の選び方にはつぎのような任意性があることがわかる。

$$\boldsymbol{A}'=\boldsymbol{A}+\nabla\chi, \qquad \phi'=\phi-\frac{\partial\chi}{\partial t} \tag{1.65}$$

このような変換に対して，$\boldsymbol{B}$ と $\boldsymbol{E}$ は不変である。ただし，ローレンツの条件を満たすためには，$\nabla^2\chi-\varepsilon\mu\partial^2\chi/\partial t^2=0$ となるように χ を選ぶ必要があり，このときの変換を**ゲージ変換**という。さらに，$\chi=\int\phi dt$ となるように χ を選ぶとスカラーポテンシャルを 0 にでき，式(1.64)のスカラーポテンシャル ϕ に関する式はつねに成り立

つことになるので，結局，$\boldsymbol{B}$ と $\boldsymbol{E}$ はベクトルポテンシャル $\boldsymbol{A}$ のみを用いてつぎのように記述できる。

$$\boldsymbol{B}=\nabla\times\boldsymbol{A},\qquad \boldsymbol{E}=-\frac{\partial\boldsymbol{A}}{\partial t}\tag{1.66}$$

このとき，ローレンツの条件は $\nabla\cdot\boldsymbol{A}=0$ となり，$\boldsymbol{A}$ は横波で，調和振動解では $\boldsymbol{B}$ と $\boldsymbol{E}$ が直交することを示している。

1.2 偏　　光

1.1.7 項で示したように光は横波で，電場と磁場の振動方向は光の進行方向と直交する。振動方向と進行方向が直交する波といっても，振動方向が同一平面内に保持される場合もあれば，進行方向を中心として回転する場合などもある。このような進行方向に対する光の振動の偏りのことを**偏光**という。

ここでは z 軸方向に伝搬する平面波について考える。

$$\boldsymbol{E}=\boldsymbol{E}_0\exp\{-i(\omega t-kz)\}\tag{1.67}$$

$\boldsymbol{E}_0$ は xy 平面内にある一定な複素数ベクトルである。x 軸方向と y 軸方向の単位ベクトルをそれぞれ $\hat{\boldsymbol{i}}$ と $\hat{\boldsymbol{j}}$ で表して，$\boldsymbol{E}_0$ をつぎのように表す。

$$\boldsymbol{E}_0=\hat{\boldsymbol{i}}E_{0x}\exp(-i\phi_x)+\hat{\boldsymbol{j}}E_{0y}\exp(-i\phi_y)\tag{1.68}$$

ただし，ϕ_x と ϕ_y は初期位相である。電場 $\boldsymbol{E}$ の xy 成分を実数表示する。

$$E_x=E_{0x}\cos(\omega t-kz+\phi_x)\tag{1.69 a}$$

$$E_y=E_{0y}\cos(\omega t-kz+\phi_y)\tag{1.69 b}$$

xy 成分で表した電場ベクトルの先端が時間に対して描く軌跡を**図 1.7** に示す。この電場ベクトルと光の伝搬方向 $\boldsymbol{k}$ を含む面を**振動面**という。**偏光面**という用語が用いられることがあるが，これは磁場ベクトルと光の伝搬方向を含む平面を表す古い表記方法で，現在はほとんど用いられない。

電場の x 成分と y 成分の位相差を $\delta=\phi_y-\phi_x$ で表すと，式(1.69)より

$$\frac{E_x}{E_{0x}}\sin\phi_y-\frac{E_y}{E_{0y}}\sin\phi_x=\cos(\omega t-kz)\sin\delta\tag{1.70 a}$$

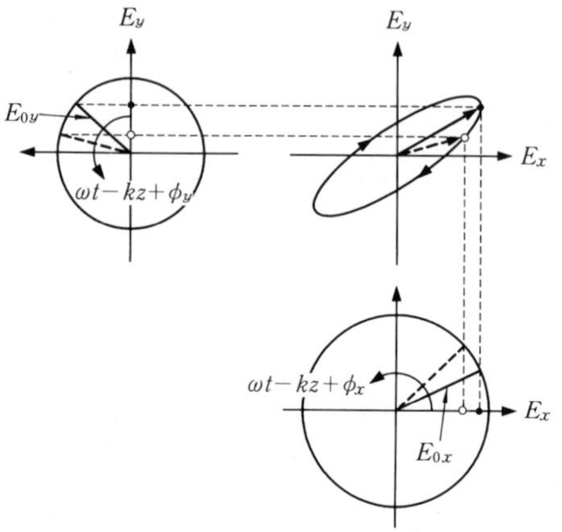

図 **1.7**　偏光の様子

$$\frac{E_x}{E_{0x}}\cos\phi_y-\frac{E_y}{E_{0y}}\cos\phi_x=\sin(\omega t-kz)\sin\delta \qquad (1.70\,\mathrm{b})$$

となる。この二式を辺々二乗して足し合わせる。

$$\left(\frac{E_x}{E_{0x}}\right)^2+\left(\frac{E_y}{E_{0y}}\right)^2-\frac{2E_xE_y}{E_{0x}E_{0y}}\cos\delta=\sin^2\delta \qquad (1.71)$$

これは，E_x および E_y に関する二次方程式で，その判別式

$$\left(\frac{2\cos\delta}{E_{0x}E_{0y}}\right)^2-4\frac{1}{E_{0x}{}^2}\frac{1}{E_{0y}{}^2}=-4\frac{\sin^2\delta}{E_{0x}{}^2E_{0y}{}^2}\leq 0 \qquad (1.72)$$

の関係があるので，式(1.71)は E_x と E_y に関する楕円の式であることがわかる。これを**楕円偏光**という。楕円偏光の長軸と短軸は一般に xy 軸とは一致しないので扱いが難しい。そこで，**図 1.8** に示すように楕円の傾き θ と楕円の長軸と短軸の振幅の比 φ を導入する。θ と φ はつぎのように表せる。

$$\tan 2\theta=\frac{2E_{0x}E_{0y}\cos\delta}{E_{0x}{}^2-E_{0y}{}^2} \qquad (1.73\,\mathrm{a})$$

$$\tan\varphi=\frac{E_{0x}\sin\phi_x\sin\theta-E_{0y}\sin\phi_y\cos\theta}{E_{0x}\cos\phi_x\cos\theta+E_{0y}\cos\phi_y\sin\theta} \qquad (1.73\,\mathrm{b})$$

楕円の形は，**図 1.9** に示すように位相差 δ によって変形する。

位相差 $\delta=\pi/2+m\pi$（m は整数）の場合，E_x と E_y の関係は式(1.74)で表され

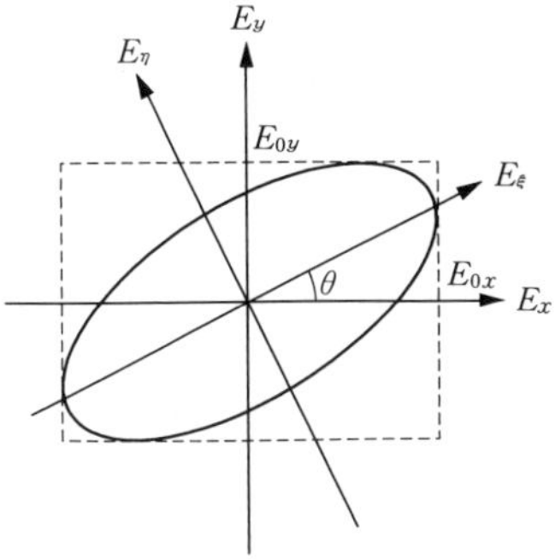

図 1.8　楕 円 偏 光

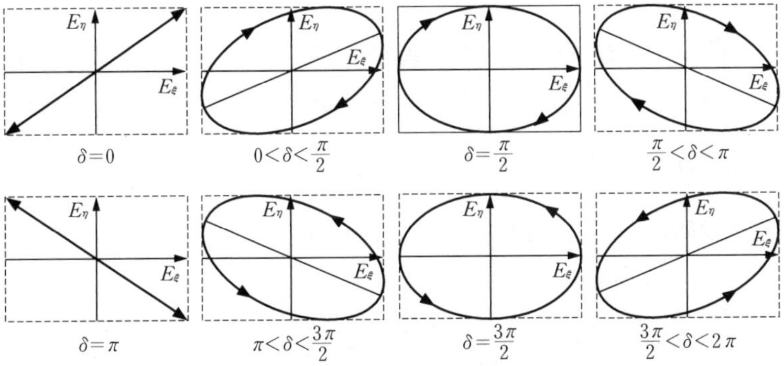

図 1.9　位相差 $\boldsymbol{\delta}$ と偏光状態の関係

$$\frac{E_x^2}{E_{0x}^2}+\frac{E_y^2}{E_{0y}^2}=1 \tag{1.74}$$

楕円の長軸と短軸が xy 軸に一致する($\theta=0$)。特に，x 成分と y 成分の振幅が等しく $E_{0x}=E_{0y}=E_0$ の場合($\varphi=\pm\pi/4$)は

$$E_x^2+E_y^2=E_0^2 \tag{1.75}$$

となり，これを**円偏光**という。電場ベクトルの先端が光の進行方向 $\boldsymbol{k}$(z 軸)を中心として回転しながら空間を伝搬していく様子を**図 1.10** に示す。m が偶数のときは，z 軸の正の方向から見ると，電場ベクトルは時間とともに角周波数 ω で反時計回りに回転する。これを**左回りの円偏光**という。m が奇数のときは，電場ベクトルは時計回りに回転し，これを**右回りの円偏光**という。

位相差 $\delta=m\pi$(m は整数)の場合($\varphi=0$)は

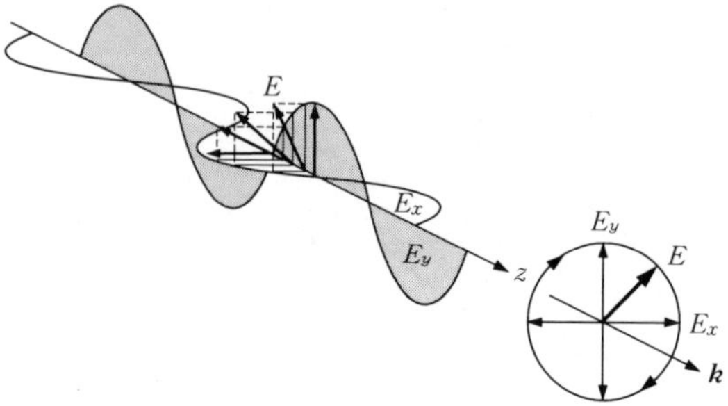

図 1.10　円偏光(右回り)の伝搬

$$E_x = E_{0x}\cos(\omega t - kz + \phi_x) \tag{1.76 a}$$

$$E_y = (-1)^m E_{0y}\cos(\omega t - kz + \phi_y) \tag{1.76 b}$$

となり，電場ベクトルの先端の xy 平面への射影はつぎの直線上を往復する。

$$\frac{E_x}{E_y} = (-1)^m \frac{E_{0x}}{E_{0y}} \tag{1.77}$$

これを**直線偏光**といい，**図 1.11** に示すように同一平面内で振動する。

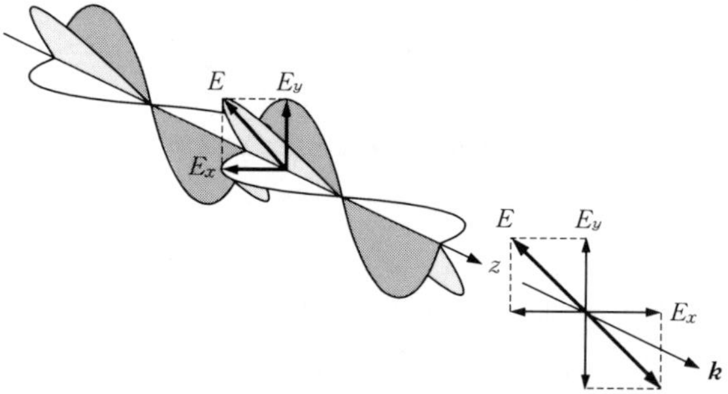

図 1.11　直線偏光の伝搬

1.3 反 射 と 屈 折

異なる媒質の境界面に光が入射すると，境界面で反射してもとの媒質中に戻る光と，境界面で屈折してつぎの媒質中に進む光にわかれる。この反射・屈折現象をマクスウェル方程式をもとに調べる。

1.3.1 境 界 条 件

境界面での光の振舞いは，**境界条件**から求めることができる。ここでは，誘電体($\sigma=0$)の境界面について考える。

境界面を記号 T で，その単位法線ベクトルを $\boldsymbol{n}$ で表す。**図 1.12** に示すように境界面 T を横ぎる微小な円筒を考え，境界面上での媒質 1 側と媒質 2 側の磁場をそれぞれ $\boldsymbol{H}_1$ と $\boldsymbol{H}_2$ で表す。よく知られているように，マクスウェル方程式 $\nabla\times\boldsymbol{H}=\partial\boldsymbol{D}/\partial t$ よりつぎの境界条件が得られる。

$$\boldsymbol{H}_2\times\boldsymbol{n}=\boldsymbol{H}_1\times\boldsymbol{n} \tag{1.78 a}$$

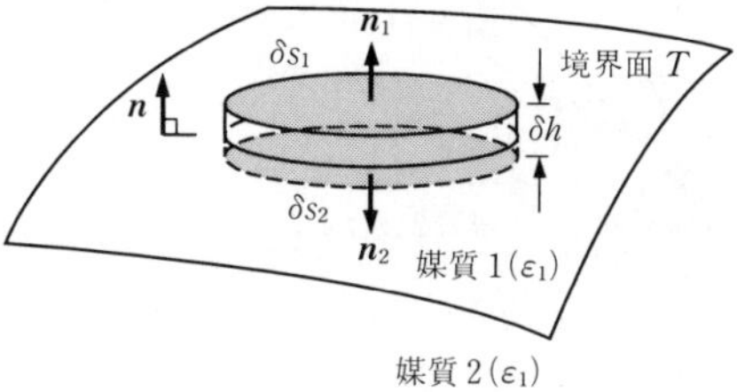

図 1.12　境界面での微小円柱

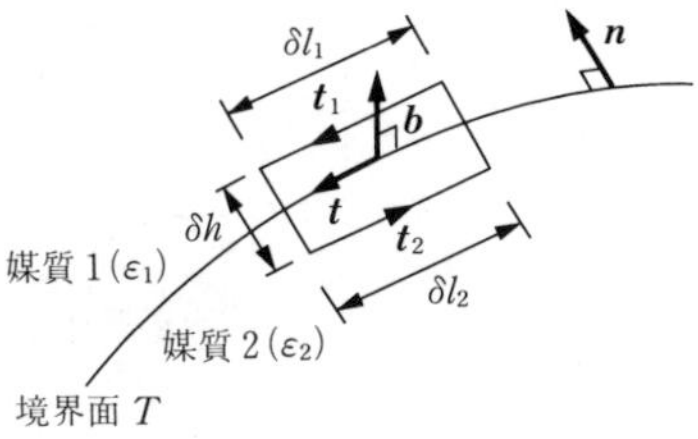

図 1.13　境界面での微小長方形

つぎに，**図 1.13** に示すように境界面 T を横ぎる微小な長方形を考え，境界面上の媒質 1 側と媒質 2 側の電気変位をそれぞれ $\boldsymbol{D}_1$ と $\boldsymbol{D}_2$ で表すと，マクスウェル方程式$\nabla\cdot\boldsymbol{D}=0$ からつぎの境界条件が得られる。

$$\boldsymbol{D}_2\cdot\boldsymbol{n}=\boldsymbol{D}_1\cdot\boldsymbol{n} \tag{1.78 b}$$

同様にして，残りの二つのマクスウェルの方程式 $\nabla\times\boldsymbol{E}=-\partial\boldsymbol{B}/\partial t$ と $\nabla\cdot\boldsymbol{B}=0$ から，電場 $\boldsymbol{E}$ と磁気誘導 $\boldsymbol{B}$ に関するつぎの二つの境界条件が得られる。

$$\boldsymbol{E}_2 \times \boldsymbol{n} = \boldsymbol{E}_1 \times \boldsymbol{n} \tag{1.78 c}$$

$$\boldsymbol{B}_2 \cdot \boldsymbol{n} = \boldsymbol{B}_1 \cdot \boldsymbol{n} \tag{1.78 d}$$

1.3.2　反射と屈折の法則

図 1.14 に示すように，入射光，反射光，および透過光はすべて平面波として，境界面を xy 平面とする。境界面上の位置ベクトルを $\boldsymbol{r}$ で表すと，境界面上での入射光，反射光，および透過光はつぎのように表せる。

$$入射光：\boldsymbol{E}_i = \boldsymbol{E}_{0i} \exp\{-i(\omega_i t - \boldsymbol{k}_i \cdot \boldsymbol{r})\} \tag{1.79 a}$$

$$反射光：\boldsymbol{E}_r = \boldsymbol{E}_{0r} \exp\{-i(\omega_r t - \boldsymbol{k}_r \cdot \boldsymbol{r})\} \tag{1.79 b}$$

$$透過光：\boldsymbol{E}_t = \boldsymbol{E}_{0t} \exp\{-i(\omega_t t - \boldsymbol{k}_t \cdot \boldsymbol{r})\} \tag{1.79 c}$$

$\boldsymbol{E}_{0i}$，$\boldsymbol{E}_{0r}$，および $\boldsymbol{E}_{0t}$ は複素数ベクトルで，反射・屈折にともなう位相変化はこれらの中に含むものとする。媒質 1 の屈折率を n_1 で，媒質 2 の屈折率を n_2 で表す。

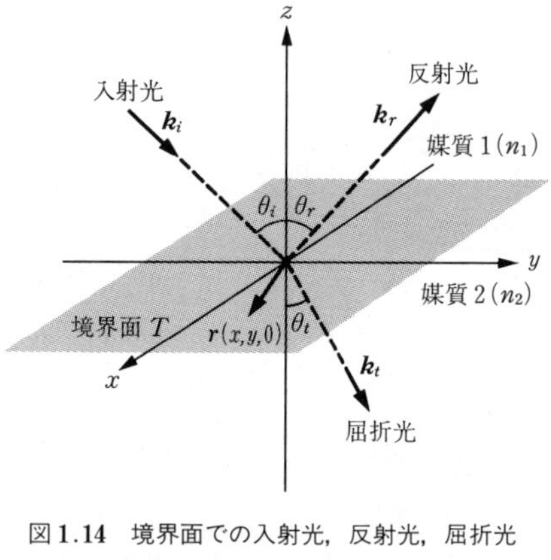

図 1.14　境界面での入射光，反射光，屈折光

まず，境界条件式 (1.78 c) を用いる。

$$(\boldsymbol{E}_i + \boldsymbol{E}_r) \times \boldsymbol{n} = \boldsymbol{E}_t \times \boldsymbol{n}$$

$$\boldsymbol{E}_{0i} \times \boldsymbol{n} \exp\{-i(\omega_i t - \boldsymbol{k}_i \cdot \boldsymbol{r})\} + \boldsymbol{E}_{0r} \times \boldsymbol{n} \exp\{-i(\omega_r t - \boldsymbol{k}_r \cdot \boldsymbol{r})\}$$
$$= \boldsymbol{E}_{0t} \times \boldsymbol{n} \exp\{-i(\omega_t t - \boldsymbol{k}_t \cdot \boldsymbol{r})\} \tag{1.80}$$

上式が，任意の時間 t で，境界面上の任意の位置 $\boldsymbol{r}$ で成り立つためには

$$\omega_i = \omega_r = \omega_t = \omega \tag{1.81 a}$$

$$\boldsymbol{k}_i \cdot \boldsymbol{r} = \boldsymbol{k}_r \cdot \boldsymbol{r} = \boldsymbol{k}_t \cdot \boldsymbol{r} \tag{1.81 b}$$

が成り立つ必要がある。第1式は，反射・屈折で光の周波数が変わらないことを表す。第2式が境界面上の任意の位置ベクトル $\boldsymbol{r}$ に対して成り立つためには，$\boldsymbol{k}_i$，$\boldsymbol{k}_r$，および $\boldsymbol{k}_t$ が z 軸に平行な同一平面内にある必要がある。すなわち，入射光，反射光，および透過光は同一平面上にある。この平面は入射光の進行方法と境界面の法線を含む平面で，**入射面**と呼ばれる。

入射光，反射光，および透過光の波数ベクトルの単位ベクトルを $\boldsymbol{\kappa}_i$，$\boldsymbol{\kappa}_r$，および $\boldsymbol{\kappa}_t$ で表して，式(1.81 b)に式(1.31)を用いてつぎのように書き直す。

$$\frac{n_1\omega}{c}\boldsymbol{\kappa}_i \cdot \boldsymbol{r} = \frac{n_1\omega}{c}\boldsymbol{\kappa}_r \cdot \boldsymbol{r} = \frac{n_2\omega}{c}\boldsymbol{\kappa}_t \cdot \boldsymbol{r} \tag{1.82}$$

入射面を yz 平面として，入射角を θ_i，反射角を θ_r，そして屈折角を θ_t で表す。$\boldsymbol{\kappa}_i = (0, \sin\theta_i, -\cos\theta_i)$，$\boldsymbol{\kappa}_r = (0, \sin\theta_r, \cos\theta_r)$，$\boldsymbol{\kappa}_t = (0, \sin\theta_t, -\cos\theta_t)$，および $\boldsymbol{r} = (x, y, 0)$ であるから，上式に代入すると次式を得る。

$$\theta_i = \theta_r \tag{1.83 a}$$

$$n_1 \sin\theta_i = n_2 \sin\theta_t \tag{1.83 b}$$

第1式は，入射角 θ_i と反射角 θ_r が等しいことを表す**反射の法則**である。第2式は，入射角 θ_i と反射角 θ_t の関係を表し**屈折の法則**あるいは**スネルの法則**と呼ばれる。

1.3.3　フレネルの法則

図1.15に示すように，媒質1(誘電率 ε_1)と媒質2(誘電率 ε_2)の境界面を xy 平面とし，入射面を yz 平面とする。境界面の単位法線ベクトル $\boldsymbol{n}$ は z 軸方向の単位ベクトル $\hat{\boldsymbol{k}}$ である。入射光 $\boldsymbol{E}_{0i}$，反射光 $\boldsymbol{E}_{0r}$ および透過光 $\boldsymbol{E}_{0t}$ を，入射面に平行な成分(添字 P で表す)と垂直な成分(添字 N で表す)に分け，反射の法則を考えに入れてつぎのように表す。

$$\boldsymbol{E}_{0i} = \hat{\boldsymbol{i}}E^i{}_N + \hat{\boldsymbol{j}}E^i{}_P \cos\theta_i + \hat{\boldsymbol{k}}E^i{}_P \sin\theta_i \tag{1.84 a}$$

$$\boldsymbol{E}_{0r} = \hat{\boldsymbol{i}}E^r{}_N + \hat{\boldsymbol{j}}E^r{}_P \cos\theta_i - \hat{\boldsymbol{k}}E^r{}_P \sin\theta_i \tag{1.84 b}$$

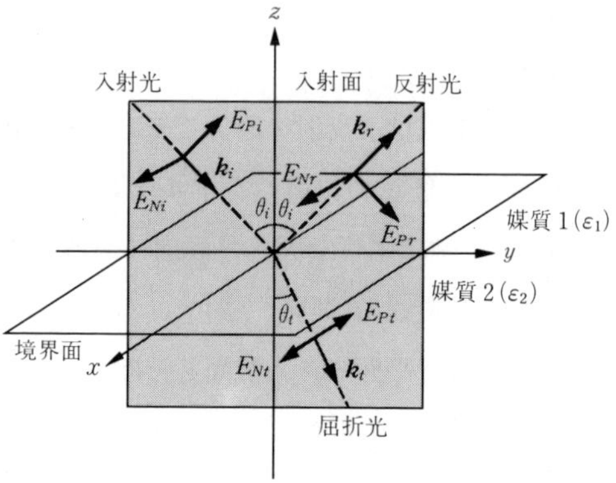

図 1.15　入射光，反射光，屈折光の偏光成分

$$\boldsymbol{E}_{0t} = \hat{\boldsymbol{i}} E^t{}_N + \hat{\boldsymbol{j}} E^t{}_P \cos\theta_t + \hat{\boldsymbol{k}} E^t{}_P \sin\theta_t \tag{1.84 c}$$

また，波数ベクトルは式(1.31)よりつぎのように表せる。

$$\boldsymbol{k}_i = k_1 (\hat{\boldsymbol{j}} \sin\theta_i - \hat{\boldsymbol{k}} \cos\theta_i) = \omega\sqrt{\varepsilon_1\mu_0}\,(\hat{\boldsymbol{j}} \sin\theta_i - \hat{\boldsymbol{k}} \cos\theta_i) \tag{1.85 a}$$

$$\boldsymbol{k}_r = k_1 (\hat{\boldsymbol{j}} \sin\theta_i + \hat{\boldsymbol{k}} \cos\theta_i) = \omega\sqrt{\varepsilon_1\mu_0}\,(\hat{\boldsymbol{j}} \sin\theta_i + \hat{\boldsymbol{k}} \cos\theta_i) \tag{1.85 b}$$

$$\boldsymbol{k}_t = k_2 (\hat{\boldsymbol{j}} \sin\theta_t - \hat{\boldsymbol{k}} \cos\theta_t) = \omega\sqrt{\varepsilon_2\mu_0}\,(\hat{\boldsymbol{j}} \sin\theta_t - \hat{\boldsymbol{k}} \cos\theta_t) \tag{1.85 c}$$

ここで，境界条件式(1.78 a)～(1.78 d)はつぎのようになる。

$$(\boldsymbol{k}_t \times \boldsymbol{E}_{0t}) \times \hat{\boldsymbol{k}} = (\boldsymbol{k}_i \times \boldsymbol{E}_{0i} + \boldsymbol{k}_r \times \boldsymbol{E}_{0r}) \times \hat{\boldsymbol{k}} \tag{1.86 a}$$

$$\boldsymbol{E}_{0t} \times \hat{\boldsymbol{k}} = (\boldsymbol{E}_{0i} + \boldsymbol{E}_{0r}) \times \hat{\boldsymbol{k}} \tag{1.86 b}$$

$$\varepsilon_2 \boldsymbol{E}_{0t} \cdot \hat{\boldsymbol{k}} = \varepsilon_1 (\boldsymbol{E}_{0i} + \boldsymbol{E}_{0r}) \cdot \hat{\boldsymbol{k}} \tag{1.86 c}$$

$$(\boldsymbol{k}_t \times \boldsymbol{E}_{0t}) \cdot \hat{\boldsymbol{k}} = (\boldsymbol{k}_i \times \boldsymbol{E}_{0i} + \boldsymbol{k}_r \times \boldsymbol{E}_{0r}) \cdot \hat{\boldsymbol{k}} \tag{1.86 d}$$

ただし，$\boldsymbol{D} = \varepsilon\boldsymbol{E}$ と $\boldsymbol{B} = \mu_0\boldsymbol{H}$，および式(1.46 b)より $\boldsymbol{B} = \boldsymbol{k} \times \boldsymbol{E}/\omega$ の関係を用いた。以上の境界条件に，式(1.84)と式(1.85)を代入して整理する。

$$(1.86\text{ a})\ \boldsymbol{i}\ \text{成分}\quad \sqrt{\varepsilon_2}\,E^t{}_N \cos\theta_t = \sqrt{\varepsilon_1}\,(E^i{}_N - E^r{}_N)\cos\theta_i \tag{1.87 a}$$

$$(1.86\text{ a})\ \boldsymbol{j}\ \text{成分}\quad \sqrt{\varepsilon_2}\,E^t{}_P = \sqrt{\varepsilon_1}\,(E^i{}_P - E^r{}_P) \tag{1.87 b}$$

$$(1.86\text{ b})\ \boldsymbol{i}\ \text{成分}\quad E^t{}_P \cos\theta_t = (E^i{}_P + E^r{}_P)\cos\theta_i \tag{1.87 c}$$

$$(1.86\text{ b})\ \boldsymbol{j}\ \text{成分}\quad E^t{}_N = E^i{}_N + E^r{}_N \tag{1.87 d}$$

$$(1.86\text{ c})\quad \varepsilon_2 E^t{}_P \sin\theta_t = \varepsilon_1 (E^i{}_P - E^r{}_P)\sin\theta_i \tag{1.87 e}$$

(1.86 d)　$\sqrt{\varepsilon_2}E^t{}_N\sin\theta_t=\sqrt{\varepsilon_1}(E^i{}_N+E^r{}_N)\sin\theta_i$　(1.87 f)

ここで，屈折の法則の式(1.83 b)を $n=\sqrt{\varepsilon/\varepsilon_0}$ を用いて $\sqrt{\varepsilon_1}\sin\theta_i=\sqrt{\varepsilon_2}\sin\theta_t$ と書き直す。この関係を用いると式(1.87 b)と式(1.87 e)，式(1.87 d)と式(1.87 f)が同値であることがわかる。したがって，上式はつぎのように整理できる。

垂直成分の条件式

$$E^i{}_N+E^r{}_N=E^t{}_N \tag{1.88 a}$$

$$(E^i{}_N-E^r{}_N)\tan\theta_t=E^t{}_N\tan\theta_i \tag{1.88 b}$$

水平成分の条件式

$$(E^i{}_P+E^r{}_P)\cos\theta_i=E^t{}_P\cos\theta_t \tag{1.88 c}$$

$$(E^i{}_P-E^r{}_P)\sin\theta_t=E^t{}_P\sin\theta_i \tag{1.88 d}$$

ここで，入射光と透過光の複素振幅の比を**振幅透過係数**と定義し，入射光と反射光の複素振幅の比を**振幅反射係数**と定義すると，それぞれの偏光成分に対する振幅透過係数 t と振幅反射係数 r はつぎのように求まる。

$$t_N=\frac{E^t{}_N}{E^i{}_N}=\frac{2\sin\theta_t\cos\theta_i}{\sin(\theta_i+\theta_t)} \tag{1.89 a}$$

$$r_N=\frac{E^r{}_N}{E^i{}_N}=-\frac{\sin(\theta_i-\theta_t)}{\sin(\theta_i+\theta_t)} \tag{1.89 b}$$

$$t_P=\frac{E^t{}_P}{E^i{}_P}=\frac{2\sin\theta_t\cos\theta_i}{\sin(\theta_i+\theta_t)\cos(\theta_i-\theta_t)} \tag{1.89 c}$$

$$r_P=\frac{E^r{}_P}{E^i{}_P}=-\frac{\tan(\theta_i-\theta_t)}{\tan(\theta_i+\theta_t)} \tag{1.89 d}$$

これを**フレネルの法則**という。入射角 θ_i に対する振幅透過係数と振幅反射係数の変化の例を**図 1.16** に示す。図(a)に $n_1<n_2$ の場合を，図(b)に $n_1>n_2$ の場合を示す。符号の正負は位相変化を表し，正の場合は入射波と位相が等しく，負の場合は位相が π ずれることを意味する。$\theta_i=\theta_t=0$ の場合，すなわち垂直入射の場合は N 成分と P 成分の区別はなくなりつぎのようになる。

$$t=\frac{2n_1}{n_1+n_2} \tag{1.90 a}$$

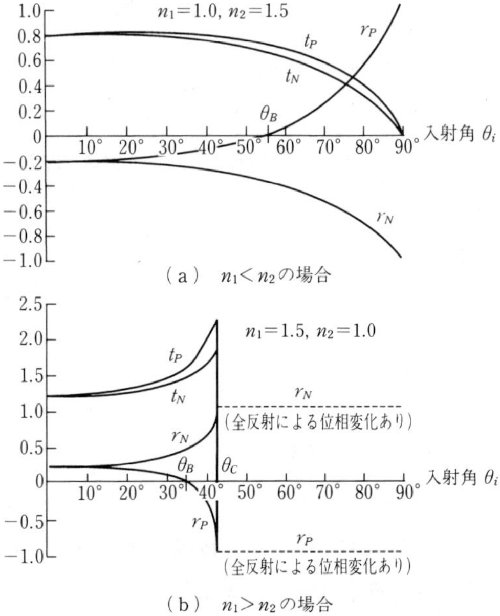

図1.16　振幅反射係数と振幅透過係数

$$r=\frac{n_1-n_2}{n_1+n_2} \tag{1.90 b}$$

光のエネルギー流の大きさは式(1.57)のポインティングベクトルの大きさで表され，境界面での光の傾きを考えに入れてつぎのように表せる。

$$\text{入射光のエネルギー：}\langle|S_i|\rangle\cos\theta_i=\frac{n_1}{2}\sqrt{\frac{\varepsilon_0}{\mu_0}}|E_i|^2\cos\theta_i \tag{1.91 a}$$

$$\text{反射光のエネルギー：}\langle|S_r|\rangle\cos\theta_i=\frac{n_1}{2}\sqrt{\frac{\varepsilon_0}{\mu_0}}|E_r|^2\cos\theta_i \tag{1.91 b}$$

$$\text{透過光のエネルギー：}\langle|S_t|\rangle\cos\theta_t=\frac{n_2}{2}\sqrt{\frac{\varepsilon_0}{\mu_0}}|E_t|^2\cos\theta_t \tag{1.91 c}$$

入射光のエネルギーに対する透過光と反射光のエネルギーの比をそれぞれ**透過率**および**反射率**という。したがって，透過率 T と反射率 R は

$$T=\frac{\langle|S_t|\rangle\cos\theta_t}{\langle|S_i|\rangle\cos\theta_i}=\frac{|E_t|^2 n_2\cos\theta_t}{|E_i|^2 n_1\cos\theta_i} \tag{1.92 a}$$

$$R=\frac{\langle|S_r|\rangle\cos\theta_i}{\langle|S_i|\rangle\cos\theta_i}=\frac{|E_r|^2}{|E_i|^2} \tag{1.92 b}$$

と表され，それぞれの偏光成分について透過率と反射率の和を計算すると

$$T_P+R_P=1 \tag{1.93 a}$$

$$T_N+R_N=1 \tag{1.93 b}$$

となり，エネルギー保存則が成り立つ。

図1.16を見ると，$n_1>n_2$ の場合に振幅透過係数 t_P と t_N が1より大きくなっている。このことは，エネルギー保存則に反しているように思える。しかし，振幅透過係数は光の複素振幅に対して定義したもので，エネルギーに対して定義したものではないので，その値が1より大きくなっても矛盾はない。

図1.16から，入射角が θ_B のときに振幅反射係数 r_P が0になる。この入射角度 θ_B のことを**ブルースター角**あるいは**偏光角**という。式(1.89 d)より，r_P が0になるのは $\theta_i+\theta_t=\pi/2$ の場合である。分子が0になる $\theta_i=\theta_t$ の場合は垂直入射であり，r_P の値は式(1.90 b)より0にはならない。ブルースター角 θ_B は屈折の法則 $n_1\sin\theta_B=n_2\sin(\pi/2-\theta_B)$ よりつぎのように求まる。

$$\theta_B=\tan^{-1}\left(\frac{n_2}{n_1}\right) \tag{1.94}$$

ブルースター角を用いると特定方向の直線偏光の透過率を1にできるので，**図1.17**に示すように，レーザ発振器で直線偏光を発生させるために利用される。

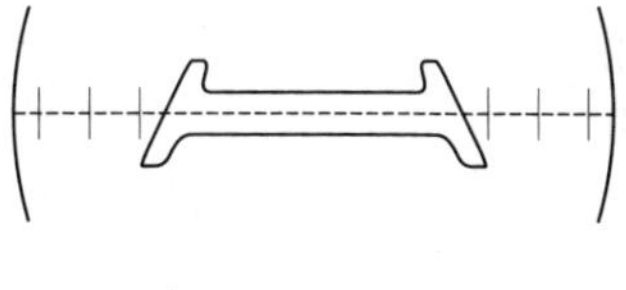

図1.17　レーザ発振器内のブルースター窓

1.3.4　全反射とエバネッセント波

図1.16より，$n_1>n_2$ の場合には，入射角が角度 θ_C より大きいと光はすべて反射される。この現象を**全反射**といい，入射角 θ_C を**臨界角**という。臨界角を求めるために，屈折の法則から屈折角 θ_t を式(1.95)のように表す。

$$\theta_t = \sin^{-1}\left(\frac{n_1}{n_2}\sin\theta_i\right) \tag{1.95}$$

$n_1 > n_2$ の場合，入射角 θ_i が大きくなると $(n_1/n_2)\sin\theta_i$ が 1 より大きくなり，θ_t が存在できなくなる。すなわち，透過光が存在しなくなる。これが全反射現象で，全反射が起こる入射角 θ_i の最小値が臨界角 θ_C である。

$$\theta_C = \sin^{-1}\left(\frac{n_2}{n_1}\right) \tag{1.96}$$

全反射の応用例として有名なのが**図 1.18** に示す**全反射プリズム**である。空気の屈折率が 1 でガラスの屈折率が 1.5 とすると臨界角は約 41.8° となり，プリズムの斜面で光は損失なく反射される。

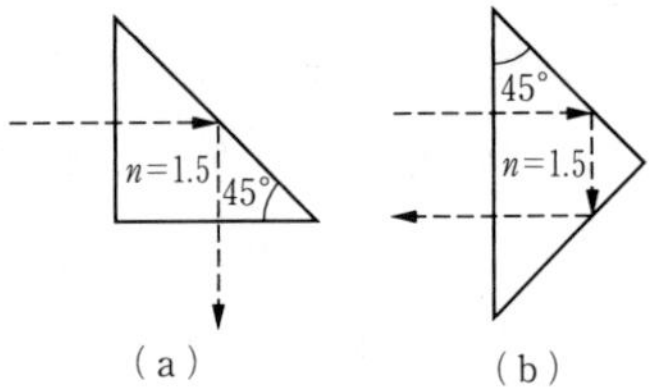

図 **1.18**　全反射プリズム

全反射時の境界面付近での光の様子についてさらに詳しく調べてみる。そのために，全反射が起こる場合の屈折角 θ_t を複素数を用いてつぎのように計算する。$\theta_i \geq \theta_C$ かつ $n_1 > n_2$ に注意して，屈折の法則より次式を得る。

$$\sin\theta_t = \frac{n_1}{n_2}\sin\theta_i \tag{1.97 a}$$

$$\cos\theta_t = i\sqrt{\left(\frac{n_1}{n_2}\right)^2 \sin^2\theta_i - 1} = i\sqrt{\left(\frac{\sin\theta_i}{\sin\theta_C}\right)^2 - 1} \tag{1.97 b}$$

透過光の電場 $\boldsymbol{E}_t = \boldsymbol{E}_{0t}\exp\{-i(\omega t - \boldsymbol{k}_t\cdot\boldsymbol{r})\}$ に，式(1.85 c)の $\boldsymbol{k}_t$ を代入する。

$$\boldsymbol{E}_t = \boldsymbol{E}_{0t}\exp\{-i(\omega t - yk_2\sin\theta_t + zk_2\cos\theta_t)\} \tag{1.98}$$

これに，式(1.97)を用いると次式を得る。

$$\boldsymbol{E}_t = \boldsymbol{E}_{0t}\exp\left\{zk_2\sqrt{\left(\frac{\sin\theta_i}{\sin\theta_C}\right)^2 - 1}\right\}\exp\left\{-i\left(\omega t - yk_2\left(\frac{n_1}{n_2}\right)\sin\theta_i\right)\right\} \tag{1.99}$$

媒質 2 内では $z<0$ であることに注意すると，上式は y 方向に進み z 方向に減

衰する波を表すことがわかる。つまり，**図 1.19** に示すように，入射面内を境界面にそって進み境界面から離れると減衰する波である。これを**エバネッセント波**という。媒質 2 での減衰は急激で，光が媒質 2 に入り込める距離は非常に小さい。エバネッセント波は，等位相面が zx 平面に平行で，等振幅面が xy 平面に平行であるから inhomogeneous な波である。

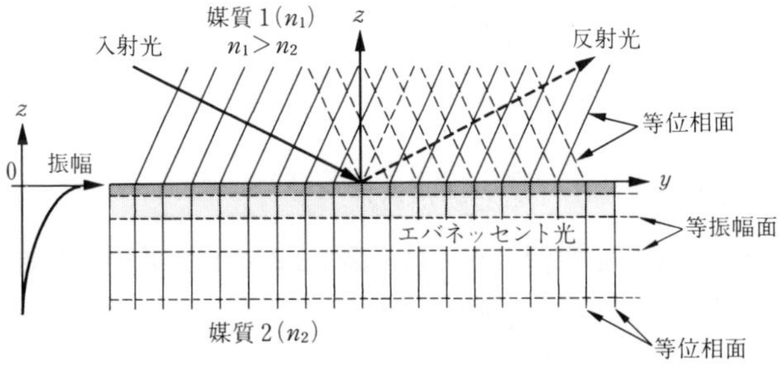

図 1.19　エバネッセント波の伝搬

全反射時の振幅反射係数は，式 (1.89 b) と (1.89 d) に式 (1.97) を代入して

$$r_N = \frac{\cos\theta_i - i\sqrt{\sin^2\theta_i - \left(\dfrac{n_2}{n_1}\right)^2}}{\cos\theta_i + i\sqrt{\sin^2\theta_i - \left(\dfrac{n_2}{n_1}\right)^2}} \tag{1.100 a}$$

$$r_P = -\frac{\left(\dfrac{n_2}{n_1}\right)^2\cos\theta_i - i\sqrt{\sin^2\theta_i - \left(\dfrac{n_2}{n_1}\right)^2}}{\left(\dfrac{n_2}{n_1}\right)^2\cos\theta_i + i\sqrt{\sin^2\theta_i - \left(\dfrac{n_2}{n_1}\right)^2}} \tag{1.100 b}$$

と求まる。$|r_P| = |r_N| = 1$ より全反射で振幅は変化しないが，位相は変化する。図 1.16 で全反射の領域の r_P と r_N を破線で示したのはこのためである。全反射での反射光の位相変化が P 成分と N 成分で異なることを用いて，直線偏光を円偏光に変換する**フレネルの斜方体**を**図 1.20** に示す。

全反射では位相変化が起こり光はわずかに低屈折率媒質側にしみ出すため，光線は正確に境界面で折れるようには進まず，**図 1.21** に示すようにほんの少しだけずれる。これを，**グース-ヘンシェン効果**という。この効果による光線のずれは波長程度で通常は無視できるが，光ファイバ中の光の伝搬を幾何光学

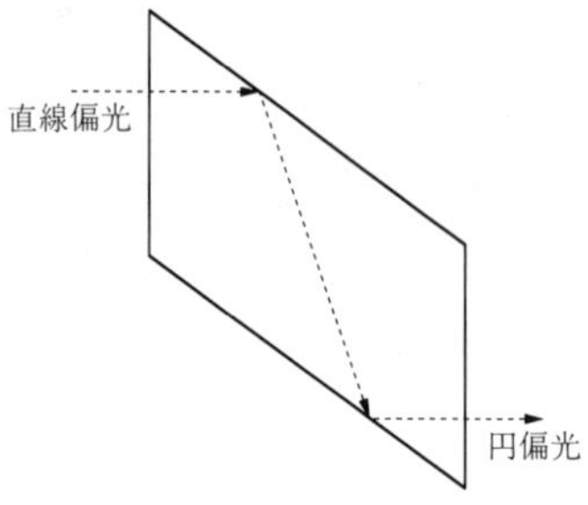

図 1.20　フレネルの斜方体

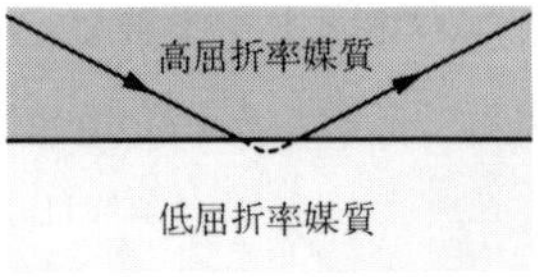

図 1.21　グース-ヘンシェン効果

的に扱う場合などには考慮する必要がある。

エバネッセント波の応用例としては，**図 1.22** に示す**プリズム結合器**や**可変減衰器**がある。これらは，全反射面のごく近くに高屈折率媒質をおくと，エバネッセント波を通して光のエネルギーが高屈折率媒質へ導かれる**妨害全反射**と呼ばれる現象を用いている。この現象は，電子のトンネル効果に類似している。

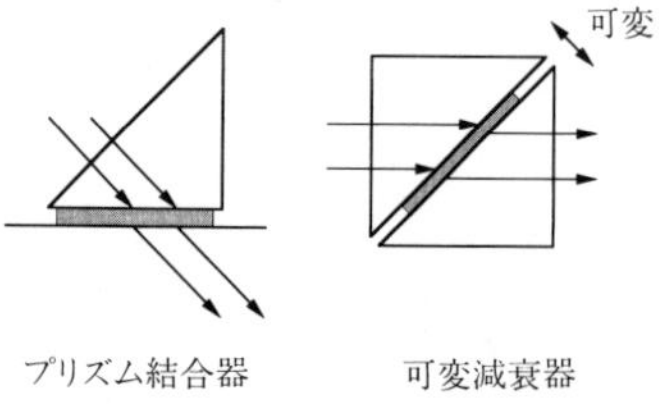

図 1.22　妨害全反射の応用例

1.4　分　　　散

1.1 節ではマクスウェル方程式をもとに物質の屈折率を定義し，その値は光の波長によらず一定であった。しかし，**図 1.23** に示すように，分散プリズムに白色光を入射すると虹色の帯が観測される。これは，波長によってプリズムの屈折率が異なり屈折角が異なることに起因する。このように，光の波長によって物質の屈折率が変化する現象を**分散**という。この分散現象は，マクスウェル方程式から直接導くことができなかった。これは，分散がマクスウェル方程式では記述できない物質内部の原子・分子レベルの構造に起因するためである。

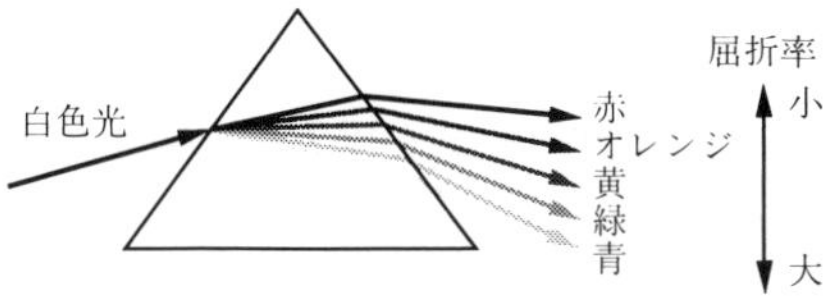

図 **1.23**　プリズムによる分散

1.4.1　ローレンツの理論

物質の原子・分子レベルの微視的構造に基づく電子論により分散現象を初めて説明したのはローレンツである。物質に光が入射すると，**図 1.24** に示すように光の電場によって原子や分子の電子雲が変形し正電荷と負電荷の空間的な分布が生じ**電気双極子**が発生する。電子の慣性は小さいので，光のように高い周波数の振動に対しても追従する。電気双極子の入射光の電場に対する周波数追従性を調べることで分散を記述できる。もちろん，現在では量子論を考えに入れて分散を議論する必要があるが，ここではローレンツの理論に従って分散を論じる。

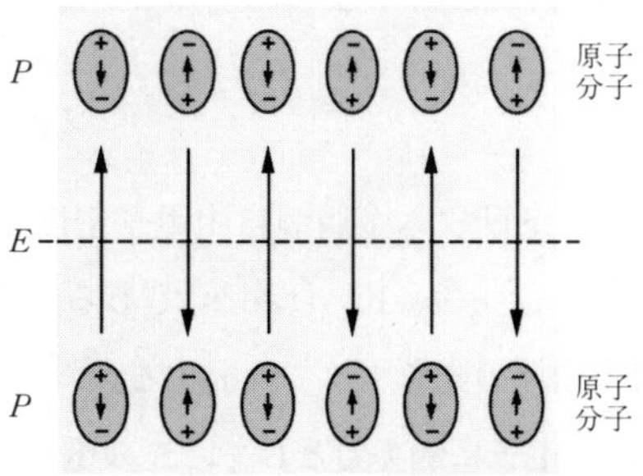

図 **1.24**　光の電場による電気双極子

最初に，電子が正電荷を持つ原子核あるいは分子にほとんど拘束されない場合について扱う。つまり，電子に働く力は光の電場による力だけである。電離層中の電子や金属中の自由電子などがこの状態にあり，この状態を**プラズマ**と呼ぶ。質量 m で電荷 q の電子が，光の電場 E によって平衡位置から距離 x だけ変位するモデルを考えると，電子の運動方程式はつぎのようになる。

$$m\frac{d^2x}{dt^2}=qE \tag{1.101}$$

光の電場を $E=E_0\exp(-i\omega t)$ と表して運動方程式を解くと，電子はつぎのように電場と同じ角周波数 ω で振動する。

$$x=-\frac{q}{m\omega^2}E \tag{1.102}$$

単位体積当りの電子数を N とすると，分極 P は $P=Nqx$ で与えられる。

$$P=-\frac{Nq^2E}{m\omega^2} \tag{1.103}$$

$D=\tilde{\varepsilon}E=\varepsilon_0E+P$ および $\tilde{n}^2=\tilde{\varepsilon}/\varepsilon_0$ から複素数の誘電率 $\tilde{\varepsilon}$ と屈折率 $\tilde{n}$ は

$$\tilde{\varepsilon}=\varepsilon_0\left(1-\frac{{\omega_p}^2}{\omega^2}\right) \tag{1.104 a}$$

$$\tilde{n}^2=1-\frac{{\omega_p}^2}{\omega^2} \tag{1.104 b}$$

と求められ，光の周波数と物質の屈折率の関係が導かれる。ただし，**プラズマ周波数**を $\omega_p=\sqrt{Nq^2/m\varepsilon_0}$ と定義した。プラズマ周波数より低い周波数の光が空気中から物質に垂直入射する場合，$\omega<\omega_p$ で屈折率 $\tilde{n}$ は純虚数になるので，式(1.90 b)および式(1.92 b)より

$$R=\left(\frac{\tilde{n}-1}{\tilde{n}+1}\right)\left(\frac{\tilde{n}-1}{\tilde{n}+1}\right)^*=1 \tag{1.105}$$

となり，反射率は1である。例えば，ナトリウム金属の自由電子密度は $N=2.5\times10^{28}$〔/m^3〕で，プラズマ周波数は $\omega_p=8.9\times10^{15}$〔rad/s〕である。波長で表すと $\lambda_p=212$〔nm〕であるから，可視領域の光をすべて反射する。

アルゴンガスなどの希薄な気体では，電子に働く力として，光の電場に加えて原子や分子の正電荷が電子を引き戻そうとする力 $-sx$，電子が衝突したり電磁輻射することで受ける摩擦力 $-b(dx/dt)$ を考える必要がある。したがって，運動方程式は式(1.106)のようになる。

$$m\frac{d^2x}{dt^2}=qE-b\frac{dx}{dt}-sx \tag{1.106}$$

ここで，$\gamma=b/m$ および $\omega_0=\sqrt{s/m}$ と定義してつぎのように書き直す。

$$\frac{d^2x}{dt^2}+\gamma\frac{dx}{dt}+{\omega_0}^2x=\frac{q}{m}E \tag{1.107}$$

この運動方程式から，プラズマの場合と同様にしてつぎの関係が求まる。

$$\tilde{\varepsilon}=\varepsilon_0+\frac{1}{{\omega_0}^2-\omega^2-i\gamma\omega}\frac{Nq^2}{m} \tag{1.108 a}$$

$$\tilde{n}^2=1+\frac{{\omega_p}^2}{{\omega_0}^2-\omega^2-i\gamma\omega} \tag{1.108 b}$$

ω_0 は物質に固有な量 m と s で決まるので，**固有角周波数**と呼ばれる。

電気双極子間の距離が小さくなると，電子に作用する電場として電気双極子自身の作る電場も加える必要がある。高圧ガス，液体や固体などの場合である。電気双極子の作る電場はローレンツによって $P/3\varepsilon_0$ で与えられることが示されているので，これを電子の運動方程式に加える。

$$m\frac{d^2x}{dt^2}=q\left(E+\frac{P}{3\varepsilon_0}\right)-b\frac{dx}{dt}-sx$$

$$\frac{d^2x}{dt^2}+\gamma\frac{dx}{dt}+\left({\omega_0}^2-\frac{Nq^2}{3m\varepsilon_0}\right)x=\frac{q}{m}E \tag{1.109}$$

ただし，$P=Nqx$ の関係を用いた。今までと同様につぎの関係が導かれる。

$$\tilde{\varepsilon}=\varepsilon_0+\frac{1}{{\omega_m}^2-\omega^2-i\gamma\omega}\frac{Nq^2}{m} \tag{1.110 a}$$

$$\tilde{n}^2=1+\frac{{\omega_p}^2}{{\omega_m}^2-\omega^2-i\gamma\omega} \tag{1.110 b}$$

ただし，${\omega_m}^2={\omega_0}^2-{\omega_p}^2/3$ とおいた。式(1.108)と比較すると，電気双極子による電場は固有角周波数を低くする効果を持つことがわかる。

1.4.2　正常分散と異常分散

以上の議論より，光の周波数に対する屈折率変化は式(1.110 b)で代表できる。ここでは，屈折率 $\tilde{n}\simeq 1$ と仮定して式(1.111)のように変形する。

$$\frac{\omega_p{}^2}{\omega_m{}^2-\omega^2-i\omega\gamma}=\tilde{n}^2-1=(\tilde{n}+1)(\tilde{n}-1)\simeq 2(\tilde{n}-1) \tag{1.111}$$

1.1.6 項で導入した複素屈折率の表し方 $\tilde{n}=n(1+i\kappa)$ を用いると

$$n=1+\frac{\omega_p{}^2}{2}\frac{\omega_m{}^2-\omega^2}{(\omega_m{}^2-\omega^2)^2+\gamma^2\omega^2} \tag{1.112 a}$$

$$n\kappa=\frac{\omega_p{}^2}{2}\frac{\gamma\omega}{(\omega_m{}^2-\omega^2)^2+\gamma^2\omega^2} \tag{1.112 b}$$

となり，周波数 ω に対して**図 1.25** のように変化する。n は屈折率で $n\kappa$ は吸収係数であるので，ω が ω_m より十分小さい範囲では吸収が小さいことがわかる。$\omega<\omega_m-\gamma/2$ の範囲では，周波数とともに屈折率が大きくなる。これを**正常分散**という。$\omega_m-\gamma/2<\omega<\omega_m+\gamma/2$ の範囲では，周波数が高くなると屈折率は小さくなる。これを**異常分散**といい，この範囲では吸収が支配的になる。

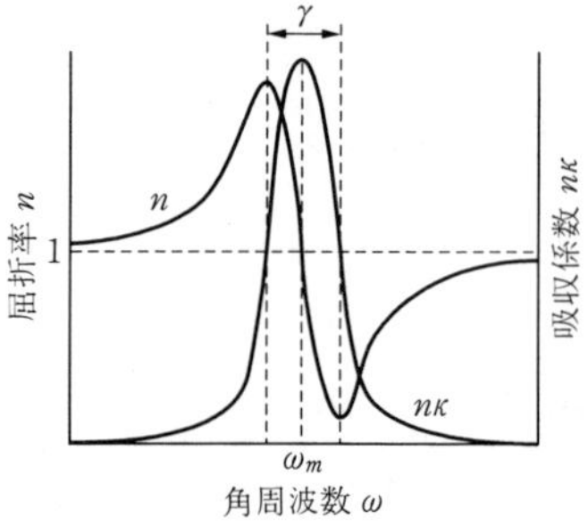

図 1.25　光の周波数に対する物質の屈折率と吸収の変化

1.4.3　群　速　度

自然界に存在する波は，無限に続く理想的な調和振動波ではありえず，有限の長さを持っている。有限の長さの波は，6 章のフーリエ光学で述べるように，異なる周波数や波数を持つ無数の調和振動波の重ね合わせで表せる。分散のある物質中では，それぞれの波が異なる速度を持つので，これらを重ね合わせた波の速度を定義する必要がある。

簡単な例として，振幅が等しく周波数と波数が微妙に異なる二つの波を考える。平均角周波数と平均波数を $\bar{\omega}$ と $\bar{k}$ で表す。

$$\omega_1 = \bar{\omega} - \Delta\omega, \qquad k_1 = \bar{k} - \Delta k \tag{1.113 a}$$

$$\omega_2 = \bar{\omega} + \Delta\omega, \qquad k_2 = \bar{k} + \Delta k \tag{1.113 b}$$

これらの二つの波の重ね合わせを計算するとつぎのようになる。

$$\begin{aligned} V &= A\cos(\omega_1 t - k_1 x) + A\cos(\omega_2 t - k_2 x) \\ &= 2A\cos(\Delta\omega t - \Delta k x)\cos(\bar{\omega} t - \bar{k} x) \end{aligned} \tag{1.114}$$

これは**図 1.26** に示すように，周波数 $\bar{\omega}$ の搬送波を周波数 $\Delta\omega$ の波で振幅変調した波である。このように異なる周波数の波を重ね合わせて得られる波を**ビート**という。周波数の異なる波をさらに多く重ね合わせることで，パルスなどさまざまな波形を表すことができる。

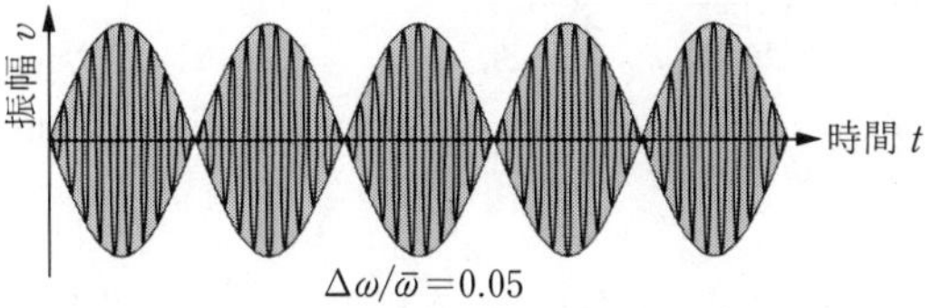

図 1.26　ビート波

振幅変調波の伝わる速さ v_g は，式(1.114)よりつぎのように求まる。

$$v_g = \frac{\Delta\omega}{\Delta k} = \frac{d\omega}{dk} \tag{1.115}$$

これを**群速度**という。$\omega = ck/n$ の関係を用いると，つぎのように表せる。

$$v_g = \frac{c}{n} - \frac{kc}{n^2}\frac{dn}{dk} = v_p\left(1 - \frac{k}{n}\frac{dn}{dk}\right) \tag{1.116}$$

分散のない物質では $dn/dk = 0$ であるから，$v_g = v_p$ となり群速度と位相速度は一致する。分散のある物質では $dn/dk \neq 0$ であるから，$v_g \neq v_p$ となり群速度と位相速度は異なる。光を用いた情報伝送では，そのエネルギーは位相速度ではなく群速度で伝わることに注意する必要がある。

演　習　問　題

（1） 式(1.78 a)～(1.78 d)の境界条件をマクスウェル方程式から導け。

（2） 垂直入射の振幅透過係数と振幅反射係数が式(1.90)で与えられることを導け。

（3） **図 1.27** に示す境界面で，物質 1 から物質 2 へ光が入射するときの振幅反射係数を r とし振幅透過係数を t とする。物質 2 から物質 1 へ光が入射するときの振幅反射係数を r' とし振幅透過係数を t' とする。このとき，つぎの**ストークスの関係式**が成り立つことを示せ。

$$r^2+t't=1, \qquad r=-r'$$

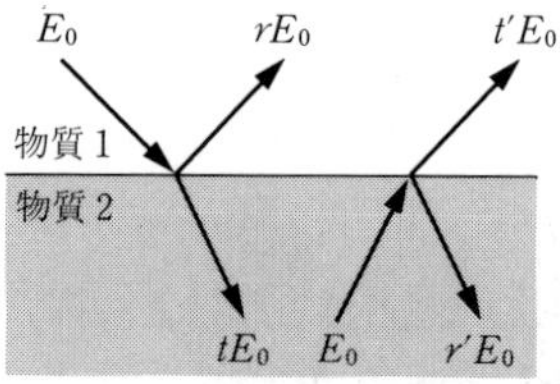

図 1.27　ストークスの関係式

（4） エネルギー保存則を表す式(1.93)が成り立つことを確認せよ。

（5） 全反射によるエバネッセント波の位相速度を求めよ。

（6） 可視光の正常分散領域で，屈折率 n がつぎの**コーシーの方程式**で近似できることを式(1.112 a)より導け。

$$n=A+\frac{B}{\lambda^2}+\frac{C}{\lambda^4}$$

2 光と視覚

生物の眼は脊椎動物の眼と無脊椎動物の眼に大別されるが，前者は人間の眼で代表され，後者は昆虫などの複眼で代表される。それぞれ生活環境に適合するように巧みに発達したものである。人間の視覚によって検知される電磁波は波長約 400 nm から 700 nm の範囲であり，この狭い電磁波領域を**光**あるいは**可視光**と呼び，古くから光の基本的性質が視覚を通じて研究されてきた。なお，本章では色覚の問題は割愛する。

2.1 視　　覚

2.1.1 人間の眼の構造

人間の眼球は発生学的にみて脳の一部分であると考えられている。**図 2.1** に人間の右眼球の光軸を含む水平断面図を示す。直径約 24 mm の球形をしていて，外側から**強膜**，**脈絡膜**，**網膜**という 3 種類の層膜から構成されている。

〔1〕 **角　　膜**　　眼球の前面部分だけが**角膜**といわれる透明体でできていて，この部分から光が入る。角膜の屈折率は約 1.376 で外界との屈折率差が大きく，眼球のなかで最も屈折力が大きい屈折面を構成している。

〔2〕 **前 房 水**　　角膜の後ろは**前房水**という眼内液で満たされている。前房水の屈折率は約 1.336 で角膜との屈折率差が小さいことから結像に関して

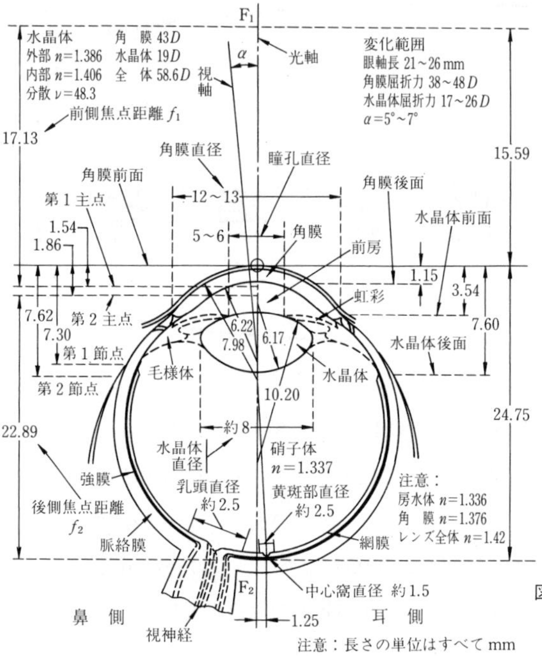

図 **2.1**　右眼の水平面図と光学定数
（米国 **MIL** 標準，**HDBK-141** より）

はとりたてて重要な役割は果たしていない。その役割は角膜と水晶体の栄養補給にある。

〔3〕 **瞳　　孔**　　前房水を透過した光は**虹彩**といわれる色素を含んだ瞳で囲まれた孔を通る。この孔のことを**瞳孔**という。虹彩は径が変化して，光量を調節し明暗に反応するとともに，焦点深度や収差にも影響を与える。

〔4〕 **水 晶 体**　　眼球結像系において，焦点調節力のあるレンズが**水晶体**である。屈折力は角膜のほうが大きいが，焦点合わせという点で重要な役割を果たす。通常のガラスレンズと異なる大きな特徴はつぎの 2 点である。

第一に，屈折率が微妙に異なる約 2 200 層ほどの薄膜構造のいわゆる屈折率分布型レンズになっていて，中心にいくほど屈折率が高い。屈折率変化は中心部ほど急激であり，収差を小さく調節を容易にできるようになっている。

第二に，弾性に富んだ粘弾性体であり，巧みに焦点調節を行うことができる。

〔**5**〕**硝　子　体**　水晶体の後方は**硝子体**で満たされている。水晶体と網膜の間隔を保ち，視力のよい動物の場合は眼軸長の大部分を占めている。人間の場合は眼軸長約 24 mm に対して 16.8 mm ほどである。

〔**6**〕**網　　　膜**　受光部にあたる**網膜**は，位置によって変わるが，平均すると 0.3 mm 程度の薄い膜である。人間の網膜には光刺激を検出する**錐体**と**桿体**という 2 種類の視細胞が配列している。錐体は太さが約 1 ～ 6 μm で長さが 40 μm ほどの円錐状の細胞で，10 lx 以上の明所で機能し明るさと色を検出する。一方，桿体は直径 2 ～ 4 μm で長さ 60 μm ほどの細長い円柱状の細胞で，1 lx 以下の暗所で機能し明るさのみの検出を行う。しかし，その中間の薄明所では両者の機能は協調的なものになる。人間の場合は，桿体が約 1 億個

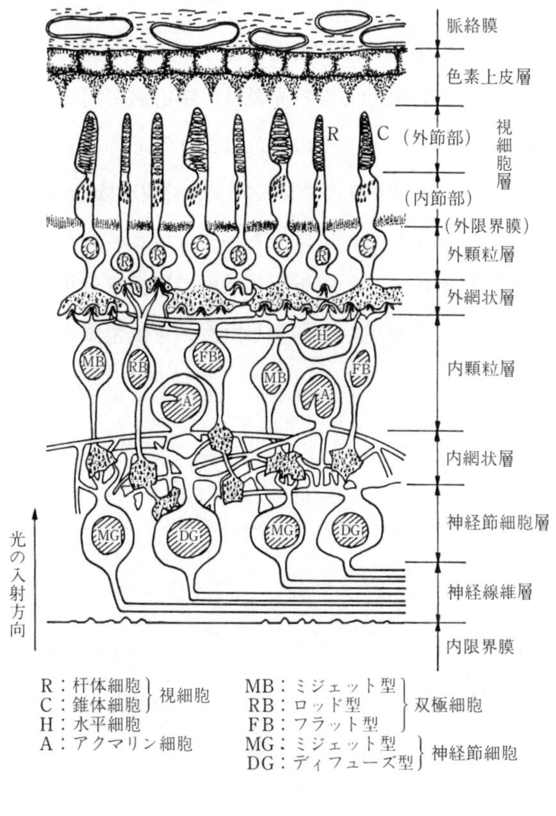

図 **2.2**　網膜構造図

で，錐体が 700 万個程度あり，錐体は視力の最も良い**中心窩**部分に集中している。この分布は，視力や運動検出能力などの重要な視覚特性と関連を持つ。また，桿体，錐体ともに屈折率はその周囲よりも高く，光ファイバとしての機能を有している点も興味深い。

これら視細胞からの情報は神経節細胞へと伝達されるが，そのつながりは網膜部位によって異なる。

網膜の構造を**図 2.2** に示す。光刺激を検出する視細胞は光の入射方向から見て眼球外部にあり，これを伝達する神経節細胞は眼球内側にある。すなわち，視細胞で発生した興奮は電気信号となり，網膜を逆戻りして，神経節細胞などを経た後，視神経に統合されて大脳処理系へ導かれる。このような構造の網膜を**反転網膜**と呼び，脊椎動物のように高度な処理を行う動物は，ほとんど反転網膜を持つ。反転網膜上で神経が眼球を出て大脳に向かう出口には視細胞がなく光を感じない部分がある。この小部分のことを**盲点**という。

図 2.1 に示すように，光学的に対象軸となる光軸は，中心窩に向かう光線の方向を示す**視軸**とは一般に異なっており，そのずれは約 5 度である。両眼の視軸が交差する位置は，顔前約 45 ～ 50 cm の位置である。この付近は球面収差が一番小さくなり，両眼でものを見るときには最も容易な点と考えられる。

上記の眼球光学系の光学定数を求めて，屈折面が球面で屈折率分布が均一であるように近似してガラスレンズ等を用いて作製したものを**模型眼**という。代

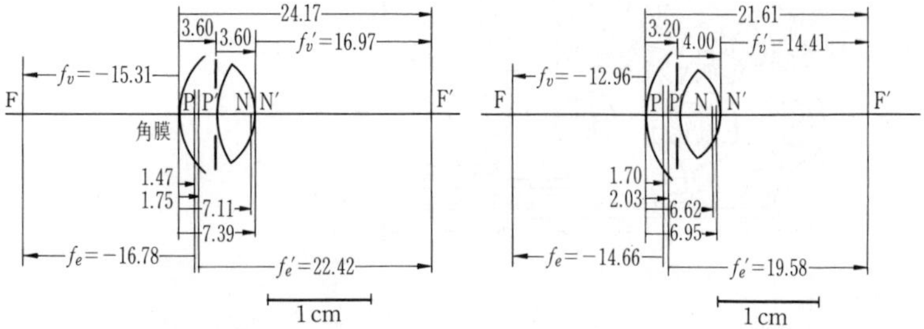

（a） 静的屈折状態　　（b） 調節 8.62 D の状態

図 2.3　グルストランドの省略模型眼（生理光学，**p. 47**）

表的な模型眼として，グルストランドの省略模型眼を**図 2.3** に示す。調節のない場合(静的屈折状態)と，極度に調節した場合(調節 8.62 D の状態)を示す。このような模型眼は，大略の網膜像の大きさなどを知るには便利であるが，あくまで近軸計算しか意味を持たず，収差や結像特性などを論ずるのには適さない。

2.1.2　人間の視覚特性

人間の視覚系は，眼球光学系と神経および大脳情報処理系の組み合わせであり，通常の光学装置にはないさまざまな特性を有する。

〔**1**〕 **順　　応**　われわれの視覚系は，周囲の明るさや色，形などの変化に対してかなりの範囲で自動的に適応してものを見ることができる。この機能を**順応**という。

眼球に入る光の量は瞳孔の大きさで制限されるので，単純に考えると，順応では瞳孔径が大きな役割を果たしているように思われる。しかし，われわれの視覚系が順応できる明るさの範囲は 10^9 倍程度もある。瞳孔径の変化は約 2 mm から 6 mm 程度で明るさの調節能力は 16 倍程度しかない。このように瞳孔は順応に対してはそれほど大きな役割を果たさない。瞳孔の大きさは，網膜像の画質や分解能に与える影響のほうが大きいことが知られている。

このような広い範囲の明るさへの順応は，明るい場所への**明順応**と暗い場所への**暗順応**の二つの機能で実現されている。暗順応では，① 瞳孔を広げ，② 視細胞中の光反応物質の感度を上げ，③ 神経回路網の構造を変えて小さな刺激も認識できるようにする。普段は明順応しているが，暗い場所では暗順応に移行する。完全に暗順応するためには約 30 分ほど時間がかかる。

〔**2**〕 **明所視と暗所視**　錐体と桿体の視細胞の特性の違いにより，明るい場所での見え方(**明所視**)と暗い場所での見え方(**暗所視**)に違いが生じる。

明所視では，錐体でものを見るので，網膜の中心窩付近で像を見て，色と明るさが識別できる。明所視のときの，波長に対する視覚の感度を**図 2.4** に示す。波長 555 nm 付近に感度のピークがある。

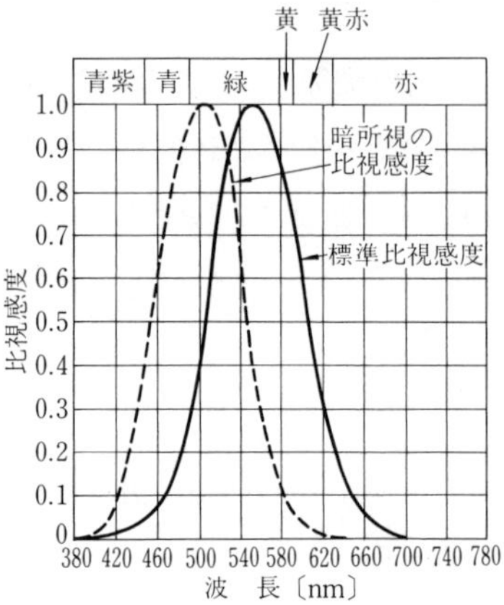

図 2.4　標準比視感度(2 度視野)，明所視と暗所視の比視感度

暗所視では，桿体でものを見るので，中心窩の外側で像を見ることになる。この場合，色は識別することはできず明るさのみの識別になる。桿体の感度は錐体の 10 万倍程度もあり，フォトン数個でも反応するといわれている。図 2.4 に示すように，暗所視のときの感度のピークは波長 510 nm 付近にある。ただし，図のそれぞれの感度特性は最大値で規格化してある。規格化しなければ暗所視の感度のほうが当然高くなる。このように規格化した曲線を**標準比視感度曲線**という。なお，標準比視感度特性の数値表を付録 E に載せておく。

〔3〕 **調　　節**　　人間の眼球光学系では水晶体で被視体への焦点合わせを行う。この焦点合わせのことを**調節**という。水晶体は**チン小帯**と呼ばれる細い繊維で**毛様体筋**に接続されている。毛様体筋は水晶体を円環状に取り囲んでいる。毛様体筋を緊張・弛緩させて水晶体を変形させ，同時に内部屈折率分布を変化させて焦点合わせを行う。

水晶体の焦点距離が最大になり，遠方にピントが合う位置を**遠点**という。正常な眼では，遠点は無限遠になる。最も近くにピントが合う位置を**近点**という。遠点と近点の間隔を**調節幅**と呼ぶ。その能力を**調節力**という。通常，焦点の合う被視体までの距離を m 単位で測り，その逆数を D(**ディオプター**)と呼ぶ。D の単位は〔m^{-1}〕である。

〔4〕 **正視眼と屈折異常**　　遠点が無限遠方にある(つまり 0 D)の眼屈折状

態を**正視眼**，遠点が近方にある(つまり－D)の眼屈折状態を**近視眼**，そして近点が正視眼に比して遠方にあるものを**遠視眼**と呼ぶ。また，主として角膜形状により，縦方向と横方向の経線で焦点位置の異なる場合，**乱視眼**となる。

〔5〕 **老　視　眼**　加齢とともに調節力が減少し，生理的に近点位置が遠方に移動して調節幅が小さくなる。これを**老視眼**と呼ぶ。

〔6〕 **視力と視力値**　通常2点あるいは2線の最小分離識別能力をランドルト環視標などを用いて視力検査を行う。この視力値は，主として眼球結像系の性能に左右されるが，網膜以降の情報処理系の特性にも大きく影響される。日本では，被験者から5m遠方の視標で最小分離できるランドルト環切れ目が視角にして1分に相当するものまで判別できれば，視力値は1.0と定義している。国際的にはその対数を用いてLogMARという表示を基準とする。

〔7〕 **空間周波数特性**　以上の視力は簡便な検査として用いられているが，見え方をより正確に理解したり，結像性能と情報処理性能を分離して診断したりするには，6章で述べる**変調伝達関数(MTF)**を導入する。その一例を**図2.5**に示す。眼球結像系では同図(A)のように通常のレンズ系と同様の低域フィルター特性を有するが，網膜以降の情報処理系では同図(B)のように帯域通過型になる。これは主として網膜内神経回路網(図2.2参照)における信号の

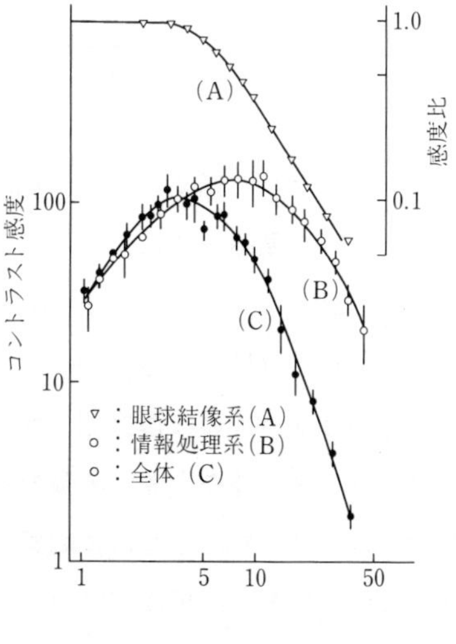

図2.5　視覚系の空間周波数特性

側抑制効果による。これらの組み合わせにより視覚系全体として同図(C)のような特性となり，4～5本/度程度の大きさの物体が最も見やすいことがわかる。

2.1.3 複　　　眼

最も原始的な視覚系としてはミドリムシが代表的である。**図 2.6**(a)のように眼点と光受容器からなり，鞭毛のつけ根がピンホールになっている。光源の方向による光受容器への光の当り具合によって鞭毛を回転させ，光源の方向に進む。これをモデル化したのが図(b)である。

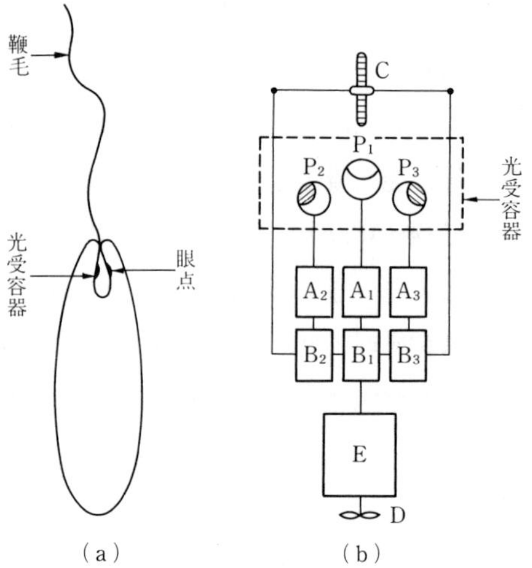

図 2.6　ミドリムシの視覚系とそのモデル
（生理光学，p. 91）

この原始的な眼から，ピンホールがレンズとなり，光受容器が増加して発達したのが脊椎動物の眼である。一方，このような**個眼**が多数集合したものが**複眼**として進化したともいわれる。昆虫や甲殻類にはさまざまな複眼が存在する。光学的に分類すると**図 2.7** のように 3 種類に分けられる。図(a)のように一つひとつの個眼がそれぞれ独立した結像系となっている**連立眼**，図(b)のように多くの個眼からの光の重ね合わせによって光学像を形成する**重複眼**，さらに図(c)のようにハエの複眼は上記二つといくぶん異なるため**神経重複眼**と呼ばれることもある。連立眼は昼間活動する昆虫に多く，重複眼は夜行性の昆虫

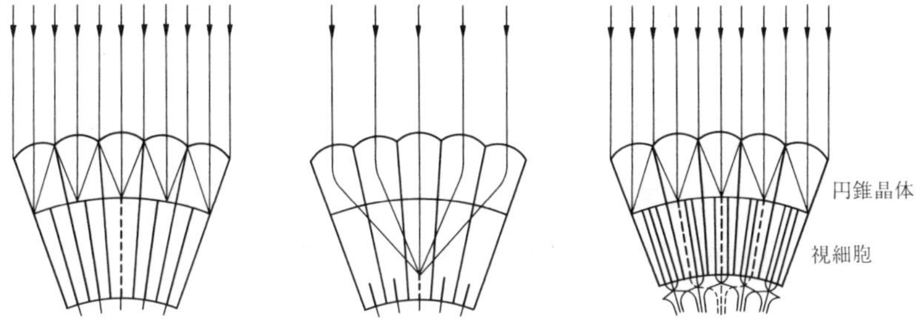

図 **2.7**　複眼の三つのタイプ（生理光学，**p.100**）

や甲殻類に多い。また，偏光検出能力を有する複眼も存在する。

2.2　放射量と測光量

ここでは，光の強さの表し方について説明する。光は電磁波であるので，その強さはエネルギーとして物理量で表される。しかし，われわれ人間が感じる光の明るさは必ずしも物理量とは一致しない。電磁波の強さを物理量として表したものを**放射量**と呼び，人間の視覚系の特性を考慮して人間が感じる明るさの感覚量として表したものを**測光量**と呼ぶ。

2.2.1　放射束と光束

電磁波が単位時間当りに運ぶエネルギーのことを**放射束**という。したがって，単位は〔J/s〕であるがこれをワット〔W〕を用いて表す。さまざまな波長成分を含んでいる電磁波に対しては，単位波長当りの分光放射束〔W/m〕を用い波長の関数として表す。放射束 P_e と分光放射束 P_λ の間にはつぎの関係がある。

$$P_e = \int_0^\infty P_\lambda d\lambda \qquad (2.1)$$

一方，図 2.4 に示したように，われわれの視覚系は光の波長によって感度が異なるので，付録 E で表される標準比視感度特性 $V(\lambda)$を考慮して

$$P_v = K_m \int_0^\infty V(\lambda) P_\lambda d\lambda \tag{2.2}$$

とするとき，これを**光束**と呼ぶ。単位は〔lm〕(ルーメン)である。K_m は定数であり，波長 555 nm の光で(1/683) W が 1 lm である。

2.2.2　放射強度と強度(光度)

点源が発する単位立体角〔sr〕(ステラジアン)当りの放射束を**放射強度**として定義する。**図 2.8**(a)に示すように，点源からとった微小立体角 $d\omega$ の中に含まれる放射束を dP_e で表すと放射強度 I_e は式(2.3)のように表され，単位は〔W/sr〕である。光の場合は，光束 P_v を用いて**光の強度** I_v を表し，単位は〔lm/sr〕あるいはこれを〔cd〕(カンデラ)と呼ぶ。これを**光度**と呼ぶこともある。

$$I_e = \frac{dP_e}{d\omega}, \qquad I_v = \frac{dP_v}{d\omega} \tag{2.3}$$

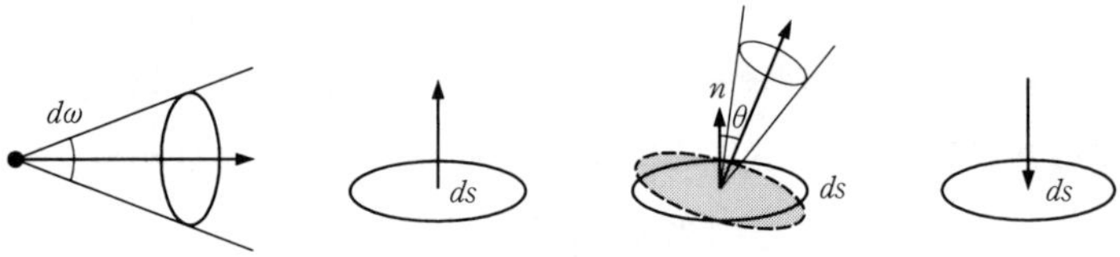

(a) 強度　(b) 発散度　(c) 輝度　(d) 照度

図 2.8　放射量と測光量

2.2.3　放射束発散度と光束発散度

光源を面光源として扱う必要がある場合は，光源が単位面積当りに発する放射束を考え，これを**放射束発散度**と定義する。図 2.8(b)に示すように，面光源上の微小面積 ds が発する放射束を dP_e で表すと，放射束発散度 M_e は

$$M_e = \frac{dP_e}{ds}, \qquad M_v = \frac{dP_v}{ds} \tag{2.4}$$

で表され，単位は〔W/m²〕である。光の場合は同様にして P_v を用いて**光束発散度** M_v と呼び，単位は〔lm/m²〕である。

2.2.4 放射輝度と輝度

面光源上で微小部分をとり，これを点光源のように考えると面光源に対しても放射強度を定義できる。図2.8(c)に示すように，微小部分は面積を持つから，測定方向にとった立体角 $d\omega$ 内に含まれる放射束の量はその方向から見た微小部分のみかけの面積で決まる。みかけの単位面積当りの放射強度のことを**放射輝度**と定義する。面積 ds の微小部分の法線 $\boldsymbol{n}$ と測定方向の成す角度を θ で表すと放射輝度 L_e は式(2.5)のように表され，単位は〔W/m²sr〕である。同様に，光の場合は単に**輝度** L_v と呼ばれ，単位は〔cd/m²〕あるいは〔nt〕(ニット)という。

$$L_e=\frac{dI_e}{ds\cos\theta}=\frac{d^2P_e}{d\omega\,ds\cos\theta},\qquad L_v=\frac{d^2P_v}{d\omega\,ds\cos\theta}\tag{2.5}$$

2.2.5 放射照度と照度

光を受ける測定面での光の強さは，**放射照度**を用いて表す。これは，測定面が単位面積当りに受ける放射束として定義される。図2.8(d)に示すように，測定面の微小面積 ds が受ける放射束を dP_e で表すと，放射照度 E_e および照度 E_v はそれぞれつぎのように表される。

$$E_e=\frac{dP_e}{ds},\qquad E_v=\frac{dP_v}{ds}\tag{2.6}$$

単位はそれぞれ〔W/m²〕および〔lm/m²〕であり，後者は〔lx〕(ルックス)を用いる。

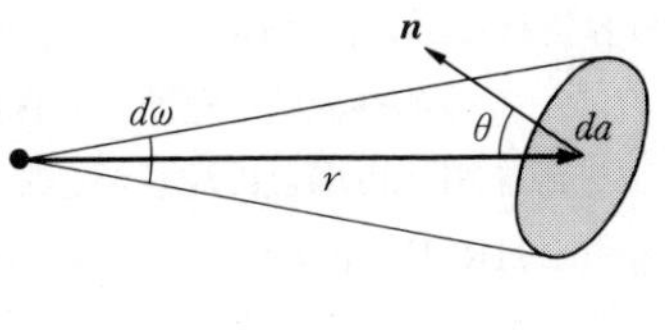

図2.9　点光源による照度

ここで，強度 I_v の点光源が，観測面に与える照度 E_v を求める。**図 2.9** のように，点光源と観測面の距離を r とし，観測面上の面積 da の微小面の法線 $\boldsymbol{n}$ に対する点光源の方向を角度 θ で表すと，微小面が受ける光束 dP_v は

$$dP_v = I_v d\omega = I_v \frac{da \cos\theta}{r^2} \tag{2.7}$$

となる。したがって，強度 I_v と照度 E_v の間には

$$E_v = \frac{dP_v}{da} = \frac{\cos\theta}{r^2} I_v \tag{2.8}$$

で表される関係がある。すなわち，観測面での照度は点光源までの距離の 2 乗に逆比例し傾きの余弦に比例する。これらの関係を**表 2.1** にまとめた。

表 2.1　放射量と測光量

放射量		測光量	
放射束〔W〕 radiant flux	P_e	光束〔lm〕 luminous flux	P_v
放射強度〔W/sr〕 radiant intensity	$I_e = dP_e/d\omega$	光度〔lm/sr〕=〔cd〕 luminous intensity	$I_v = dP_v/d\omega$
放射束発散度〔W/m²〕 radiant exitance	$M_e = dP_e/ds$	光束発散度〔lm/m²〕 luminous exitance	$M_v = dP_v/ds$
放射輝度〔W/m² sr〕 radiance	$L_e = d^2P_e/d\omega\, ds \cos\theta$	輝度〔cd/m²〕 luminance	$L_v = d^2P_v/d\omega\, ds \cos\theta$
放射照度〔W/m² sr〕 irradiance	$E_e = dP_e/ds$	照度〔lm/m²〕 illuminance	$E_v = dP_v/ds$

【コラム 2.1】 太陽分光エネルギーと基準波長

東京新宿区での 6 月，晴天南中時刻における太陽分光エネルギー分布の実測値例を**図 2.10** に示す（スガ試験機：テクニカルレポートより）。全放射照度は約 1 033 W/m² である。波長 400 nm 以下の紫外線放射は，（1）UV-A（近紫外線）：400（380）～315 nm，（2）UV-B（遠紫外線）：315～280 nm，（3）UV-C（極端紫外線）：280～100 nm に分けられている。UV-C の波長域はほとんど大気によって吸収され地上には到達しないが，UV-A，B が多量に照射される場合，生体に障害を及ぼすことがある。眼底網膜への影響を少なくするために，この紫外線域を遮断する保護眼鏡が用いられる。特に，紫外線域を多く含む人工光源を用いる場合に注意が必要である。赤外線放射は，（1）IR-A：780～1 400 nm，（2）IR-B：1.4～3 μm，（3）IR-C：3～1

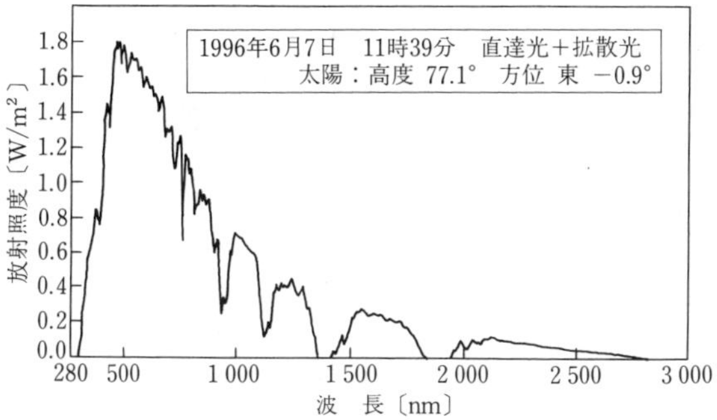

測定波長範囲〔nm〕	放射照度〔W/m²〕	割合〔%〕
300 ～　400	60.3	5.8
400 ～　700	472.0	45.7
700 ～ 3 000	501.0	48.5
300 ～ 3 000	1 033.3	100.0

図 **2.10**　太陽分光エネルギー

000 μm の領域に分類されている［IEC-60050］。

光学機器の設計や性能評価などには，国際的基準波長として，人間の標準比視感度の最大値に近い水銀の e-線(波長：546.07 nm)を用いるが，旧来の慣習としてヘリウム d-線(波長：587.56 nm)．用いることもある［ISO 9802, JIS 7090］。

2.2.6　完 全 拡 散 面

面光源が，**図 2.11**(a)に示すように，その微小面の法線 $\boldsymbol{n}$ に対する角度 θ とその方向に発する強度(光度)I の間に次式で表される関係があるとき，これを**完全拡散面**という。

$$I(\theta)=I(0)\cos\theta \tag{2.9}$$

また，上式が**ランバート余弦則**と呼ばれることから**ランバート面**ともいう。

完全拡散面の輝度は式(2.10)のようになり，角度 θ に依存しない。

$$L=\frac{dI(\theta)}{ds\cos\theta}=\frac{dI(0)}{ds} \tag{2.10}$$

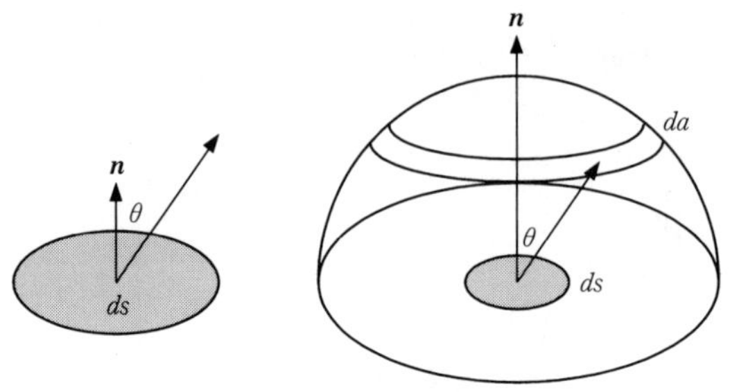

（a） ランバート余弦則　　（b） 発散度

図 **2.11**　完全拡散面

つぎに，発散度を求める。図(b)に示すように，光源上の微小面を囲む単位球を微小な幅の円環に分割する。微小面の法線 $\boldsymbol{n}$ から円環への角度を θ で表すと，円環の持つ立体角 $d\omega=2\pi\sin\theta d\theta$ と表されるので，この円環を通る放射束(光束) dP はつぎのようになる。

$$dP=dI(\theta)\,d\omega=2\pi dI(0)\sin\theta\cos\theta d\theta \tag{2.11}$$

面光源から発せられる全放射束は単位球の上半分について積分して

$$P=\int_0^{\pi/2}dP=\pi dI(0) \tag{2.12}$$

と求まる。発散度を求めるとつぎのようになり，輝度の π 倍になる。

$$M=\frac{P}{ds}=\pi\frac{dI(0)}{ds}=\pi L \tag{2.13}$$

完全拡散面としては，例えば MgO や $BaSO_4$ やテフロン粒子，ミルク，雪，紙などが知られている。これらは自らは光を発しないが，これらによって反射・拡散される光が上記の性質を持つ。

演　習　問　題

（1）　眼球結像等の空間周波数特性(MTF)は低域フィルタ特性を有するのに対し，視覚系全体としては帯域フィルタ型になるのはなぜか考察せよ。

（2）　月面は球状になっているにもかかわらず，円板として見えるのはなぜか。月面を完全拡散面として証明せよ。

（3）　面積 ds，輝度 L，強度 dI を有する光源をレンズで横倍率 m で結像させた。このとき，レンズによって光源の強度を変化させることはできるが，輝度を変化させることはできないことを示せ。

（4）　輝度 L，半径 R の完全拡散面になる光源をつつむ半径 $d(>R)$ の球面上の照度はいくらになるか。

（5）　前問において，例えば 100 W の透明ガラス電球と乳白色ガラス電球では照度は大差ないが，前者のほうが光源を見るとまぶしく感ずるのはなぜか。

3 幾何光学

1章では，光の電磁波としての性質を学んだ。しかし，境界面での反射・屈折やレンズによる結像は，光を近似的に光線として扱うことで理解が容易になる。このような幾何光学では，その近似について理解することが重要である。なお，レンズの結像に対して，球面収差の概念は必要であるが，ここでは割愛した。

3.1 基本式

3.1.1 アイコナール方程式

1章で得られた波の空間的な伝搬特性を表すヘルムホルツ方程式から出発する。波の時間的変動を除いた空間的部分を $E(\boldsymbol{r})=A(\boldsymbol{r})\exp\{ik_0L(\boldsymbol{r})\}$ と表す。ただし，k_0 は真空中の波数である。ヘルムホルツ方程式(1.30)に代入すると

$$A(n^2-|\nabla L|^2)+\frac{i}{k_0}(A\nabla^2L+2\nabla A\cdot\nabla L)+\frac{1}{{k_0}^2}\nabla^2A=0 \tag{3.1}$$

となる。n は媒質の屈折率である。ここで，$k_0=2\pi/\lambda_0$ が ∇^2A，∇A，∇^2L，∇L に比べて十分に大きい，つまり光の波長 λ_0 を無限小とする近似を行う。

$$|\nabla L|^2=n^2 \tag{3.2}$$

これが**アイコナール方程式**で，光を光線として扱う幾何光学の基本式である。

L は**アイコナール**と呼ばれる。ただし，光の振幅や位相が急激に変わるところでは，$\nabla^2 A$，∇A，$\nabla^2 L$，∇L の値が大きくなり近似が成り立たない。例えば，エッジの近くなどの場合で，5章で述べる回折の影響が無視できなくなる。

$k_0 L(\boldsymbol{r})$ が 1.1.3 項の式(1.11)の $\zeta(\boldsymbol{r})$ に対応するから，$\omega t - k_0 L(\boldsymbol{r}) =$ (一定)を満たす $\boldsymbol{r}$ が等位相面を形成し，∇L が等位相面の進行方向を表す。したがって，媒質の屈折率分布 $n(\boldsymbol{r})$ をアイコナール方程式に代入してアイコナール L を求め，その勾配 ∇L から光の進行方向を知ることができる。**図 3.1** に示すように，光線の経路をベクトル $\boldsymbol{r}$ で表し，これにそった単位ベクトルを $\hat{\boldsymbol{s}}$ で表すと，$\hat{\boldsymbol{s}} = d\boldsymbol{r}/ds = \nabla L/|\nabla L|$ であるから，次式で表される関係を得る。

$$n\frac{d\boldsymbol{r}}{ds} = \nabla L \tag{3.3}$$

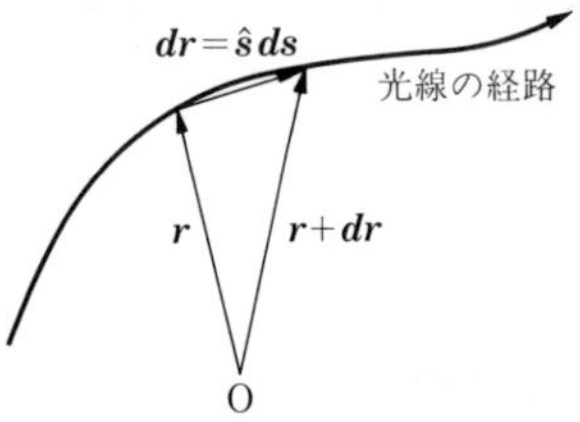

図 3.1　光線の経路と接線ベクトル

屈折率 n が一定な空間でのアイコナール方程式はつぎのようになる。

$$\left(\frac{\partial L}{\partial x}\right)^2 + \left(\frac{\partial L}{\partial y}\right)^2 + \left(\frac{\partial L}{\partial z}\right)^2 = n^2 \tag{3.4}$$

n が定数であることから，上式は簡単に解ける。

$$L = n(ax + by + cz) + d, \qquad a^2 + b^2 + c^2 = 1 \tag{3.5}$$

ただし，a，b，c，および d は定数である。光線の進む方向 $\hat{\boldsymbol{s}}$ は

$$\hat{\boldsymbol{s}} = \frac{\nabla L}{n} = \hat{\boldsymbol{i}}a + \hat{\boldsymbol{j}}b + \hat{\boldsymbol{k}}c \tag{3.6}$$

となり，屈折率が一定な媒質中では光は直進することがわかる。したがって，近似的に光を直進する光線として扱える。

幾何光学の重要な概念に**光路長**がある。屈折率 n の媒質中を光が距離 l_m 伝搬するのに要する時間で，光が真空中を伝搬する距離 l が光路長である。

$$l = c\frac{l_m}{v} = nl_m \tag{3.7}$$

すなわち，媒質中の距離 l_m に媒質の屈折率 n をかけたものが光路長である。

3.1.2 フェルマの原理

光線の経路は**フェルマの原理**からも知ることができる。これは，**光線は伝搬時間が極値になる経路で伝搬する**，あるいは，**光線は光路長が極値になる経路で伝搬する**と表される。

屈折率が一定な媒質中で光が直進することは，フェルマの原理を用いて簡単に説明できる。屈折率が一定な媒質中では，2 点を直線で結んだときが光路長が最小になるからである。また，**光線逆行の原理**も説明できる。2 点を結ぶ経路の光路長が極値をとるとき，その逆の経路の光路長もまた極値をとるので，光線はまったく逆の経路をたどることができる。

【コラム 3.1】 幾何光学と解析力学

光路長は $l = \int nds$ と表せるから，フェルマの原理は

$$\delta l = \delta\int nds = \delta\int n\sqrt{1+\left(\frac{dx}{dz}\right)^2+\left(\frac{dy}{dz}\right)^2}\,dz = 0 \tag{3.8}$$

と表される。フェルマの原理を解析力学へ拡張したのがハミルトンの原理である。

$$\delta\int(T-V)\,dt = 0 \tag{3.9}$$

T は運動エネルギーで V はポテンシャルエネルギーである。ラグランジアン $\mathcal{L}$ を $\mathcal{L} = T - V$ と定義すると，ラグランジェの運動方程式は

$$\frac{d}{dt}\left(\frac{\partial\mathcal{L}}{\partial\dot{q}_k}\right) = \frac{\partial\mathcal{L}}{\partial q_k} \tag{3.10}$$

と表される。ただし，$\dot{q} = \partial q/\partial t$ である。ここで，解析力学との比較から光学的なラグランジアンをつぎのように定義する。

$$\mathcal{L} = n\sqrt{1+\dot{x}^2+\dot{y}^2} \tag{3.11}$$

ただし，$\dot{x} = \partial x/\partial z$ で $\dot{y} = \partial y/\partial z$ である。運動方程式は，つぎのようになる。

$$\frac{d}{dz}\left(\frac{\partial\mathcal{L}}{\partial\dot{x}}\right) = \frac{\partial\mathcal{L}}{\partial x}, \qquad \frac{d}{dz}\left(\frac{\partial\mathcal{L}}{\partial\dot{y}}\right) = \frac{\partial\mathcal{L}}{\partial y} \tag{3.12}$$

$d/ds = d/\sqrt{1+\dot{x}^2+\dot{y}^2}dz$ の関係を用いると，つぎの関係が導ける。

$$\frac{d}{ds}\left(n\frac{d\boldsymbol{r}}{ds}\right) = \nabla n \tag{3.13}$$

これを**光線方程式**といい，屈折率変化と光線経路の屈曲の関係を表す。

3.2 レンズ結像系

結像系は，レンズ表面などの多数の境界面によって構成される。それぞれの境界面に屈折の法則を適用すれば，光学系内の光線の経路を追跡できる。ここでは，光学系が光線に及ぼす作用をマトリックスで表し，結像について学ぶ。

3.2.1 座標系と近軸近似

座標系と符号の取り方について，つぎのように約束する(**図 3.2** 参照)。

- 光学系はほとんどの場合で回転対称であるので，回転対称軸を**光軸**と呼び z 軸で表す。光線が左から右に進む場合を正の方向とする。
- 光軸と境界面の交点を**頂点**と呼び，頂点を原点として境界面ごとに座標系をとる。光軸と直交方向に x 軸をとり光軸から遠ざかる方向を正とする。
- 光線の角度は光軸などの基準線から鋭角をなすようにとる。反時計回りに鋭角をとる場合は正，時計回りにとる場合は負とする。

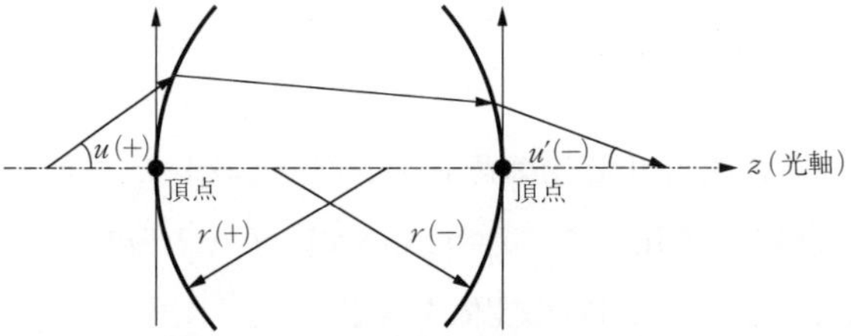

図 3.2　幾何光学の座標と符号の取り方

● レンズなどの球面の曲率半径の符号は，頂点に対して曲率中心が右にある場合は正，左にある場合は負とする。

● 光線は，境界面での高さ h と光軸となす角 u の二つの変数で表す。

屈折の法則を適用する際に用いるサイン関数をつぎのように展開し

$$\sin u = u - \frac{1}{3!}u^3 + \frac{1}{5!}u^5 - \frac{1}{7!}u^7 + \cdots \tag{3.14}$$

光線が光軸に対してあまり大きな角度をとらない，すなわち角度 u が小さいと仮定して，第 2 項以下を無視する近似を行う。

$$\sin u \simeq u \tag{3.15 a}$$

これを**近軸近似**という。他の三角関数についても同様な近似を行う。

$$\cos u \simeq 1 \tag{3.15 b}$$

$$\tan u \simeq u \tag{3.15 c}$$

近軸近似は計算を容易にするが，光軸に対して大きな角度を持つ光線に対しては誤差が大きくなる。この誤差のことを**球面**(波面)**収差**という。

3.2.2 マトリックスによる光学系の表現

光学系での光線の経路を境界面での屈折と境界面間の移行に分けて考える。

〔1〕 屈折マトリックス　図 3.3(a)に示すように，屈折率 n と n' の二つの媒質の境界面として半径 r の球面を考える。光線が境界面と高さ h で交わり，屈折によって角度が u から u' に変化する。光線が球面と交わる点を球の中心から計った角度を Φ で表す。座標系の約束から，$u>0$，$u'<0$，$r>0$，$\Phi<0$，$h>0$ である。

境界面での光線の屈折は，屈折の法則に近軸近似を適用して

$$n\theta_i = n'\theta_t \tag{3.16}$$

である。図より，入射角 θ_i と出射角 θ_t は，$\theta_i = -\Phi + u$，$\theta_t = -\Phi - (-u')$ である。また，近軸近似を用いて $-\Phi \simeq \sin(-\Phi) = h/r$ と表せる。以上の関係を式(3.16)に代入すると式(3.17)の関係を得る。

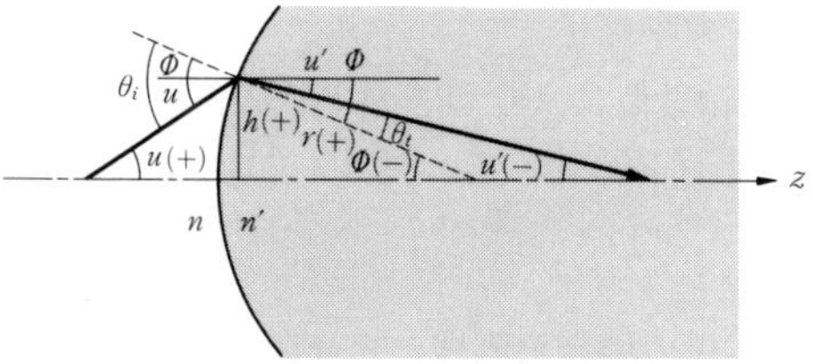

（a） 境界面での光線の屈折

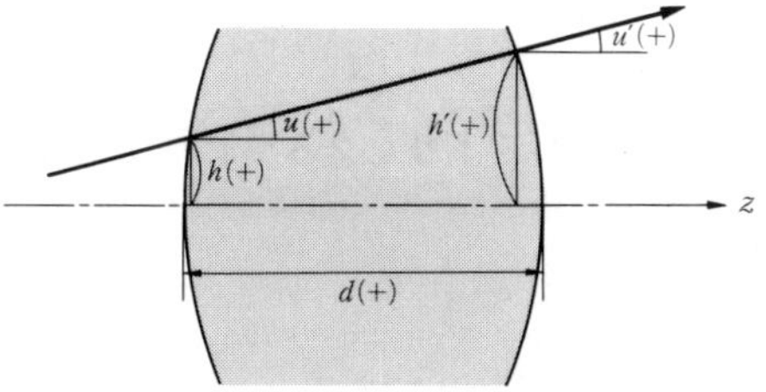

（b） 境界面間の光線の移行

図 3.3　マトリックスによる光学系の表現

$$n'u' = nu + \frac{n-n'}{r}h \tag{3.17}$$

$(n'-n)/r$ を境界面の**屈折力**といい記号 φ で表す。境界面で屈折した直後の光線の高さを h' で表すと，境界面では光線の高さは変わらないので $h'=h$ である。以上より，光線の高さと角度に関する式をまとめて

$$\begin{pmatrix} h' \\ n'u' \end{pmatrix} = \begin{pmatrix} 1 & 0 \\ -\varphi & 1 \end{pmatrix} \begin{pmatrix} h \\ nu \end{pmatrix} \tag{3.18}$$

と表せる。このように，境界面での光線の屈折をマトリックスを用いて表すことができ，これを**屈折マトリックス**といい記号 R で表す。

$$R = \begin{pmatrix} 1 & 0 \\ (n-n')/r & 1 \end{pmatrix} = \begin{pmatrix} 1 & 0 \\ -\varphi & 1 \end{pmatrix} \tag{3.19}$$

屈折マトリックスの行列式は $|R|=1$ である。

〔2〕 **移行マトリックス**　　つぎに，境界面間での光線の進行を考える。図3.3(b)に示すように，境界面を高さ h，角度 u で出た光線が，距離 d 離れたつぎの境界面に高さ h'，角度 u' で交わる。ここで，符号は，$u>0$，$u'>0$，

$h>0$，$h'>0$，$d>0$ である。

h' および u' は，近軸近似によりつぎのように表せる。

$$h' = h + d\,u \tag{3.20 a}$$

$$u' = u \tag{3.20 b}$$

$n' = n$ に注意して，屈折の場合と同様に光線の進行をマトリックスで表すと

$$\begin{pmatrix} h' \\ n'u' \end{pmatrix} = \begin{pmatrix} 1 & \dfrac{d}{n} \\ 0 & 1 \end{pmatrix} \begin{pmatrix} h \\ nu \end{pmatrix} \tag{3.21}$$

となる。光線の進行を表す**移行マトリックス**を記号 T で表す。

$$T = \begin{pmatrix} 1 & \dfrac{d}{n} \\ 0 & 1 \end{pmatrix} \tag{3.22}$$

移行マトリックスの行列式も $|T| = 1$ である。

屈折マトリックスと移行マトリックスを組み合わせることでさまざまな光学系が光線に及ぼす作用を記述できる。

〔3〕 **レンズのマトリックス**　光学系の主要な構成要素であるレンズの働きをマトリックスを用いて表す。**図 3.4** に示すように，レンズが間隔 d 離れた曲率半径 r_1 と r_2 の球面で構成されているとする。レンズの屈折率を n，レンズの外部は空気で屈折率が 1 であるとする。レンズの働きをマトリックス L で表すとつぎのようになる。

$$L = R_2 T R_1 = \begin{pmatrix} 1 & 0 \\ \dfrac{n-1}{r_2} & 1 \end{pmatrix} \begin{pmatrix} 1 & \dfrac{d}{n} \\ 0 & 1 \end{pmatrix} \begin{pmatrix} 1 & 0 \\ \dfrac{1-n}{r_1} & 1 \end{pmatrix}$$

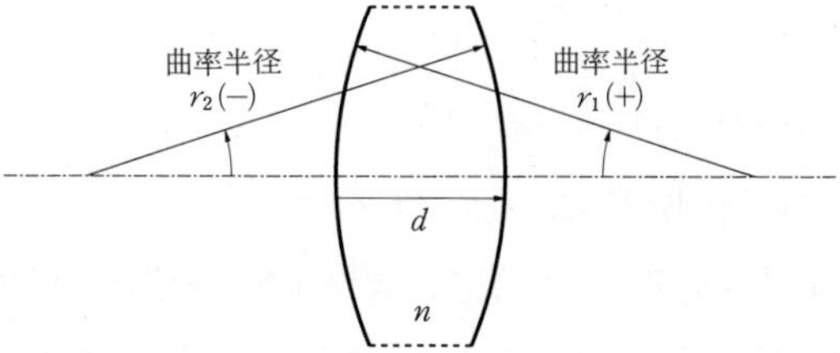

図 **3.4**　レ ン ズ

$$
=\begin{pmatrix} 1-\left(1-\dfrac{1}{n}\right)\dfrac{d}{r_1} & \dfrac{d}{n} \\ (n-1)\left\{\dfrac{1}{r_2}-\dfrac{1}{r_1}-\left(1-\dfrac{1}{n}\right)\dfrac{d}{r_1 r_2}\right\} & 1+\left(1-\dfrac{1}{n}\right)\dfrac{d}{r_2} \end{pmatrix} \tag{3.23}
$$

レンズのマトリックスの行列式も $|L|=|R_2||T||R_1|=1$ である。

3.2.3　薄いレンズによる結像

レンズが十分薄く厚さ d を 0 とみなしてよい場合について考える。

$$
L=\begin{pmatrix} 1 & 0 \\ (n-1)\left(\dfrac{1}{r_2}-\dfrac{1}{r_1}\right) & 1 \end{pmatrix} \tag{3.24}
$$

薄いレンズは，光線の高さは変えずに，光線の高さに応じて屈折角を変える働きを持つことがわかる。

図 3.5 に示す薄いレンズによる結像について調べる。物体の位置を**物点**といい，レンズからの距離 s を**物体距離**という。物体がレンズの左側にあるときは，$s<0$ である。像のできる位置を**像点**といい，レンズからの距離 s' を**像距離**という。レンズの右側に像ができるときは $s'>0$ である。物体を置く空間を**物空間**といい，像のできる空間を**像空間**という。

物体を高さ h，角度 u で出発した光線が，像面に高さ h'，角度 u' で到達す

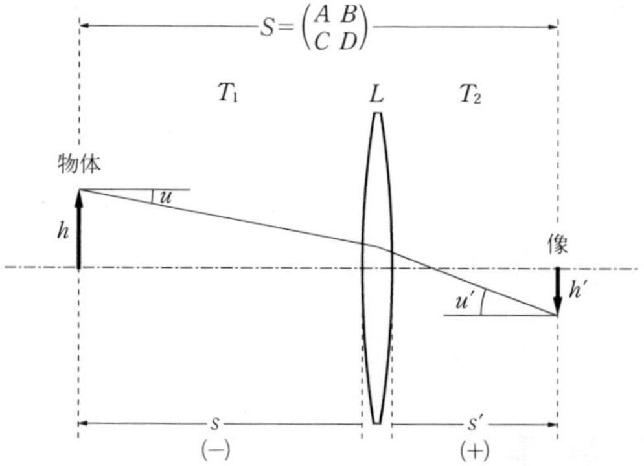

図 3.5　薄いレンズによる結像

るとき，この光線の振舞いをつぎのようにマトリックスで表す。

$$\begin{pmatrix} h' \\ u' \end{pmatrix} = T_2 L T_1 \begin{pmatrix} h \\ u \end{pmatrix}$$

$$= \begin{pmatrix} 1 & s' \\ 0 & 1 \end{pmatrix} \begin{pmatrix} 1 & 0 \\ (n-1)\left(\dfrac{1}{r_2} - \dfrac{1}{r_1}\right) & 1 \end{pmatrix} \begin{pmatrix} 1 & -s \\ 0 & 1 \end{pmatrix} \begin{pmatrix} h \\ u \end{pmatrix} \tag{3.25}$$

ただし，s は負の値を持つ。結像系全体の働きをマトリックス S を用いて

$$S = \begin{pmatrix} A & B \\ C & D \end{pmatrix}$$

$$= \begin{pmatrix} 1 + s'(n-1)\left(\dfrac{1}{r_2} - \dfrac{1}{r_1}\right) & s' - s - s's(n-1)\left(\dfrac{1}{r_2} - \dfrac{1}{r_1}\right) \\ (n-1)\left(\dfrac{1}{r_2} - \dfrac{1}{r_1}\right) & 1 - s(n-1)\left(\dfrac{1}{r_2} - \dfrac{1}{r_1}\right) \end{pmatrix} \tag{3.26}$$

と表すと，式(3.25)はつぎのように表せる。

$$h' = Ah + Bu \tag{3.27 a}$$

$$u' = Ch + Du \tag{3.27 b}$$

結像するとは，物体の高さ h から出たすべての光線が出射角 u によらずに，像の高さ h' に到達することであるから，式(3.27 a)の u の係数 B は 0 になる必要がある。したがって，式(3.26)より物体距離 s と像距離 s' の間には

$$\frac{1}{s'} - \frac{1}{s} = (n-1)\left(\frac{1}{r_1} - \frac{1}{r_2}\right) \tag{3.28}$$

で表される結像式が成り立つ必要がある。これを**レンズメーカーの公式**という。結像関係にある物体の位置と像の位置を**共役点**という。

マトリックス S の行列式は $|S| = |T_2||L||T_1| = 1$ であるから，結像系を表すマトリックス S の要素 A と D にはつぎの関係がある。

$$|S| = AD = 1 \tag{3.29}$$

3.2.4 焦　点　距　離

物体が無限遠にある($s \to -\infty$)ときに像のできる位置を**像側焦点**といい，**図**

3.6 に示すように記号 F′ で表す。レンズから像側焦点 F′ までの距離を**像側焦点距離**といい f' で表し，式(3.28)よりつぎのように求まる。

$$\frac{1}{f'}=(n-1)\left(\frac{1}{r_1}-\frac{1}{r_2}\right)=-C \tag{3.30}$$

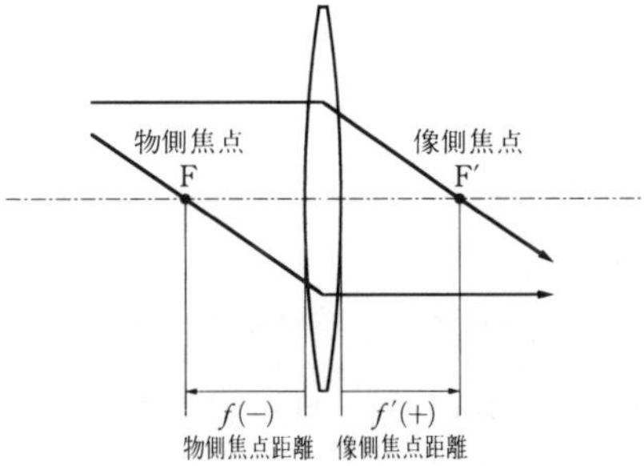

図 3.6　レンズの焦点と焦点距離

逆に，像が無限遠にできる($s'\to\infty$)ときの物体の位置を**物側焦点**といい，記号 F で表す。レンズから物側焦点 F までの距離を**物側焦点距離**といい f で表す。

$$\frac{1}{f}=(n-1)\left(\frac{1}{r_2}-\frac{1}{r_1}\right)=C \tag{3.31}$$

薄いレンズの場合は，二つの焦点距離には $f=-f'$ の関係がある。

焦点距離を用いて書き直した薄いレンズのマトリックスをつぎに示す。

$$L=\begin{pmatrix} 1 & 0 \\ -\dfrac{1}{f'} & 1 \end{pmatrix}=\begin{pmatrix} 1 & 0 \\ \dfrac{1}{f} & 1 \end{pmatrix} \tag{3.32}$$

また，焦点距離 f' を用いてレンズメーカーの公式(3.28)を書き換えると

$$\frac{1}{s'}-\frac{1}{s}=\frac{1}{f'} \tag{3.33}$$

となる。これを**ガウスの結像公式**という。

図 3.7 に示すように物体と像の位置を焦点 F と F′ から計った距離 z と z' で表し，結像の式を書き直したのがつぎの**ニュートンの結像公式**である。

$$zz'=-f^2 \tag{3.34}$$

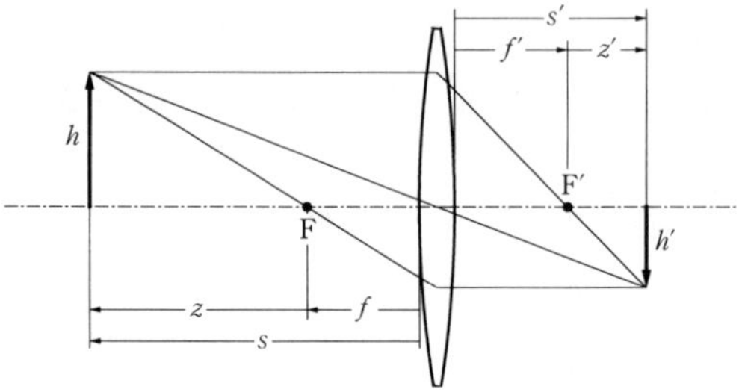

図 3.7　焦点を基準にした結像系

3.2.5　結 像 の 作 図

物体と像の結像関係は作図によっても求めることができる。そのために，**図 3.8** に示す(1)〜(3)の三つの光線を用いる。

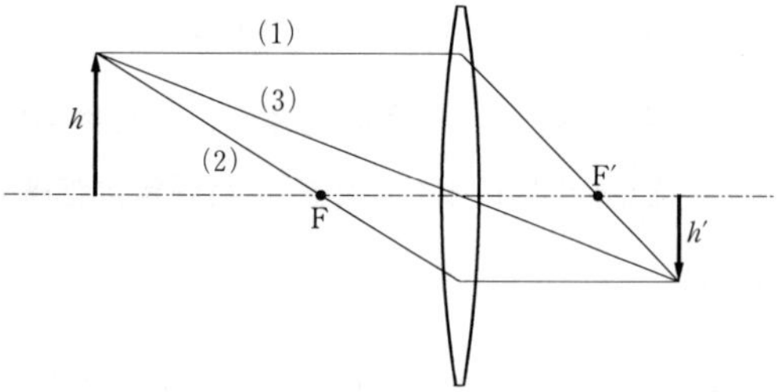

図 3.8　結像の作図

(1)　物体から光軸に平行に進みレンズで屈折して像側焦点 F′ を通る光線。

(2)　物体から物側焦点 F を通りレンズで屈折して光軸に平行に進む光線。

(3)　物体からレンズの中心を通りそのまま直進する光線。

物体の 1 点から以上の 3 本の光線のうち少なくとも 2 本を作図しその交点を求めることで，対応する像上の点を求めることができる。

図 3.9 に結像の作図の例を示す。(a)物体が焦点距離の 2 倍より離れている場合は，像は物体より小さくなる。(b)物体が焦点距離の 2 倍の距離にある場合は，像と物体の大きさは等しくなる。(c)物体が焦点距離とその 2 倍の距離の間にある場合は，像は物体より大きくなる。(d)物体が焦点距離より近くにある場合は，像は物体と同じ側にでき物体より大きくなる。(a)〜(c)では，逆さまの像ができ，これを**倒立像**という。(d)では，物体と同じ向きの像がで

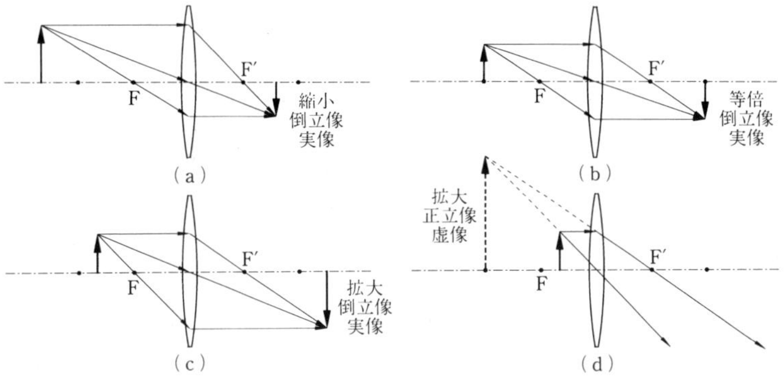

図 3.9 物体と像の関係

き，これを**正立像**という。また，(a)〜(c)では，像ができる場所に実際に光線が存在するので**実像**という。(d)では，像のできる場所に実際には光線は存在しないが，あたかもそこから光線が出ているように見えるので**虚像**という。

3.2.6 倍 率

像と物体の大きさの比を**横倍率**といい β で表す。式(3.27 a)と結像の条件 $B=0$ よりつぎのように求まる。

$$\beta=\frac{h'}{h}=A \tag{3.35}$$

また，図 3.7 の三角形の相似関係からつぎのように表すこともできる。

$$\beta=-\frac{s'}{s}=\frac{z'}{f'}=\frac{f}{z} \tag{3.36}$$

つぎに，**図 3.10** に示すように，光軸方向に dz の長さを持つ物体の像の長さを dz' とする。このときの dz' と dz の比を**縦倍率**といい α で表す。

$$\alpha=\frac{dz'}{dz}=-\frac{z'}{z}=-\frac{f^2}{z^2} \tag{3.37}$$

ただし，ニュートンの結像公式(3.34)を用いた。縦倍率 α と横倍率 β の間にはつぎの関係がある。

$$\alpha=\beta^2 \tag{3.38}$$

光軸上の結像を考え，物点と像点での光線の角度 u と u' の倍率を考える。

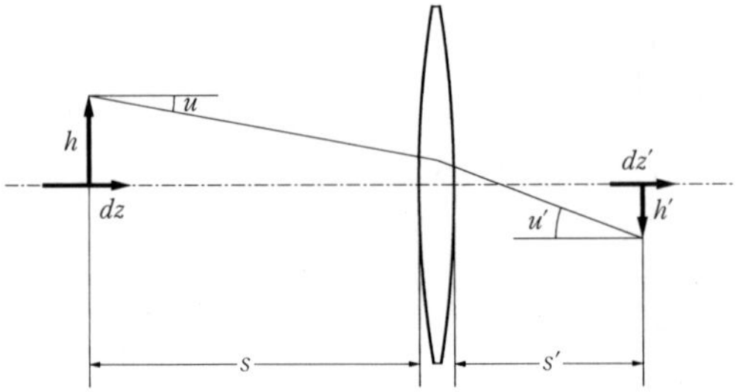

図 3.10　倍　　率

光軸上では $h=h'=0$ であるから式(3.27 b)より $u'=Du$ であるので，**角倍率** γ はつぎのように表せる。ただし，式(3.29)と式(3.35)を用いた。

$$\gamma=\frac{u'}{u}=D=\frac{1}{A}=\frac{1}{\beta} \tag{3.39}$$

倍率を用いて式(3.26)の結像系のマトリックス S をつぎのように表せる。

$$S=\begin{pmatrix}\beta & 0\\ \dfrac{1}{f} & \dfrac{1}{\beta}\end{pmatrix}=\begin{pmatrix}\dfrac{1}{\gamma} & 0\\ \dfrac{1}{f} & \gamma\end{pmatrix} \tag{3.40}$$

式(3.39)から $\beta\gamma=1$ であるから，つぎの関係が成り立つ。

$$h'u'=hu \tag{3.41}$$

これは，光線の高さ h と角度 u の積は結像に対して不変であることを示す。より一般的にレンズ前後の屈折率と近軸光線以外の光線も考えて

$$n'h'\sin u'=nh\sin u \tag{3.42}$$

と書くことができる。これを，**ヘルムホルツ–ラグランジェの不変量**という。

3.2.7　主　　要　　点

今までは薄いレンズによる結像を扱ってきた。ここでは，より複雑な結像系について考える。薄いレンズの前後で光線の高さが変わらないことから，複雑な結像系でも光線の高さが変わらない物体側と像側の点を捜しそれらを薄いレンズの表面と考えることで，薄いレンズに関する議論が適用できる。光軸上のこのような点を**主点**といい，主点を通る光軸に垂直な平面を**主平面**という。

主点を求めたい光学系のマトリックスをつぎのように表す。

$$C=\begin{pmatrix} A_c & B_c \\ C_c & D_c \end{pmatrix} \tag{3.43}$$

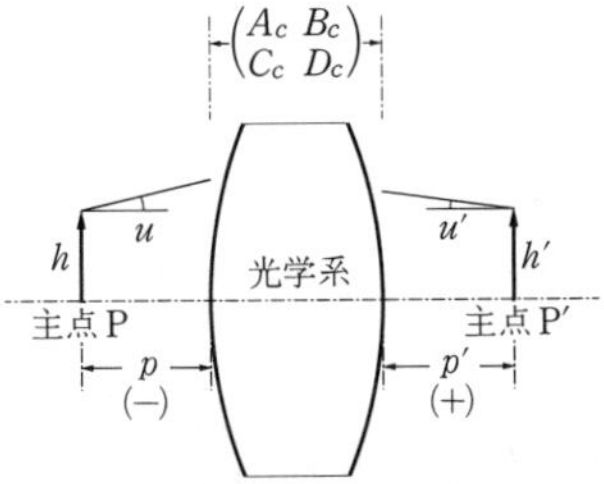

図 3.11 主点位置

図 3.11 に示すように光学系から物側の主点Pまでの距離を p，像側の主点P′までの距離を p' とする。主点Pから主点P′までをマトリックス H で表す。

$$H=\begin{pmatrix} 1 & p' \\ 0 & 1 \end{pmatrix}\begin{pmatrix} A_c & B_c \\ C_c & D_c \end{pmatrix}\begin{pmatrix} 1 & -p \\ 0 & 1 \end{pmatrix}$$

$$=\begin{pmatrix} A_c+p'C_c & -pA_c+B_c-pp'C_c+p'D_c \\ C_c & -pC_c+D_c \end{pmatrix} \tag{3.44}$$

光線の高さが変わらない，すなわち横倍率が1であるためには，$A_c+p'C_c=1$, $-pA_c+B_c-pp'C_c+p'D_c=0$ である必要がある。また，$|H|=1$ から $-pC_c+D_c=1$ である。以上より，主点位置はつぎのように求まる。

$$p=\frac{D_c-1}{C_c} \tag{3.45 a}$$

$$p'=\frac{1-A_c}{C_c} \tag{3.45 b}$$

薄いレンズに関する式(3.30)と式(3.31)から，主点位置から計った焦点距離はつぎのように与えられる。

$$f=-f'=\frac{1}{C_c} \tag{3.46}$$

以上をレンズの厚さ d が無視できない厚いレンズに適用する。厚いレンズのマトリックスを表す式(3.23)から主点位置と焦点距離は式(3.47 a〜c)のように求まる。

$$p=-\frac{n-1}{n}\frac{d}{r_2}f' \tag{3.47 a}$$

$$p'=-\frac{n-1}{n}\frac{d}{r_1}f' \tag{3.47 b}$$

$$\frac{1}{f'}=-(n-1)\left\{\left(\frac{1}{r_2}-\frac{1}{r_1}\right)-\frac{n-1}{n}\frac{d}{r_1r_2}\right\} \tag{3.47 c}$$

つぎに，**図 3.12** に示す密着させた二つのレンズについて考える。それぞれのレンズの焦点距離を f_1' と f_2' とすると，組み合わせレンズのマトリックスは

$$\begin{pmatrix} 1 & 0 \\ -\dfrac{1}{f_2'} & 1 \end{pmatrix}\begin{pmatrix} 1 & 0 \\ -\dfrac{1}{f_1'} & 1 \end{pmatrix}=\begin{pmatrix} 1 & 0 \\ -\left(\dfrac{1}{f_1'}+\dfrac{1}{f_2'}\right) & 1 \end{pmatrix} \tag{3.48}$$

となり，密着レンズの主点位置と焦点距離はつぎのように求まる。

$$p=0 \tag{3.49 a}$$

$$p'=0 \tag{3.49 b}$$

$$\frac{1}{f'}=\frac{1}{f_1'}+\frac{1}{f_2'} \tag{3.49 c}$$

主点は横倍率 β が 1 の点であったが，角倍率 γ が 1 の点のことを**節点**という。光学系の前後の屈折率が等しい場合は，節点と主点は一致する。以上の主点と節点および焦点を合わせて光学系の**主要点**という。

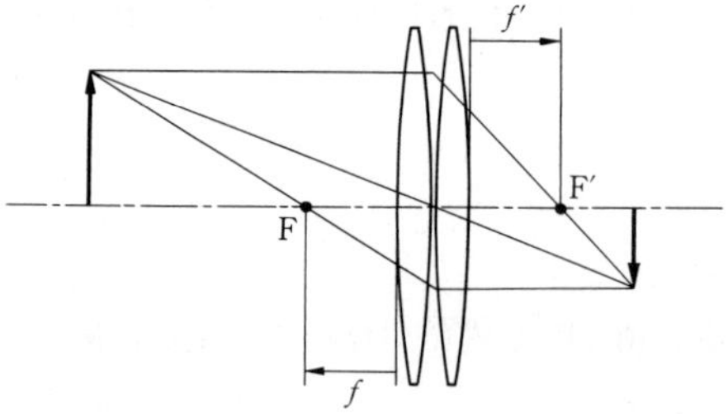

図 3.12　組み合わせレンズ

【コラム 3.2】 レンズのベンディング

同一の材料で 1 枚のレンズを作るとき，その焦点距離を一定としても前面と後面の形状を変えた組合せのものが多数存在することは式(3.31)より明らかである。どの形

状を用いるかによって，その像の性質が異なる。詳しくは収差の程度，使用する目的，あるいは組合せの方法によって適切な形状を選ぶことになる。このようにレンズの形状を変化させることを，**レンズのベンディング**と呼び，レンズ設計に必要な要素の一つである。

3.3 収　　　差

以上の議論では，光線を近軸光線に限定してきた。近軸光線とは，光軸となす角度 u が小さく，$\sin u \simeq u$ と近似できる光線である。光線の角度 u が大きくなると当然近軸近似は成り立たなくなる。このような近軸光線とのずれを**波面収差**という。

また，これまでの議論ではレンズなどの光学素子の屈折率は一定としてきた。しかし，1.4 節で学んだように，物質には光の波長によって屈折率が変化する分散現象が存在する。したがって，光の波長によって結像条件が変化することによる収差が存在する。これを**色収差**という。例えば薄いレンズの焦点距離は式(3.30)で与えられるが，屈折率 n が波長によって変化すると焦点距離も変化する。すなわち，**図 3.13**(a)に示すように，レンズの焦点位置が波長によって変わる。このような光軸方向の色収差を**縦方向の色収差**という。また，図(b)に示すように，像の高さも変わるので横倍率が変化する。これを**横方向の色収差**という。

式(3.30)を微分して，屈折率変化 δn に対する焦点距離の変化 $\delta f'$ を求める。

$$-\frac{1}{f'^2}\frac{\delta f'}{\delta n}=\frac{1}{r_1}-\frac{1}{r_2}$$

$$\frac{\delta f'}{f'}=-f'\left(\frac{1}{r_1}-\frac{1}{r_2}\right)\delta n=-\frac{\delta n}{n-1} \tag{3.50}$$

右辺の $\delta n/(n-1)$ を**分散率**という。分散率の逆数を**アッベ数**といい記号 ν で

$$\nu=\frac{n-1}{\delta n} \tag{3.51}$$

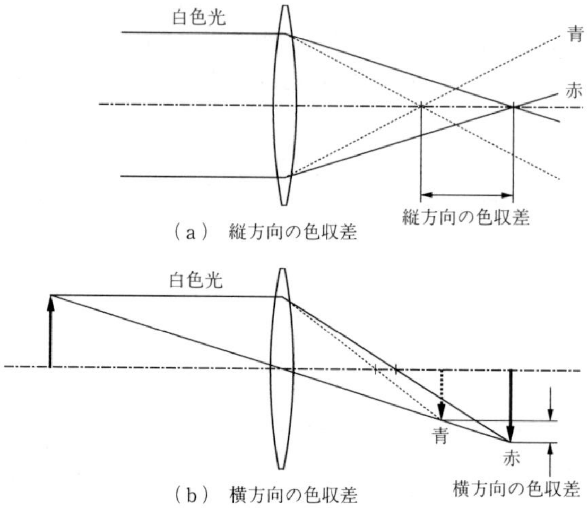

図3.13 色 収 差

と表すと，縦方向の色収差量は $\delta f'=-f'/\nu_e$ で表される。アッベ数としては，通常はつぎの式で与えられる値が用いられる。

$$\nu_e=\frac{n_e-1}{n_{F'}-n_{C'}} \tag{3.52}$$

n_e，$n_{F'}$，および $n_{C'}$ は，元素のスペクトル線である水銀e線(波長546.07 nm)，カドミウムF′線(波長479.99 nm)，およびカドミウムC′線(波長643.85 nm)に対するレンズの構成物質の屈折率である。これは，式(3.51)の δn として可視光域の両端の波長に対する屈折率差を，n としてその中心波長の屈折率を用いたと考えることができる。

材質の異なる2枚のレンズ(アッベ数 ν_1，ν_2)を用いて色収差を除去できる。焦点距離 f_1' と f_2' のレンズの合成焦点距離の式(3.49 c)を微分すると

$$\frac{\delta f'}{f'^2}=\frac{\delta f'_1}{f_1'^2}+\frac{\delta f'_2}{f_2'^2}=-\frac{1}{f_1'\nu_1}-\frac{1}{f_2'\nu_2} \tag{3.53}$$

となるので，つぎの関係が成り立つとき色収差 $\delta f'$ は0になる。

$$f_1'\nu_1=-f_2'v_2 \tag{3.54}$$

アッベ数は通常の物質では正の値なので，上式を満たすために，焦点距離の符

号が異なるレンズを用いる。像側焦点距離の値がプラスのレンズを**正のレンズ**といい，マイナスのレンズを**負のレンズ**という。**図 3.14** に示すように正のレンズと負のレンズを組み合わせて，色収差のない**色消しレンズ**が実現できる。

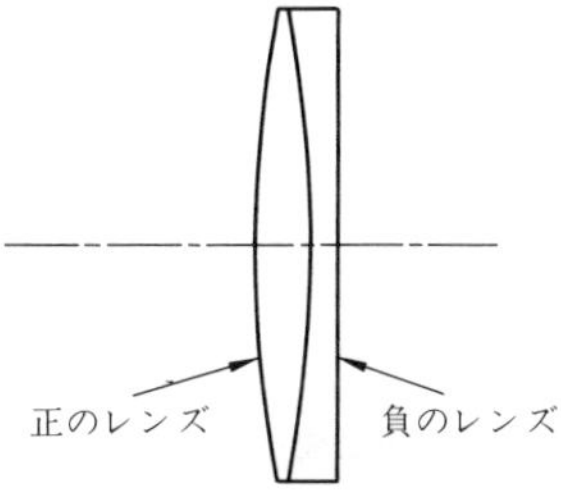

図 3.14　色消しレンズ

【コラム 3.3】　色消しレンズの特許

ニュートンは，すべての物質は同じ分散を持つので，色消しレンズは実現できないとして反射型望遠鏡を考案した。しかし，法律家でありアマチュアの天体観測家でもあった C. M. Hall は，クラウンガラスとフリントガラスを組み合わせて色消しレンズが実現できることを発見した。彼はこの発見を秘密にするために，二つのレンズを別々のレンズ業者に依頼した。不幸にして，二つのレンズ業者は J. Dollond という人物に仕事を依頼したため，彼は色消しレンズの仕組みに気づき特許を取った。当時の裁判所の判決は，特許はそれを公のために供したものに与えられるべきであるとして，Dollond に特許が認められた。

3.4　絞　　　　　り

像の明るさは結像系に入射する光線の量で決まり，レンズが大きいほど明るい像が得られる。実際の光学系では**図 3.15** に示すように，レンズの前後に**開口絞り**と呼ばれる絞りがあり，光学系を通る光線の量を制限し像の明るさを決めるとともに，近軸以外の光線を遮光し収差の影響を小さくして画質向上を行う。光学系中に明確な絞りがなくレンズの枠自体が開口絞りになる場合もある。像面に配置する絞りを**視野絞り**といい，像のサイズや画角を決める。

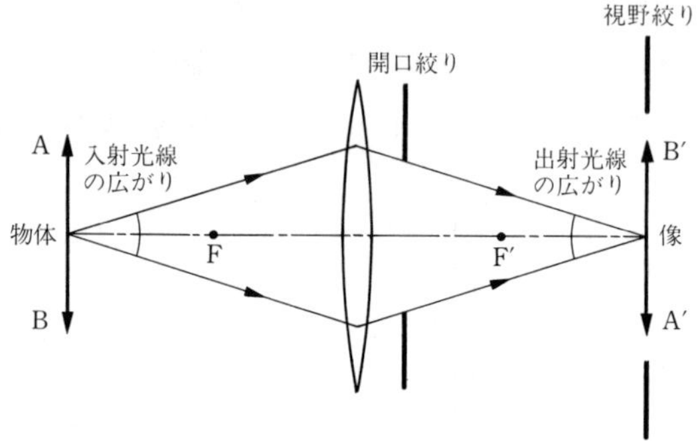

図 3.15　開口絞りと視野絞り

3.4.1　入射瞳と射出瞳

光学系に入射できる光線の広がりは，図 3.15 からもわかるように，開口絞りの大きさだけでなく，その前面にあるレンズなどの光学系にも依存する。こ

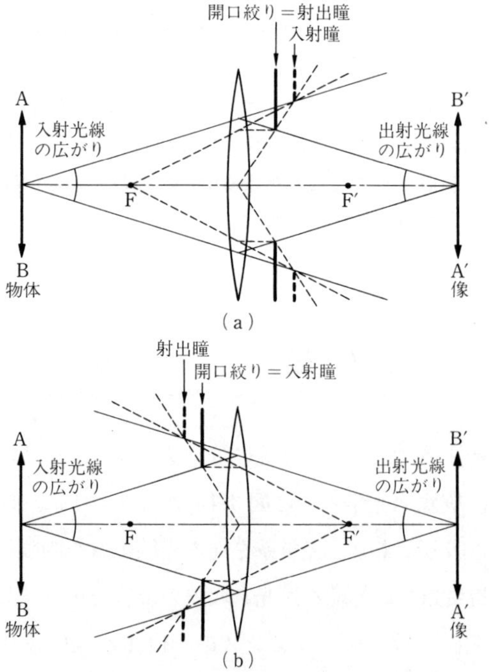

図 3.16　入射瞳と射出瞳

の光線の広がりは，物体側から光学系を見た開口絞りの像の大きさで決まり，この像を**入射瞳**という。同様にして，光学系から出射する光線の広がりは，像側から光学系を見た開口絞りの像の大きさで決まり，この像を**射出瞳**という。

図 3.16(a)にレンズの後面に開口絞りを配置した結像系を示す。この場合は，入射瞳は正立した虚像になる。像側から見たときは，開口絞りそのものが射出瞳になる。物体を出て入射瞳のへりに向かう光線を作図して，光学系に入射する光線の広がりを求めることができる。この光線がレンズと交わる点から開口絞りのへりを通る光線を作図して，出射光線の広がりを求めることができる。逆にレンズの前面に開口絞りがある場合を図(b)に示す。この場合は，入射瞳は開口絞りそのもので，射出瞳はレンズによる開口絞りの像になる。

3.4.2 輝度不変の法則

図 3.17(a)に示すように，光軸上の放射輝度 L の微小面積 δs が，放射輝度 L' で微小面積 $\delta s'$ に結像されるとする。入射瞳と射出瞳を光軸を中心とする円として，入射瞳の大きさを物点から計った角度 φ で，射出瞳の大きさを像点から計った角度 φ' で表す。図(b)に示すように，δs から出射される光線の角度を u で表すと，その微小変化 du に対応する入射瞳上の円環に到達する放射束 dP は式(3.55)のように表せる。

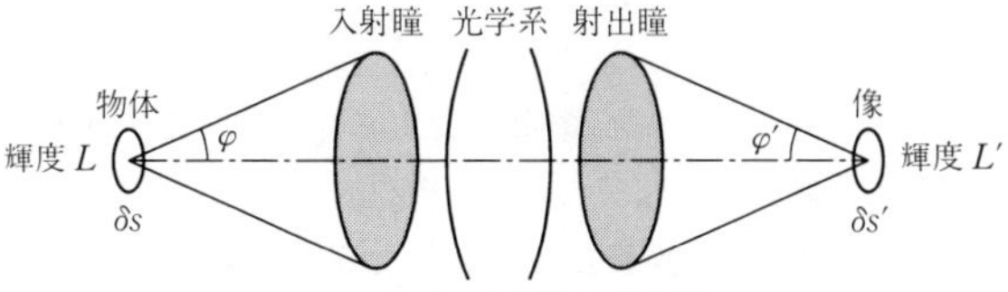

(a) 入射瞳と射出瞳

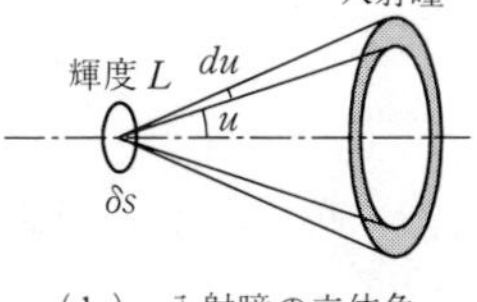

(b) 入射瞳の立体角

図 3.17 結像による放射輝度

$$dP = L\delta s \cos u \, d\Omega \tag{3.55}$$

$d\Omega$ は円環が微小面積 δs に対して張る立体角で，$d\Omega = 2\pi \sin u \, du$ であるから，入射瞳全体に入射する放射束 P はつぎのように求まる。

$$P = \int_0^{\varphi} dP = 2\pi L\delta s \int_0^{\varphi} \cos u \sin u du = \pi L\delta s \sin^2 \varphi \tag{3.56}$$

像上の微小面積 ds' に射出瞳全体から出射される放射束 P' は，同様にして

$$P' = \pi L' \delta s' \sin^2 \varphi' \tag{3.57}$$

と求まる。光学系でのエネルギーの損失がないとすると，入射する放射束 P と出射される放射束 P' は等しくなければいけない。

$$\frac{L'}{L} = \frac{\delta s \sin^2 \varphi}{\delta s' \sin^2 \varphi'} \simeq \frac{\delta s \varphi^2}{\delta s' \varphi'^2} = \frac{1}{\beta^2 \gamma^2} = 1 \tag{3.58}$$

ただし，横倍率 β と角倍率 γ に関する $\beta\gamma = 1$ の関係を用いた。以上より，$L = L'$ で物体と像の放射輝度が変わらないことがわかる。これを**輝度不変の法則**という。

輝度不変の法則をもとに，像の放射照度 E' を求める。

$$E' = \frac{P'}{\delta s'} = \pi L \sin^2 \varphi' \tag{3.59}$$

像が縮小される場合は，φ' は大きくなり像は明るくなる。像が拡大される場合は，φ' は小さくなり像は暗くなる。

【コラム 3.4】　眼の照度

われわれ人間の眼は，レンズの焦点距離を変化させて像の拡大・縮小を行い，レンズと像面である網膜の距離は一定である。眼の絞りの大きさが一定であるとすると，φ' は像を拡大しても縮小しても変わらない。したがって，網膜上の放射照度は，像の拡大・縮小に対して不変である。われわれが近くのものを見ても遠くのものを見ても明るさが変わらないのは，このためである。

像の放射照度を表す式(3.59)を，角倍率 γ と横倍率 β を用いて書き直す。

$$E' = \pi L \gamma^2 \sin^2 \varphi = \frac{\pi L}{\beta^2} \sin^2 \varphi \tag{3.60}$$

ここで，**開口数**として $N.A.=\sin\varphi$ という量を導入する。

$$E'=\frac{\pi L}{\beta^2}(N.A.)^2 \tag{3.61}$$

上式より，開口数 $N.A.$ の大きな光学系ほど明るい像が得られることがわかる。

カメラのレンズなどでは像の明るさを表す値として **F ナンバー**が用いられる。F ナンバーは記号 F^* で表して，つぎのように定義される。

$$F^*=\frac{f'}{D} \tag{3.62}$$

ここで，f' はレンズの焦点距離で D はレンズの射出瞳の直径である。物体が無限遠にあるとすると，$\sin\varphi'=D/2f'=1/2F^*$ であるから，式(3.59)より

$$E'=\frac{\pi L}{4(F^*)^2} \tag{3.63}$$

となり，F ナンバーが大きいほど像は暗くなり，小さいほど像は明るくなる。市販のレンズでは，F ナンバーを $f/\#$ と表す場合が多いが，#の部分が上記の F^* に対応する。したがって，F ナンバーが $f/1$，$f/1.4$，$f/2$，$f/2.8$，…のとき，像の明るさの比は 1，1/2，1/4，1/8，…となる。

つぎに，光軸外の明るさについて調べる。**図 3.18** に示すように，物体の光軸外の微小面積 δs が入射瞳の中心から計って角度 θ の位置にあるとする。入射瞳の面積を A で表し，微小面積 δs から入射瞳の中心までの距離を R で表すと，入射瞳が微小面積 δs に対して張る立体角は $\Omega=A\cos\theta/R^2$ と表される。物体と入射瞳の距離を s で表すと，$R=s/\cos\theta$ であるので，$\Omega=A\cos^3$

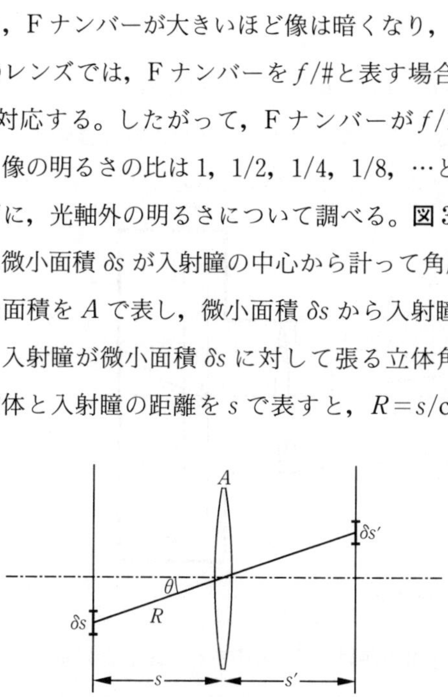

図 3.18　光軸外の放射照度

θ/s^2 となる。したがって，入射瞳全体に入射する放射束 P はつぎのように計算できる。

$$P = L\delta s \cos\theta\Omega = L\delta s \frac{A\cos^4\theta}{s^2} \tag{3.64}$$

以上より，像の放射照度 E' は次式で与えられる。

$$E' = \frac{P}{\delta s'} = LA\frac{\cos^4\theta\delta s}{s^2\delta s'} = LA\frac{\cos^4\theta}{\beta^2 s^2} = LA\frac{\cos^4\theta}{s'^2} \tag{3.65}$$

このように，像の明るさは $\cos^4\theta$ に比例する。これを**コサイン 4 乗則**という。

3.5 光　学　機　械

3.5.1 カ　メ　ラ

単純化した**カメラ**の構造を**図 3.19** に示す。カメラは，レンズによって物体の倒立実像をフィルム上に結像する。カメラのレンズは前後に移動することができ，さまざまな距離の物体をフィルム上に結像できる。

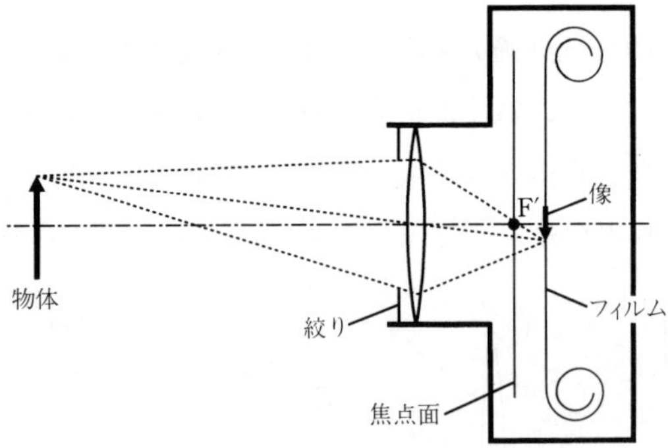

図 **3.19**　カ　メ　ラ

フィルム面での照度と撮影時間をかけたものがフィルムが受け取るエネルギーで，フィルムを露光するのに十分な量である必要がある。3.4 節で説明したように，フィルム面上での照度はレンズの F ナンバーで決まる。カメラでは，

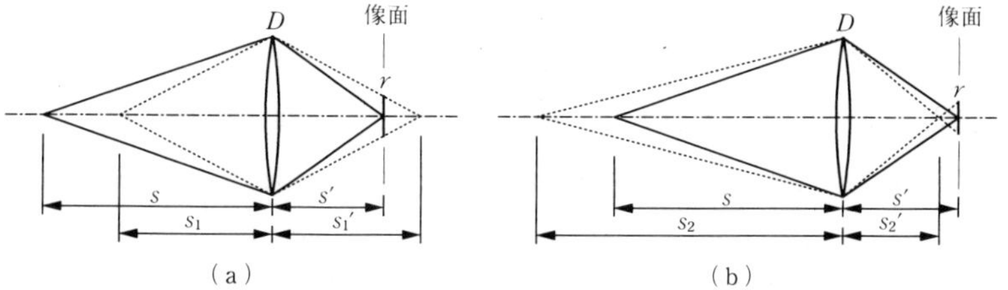

図 3.20 被写界深度

レンズの近くにある開口絞りの大きさを変えてFナンバーを調節できる。

ある距離の物体をフィルムに結像させると，他の距離の物体はぼけて正しく結像されない。しかし，光学系やフィルムの解像度あるいは人間の眼の解像度を考えると，ある程度のぼけは許容できる。したがって，結像位置からある範囲内にある物体は事実上結像していると見なせる。この許容範囲のことを**被写界深度**という。レンズの焦点距離を f' として，正しく結像しているときの物体距離を s で，像距離を s' で表す。ぼけの許容量を直径 r の円で表す。**図 3.20**(a)から，物体が近づける許容距離 s_1 を求める。このときの像距離を s_1' とする。結像条件は，$1/s'-1/s=1/f'$，$1/s_1'-1/s_1=1/f'$ である。また，レンズの直径を D として，レンズ右側の三角形の相似より $D/s_1'=r/(s_1'-s')$ である。以上の 3 式を解くと，近方の許容距離 s_1 はつぎのように求まる。

$$s_1=\frac{sf'^2}{f'^2-(s+f')rf'/D}=\frac{sf'^2}{f'^2-(s+f')rF^*} \tag{3.66}$$

同様にして，図(b)から遠方の許容距離 s_2 はつぎのように求まる。

$$s_2=\frac{sf'^2}{f'^2+(s+f')rf'/D}=\frac{sf'^2}{f'^2+(s+f')rF^*} \tag{3.67}$$

通常は物体からレンズまでの距離 s は焦点距離 f' に比べて大きいとしてよいので，$s+f'\simeq s$ より，つぎのように近似できる。

$$s_1=\frac{sf'^2}{f'^2-srF^*} \tag{3.68 a}$$

$$s_2=\frac{sf'^2}{f'^2+srF^*} \tag{3.68 b}$$

3.5.2 拡　大　鏡

2章で述べたように，人間の眼が結像できる物体の最短位置が近点で，**図3.21**(a)に示すようにこの位置に物体を置いたときに網膜上の像の大きさは最大になる。さらに大きな像を得るためには，レンズを用いて像を拡大する。図3.9で示したように実像を用いても虚像を用いても像を拡大できるが，通常は，図(b)に示すようにレンズの焦点位置より内側に物体を置き虚像を作る。虚像を近点より遠くに作れば，眼はその像を網膜上に結像できる。虚像を用いると物体と眼の間隔を小さくでき，また正立像が得られるので違和感がない。このように像を拡大する目的で用いられるレンズを**拡大鏡**という。

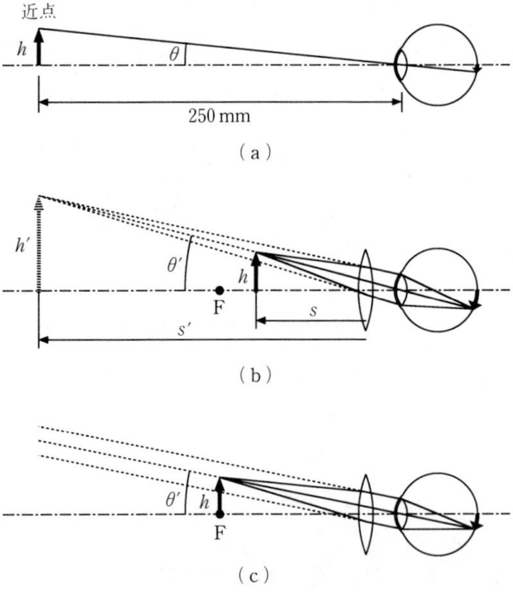

図3.21　拡　大　鏡

網膜上の像の大きさは，眼に入射する光線の角度で決まる。したがって，拡大鏡の倍率は，拡大鏡を用いないときの光線の角度 θ と拡大鏡を用いたときの角度 θ' の比で表される。近方視の最短距離を 250 mm とすれば，拡大鏡を用いないときは，図(a)より $\theta \simeq \tan\theta = h/250\,\mathrm{mm}$ である。ただし，物体の

高さを h で表した。図(b)に示すように，拡大鏡を用いて虚像を近点に作ると，拡大鏡から物体までの距離を s で，虚像までの距離を s' で表して，$\theta' \simeq \tan\theta' = h/s$，$1/(-250\,\mathrm{mm}) - 1/(-s) = 1/f'$ である。以上より，拡大鏡の角倍率 M はつぎのように求まる。

$$M = \frac{\theta'}{\theta} = 1 + \frac{250\,\mathrm{mm}}{f'} \tag{3.69}$$

つぎに，図(c)に示すように，物体をレンズの焦点位置に置いた場合について考える。この場合，レンズによる虚像は無限遠にできる。眼に入射する光線の角度は $\theta' \simeq \tan\theta' = h/f'$ となるから，角倍率 M はつぎのように求まる。

$$M = \frac{\theta'}{\theta} = \frac{250\,\mathrm{mm}}{f'} \tag{3.70}$$

二つの場合で拡大鏡の倍率を求めたが，通常は拡大鏡に用いるレンズの焦点距離 f' は 250 mm よりかなり小さいので，二つの場合の差はほとんどなく，通常は式(3.70)が用いられる。

3.5.3 顕　微　鏡

拡大鏡より大きな倍率を得る目的で用いられるのが**顕微鏡**である。**図 3.22** に示すように，高倍率を得るために，拡大鏡である**接眼レンズ**に**対物レンズ**を組み合わせた構造になっている。

最初に，対物レンズによって物体の拡大した実像を得る。接眼レンズは拡大鏡と同じ働きをするから，通常は，対物レンズによる実像が接眼レンズの焦点位置の内側にくるようにして，さらに拡大した虚像を得る。したがって，最終的な像は倒立像になる。顕微鏡の長さを抑え，かつ大きな倍率を得るために，対物レンズの焦点距離を短くしてその焦点位置のすぐ外側に物体がくるようにする。

顕微鏡全体の倍率は，対物レンズの倍率と接眼レンズの倍率の積で表される。対物レンズの焦点距離を f_o' で表すと，式(3.36)より横倍率 M_o は

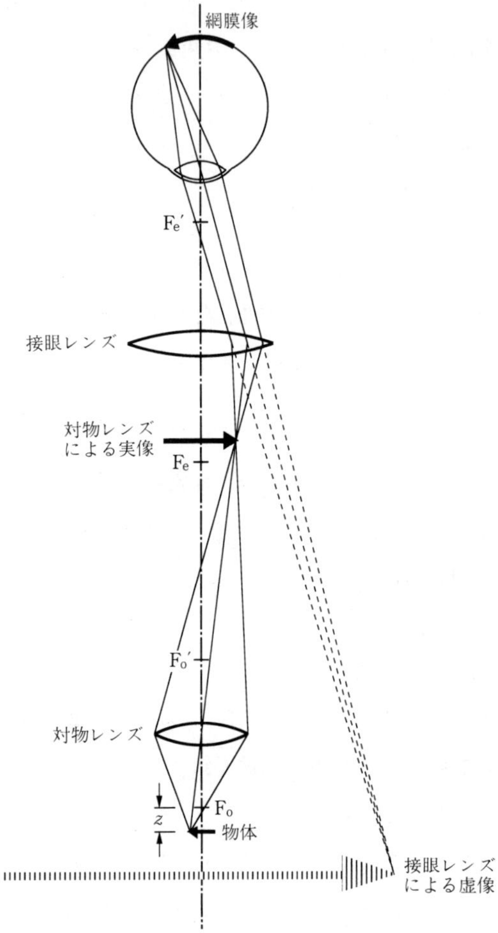

図 3.22　顕　微　鏡

$$M_o = \frac{f_o'}{z} \tag{3.71}$$

で与えられる。接眼レンズの焦点距離を f_e' で表すと，式(3.70)より倍率 M_e はつぎのように与えられる。

$$M_e = \frac{250\,\mathrm{mm}}{f_e'} \tag{3.72}$$

顕微鏡全体の倍率はつぎのようになる。

$$M = M_e M_o \tag{3.73}$$

3.5.4 望 遠 鏡

遠くの物体を観察するために用いるのが**望遠鏡**である。通常の屈折型望遠鏡の構造を**図 3.23** に示す。顕微鏡では対物レンズとして焦点距離の短いレンズを用いるが，望遠鏡では遠くの物体を拡大するために焦点距離の長い対物レンズを用いる。遠くの物体からの光線はほぼ平行光線と見なせるので，対物レンズによる実像はその焦点位置にできる。この実像の位置と焦点位置が一致するように接眼レンズが配置されていて，接眼レンズによって無限遠に虚像ができる。

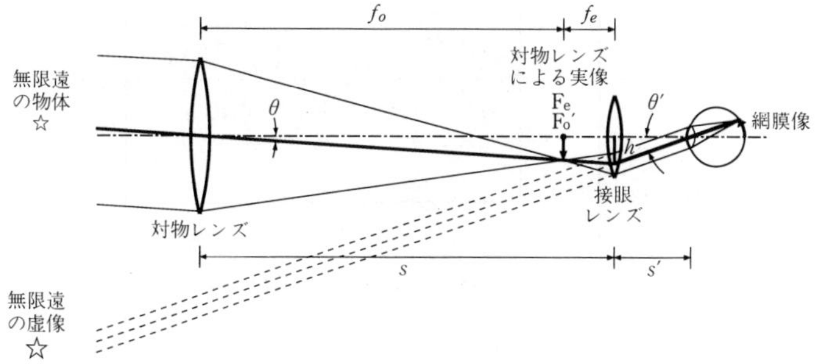

図 3.23 望 遠 鏡

図に太線で表した対物レンズ中心を通る光線に対する接眼レンズによる結像を考える。対物レンズの焦点距離を f_o' で接眼レンズの焦点距離を f_e' で表すと，結像式は $1/s'+1/(f_o'+f_e')=1/f_e'$ となる。接眼レンズでの光線の高さを h で表すと，接眼レンズを通過後の光線の角度 θ' は，$\theta' \simeq \tan\theta' = h/s' = f_o'h/(f_o'+f_e')f_e'$ と表せる。また，図より物体からの平行光線の角度 θ は $\theta \simeq \tan\theta = -h/(f_o'+f_e')$ と表せる。以上より，望遠鏡の倍率 M は

$$M = \frac{\theta'}{\theta} = -\frac{f_o'}{f_e'} \tag{3.74}$$

となる。このように，対物レンズと接眼レンズの焦点距離の比で倍率が決まる。

演　習　問　題

（1）**図3.24**に示すように，同心円状の屈折率分布 $n(r)$ を持つ屈折率分布形光ファイバ中での光線の経路をつぎの手順で求めよ。

（a）アイコナールの式からアイコナール L を求めよ。ただし，円筒座標系で $\nabla L=\hat{\boldsymbol{r}}\partial L/\partial r+\hat{\phi}(1/r)\partial L/\partial\phi+\hat{\boldsymbol{k}}\partial L/\partial z$ と表されることを用いよ。

（b）式(3.3)より光線の経路を求めよ。ただし，$d\boldsymbol{r}/ds=\hat{\boldsymbol{r}}dr/ds+\hat{\phi}rd\phi/ds+\hat{\boldsymbol{k}}dz/ds$ と表されることを用いよ。

（c）屈折率分布が $n(r)^2=n_o{}^2(1-\alpha^2r^2)$ で表され，光線が光ファイバの中心に角度 γ_0 で入射する場合の光線の経路を求めよ。

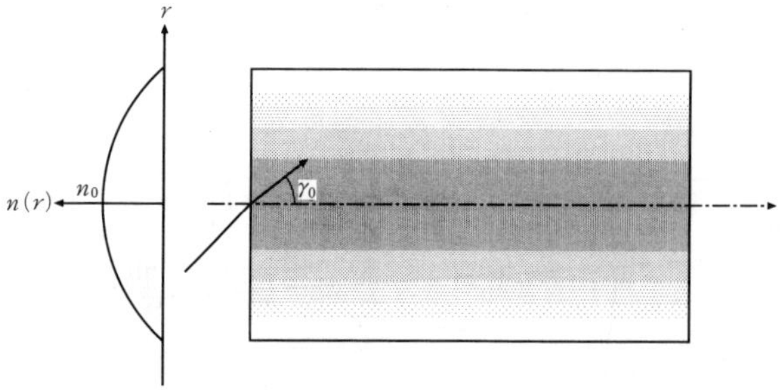

図3.24　屈折率分布形光ファイバでの光線経路

（2）**図3.25**から反射の光路長と屈折の光路長を求め，フェルマの原理をもとに反射の法則 $i=r$ と屈折の法則 $n_1\sin i=n_2\sin t$ を導け。

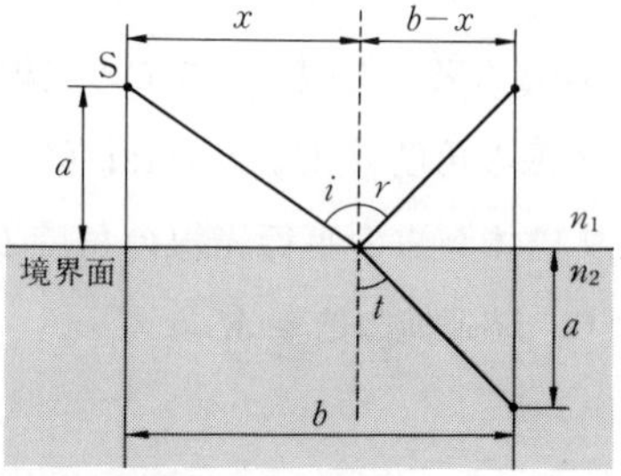

図3.25　反射・屈折の経路

（3）**図3.26**に示すように，水中の物体を水上から見ると，実際よりも浅いところにあるように見える。水の屈折率を 1.33 として，実際の深さは見かけの深さの何倍か求めよ。

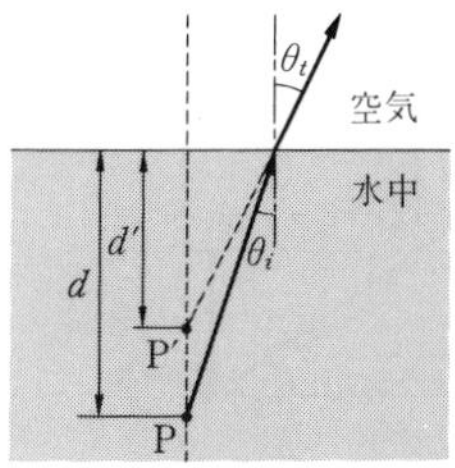

図 3.26　水中の物体

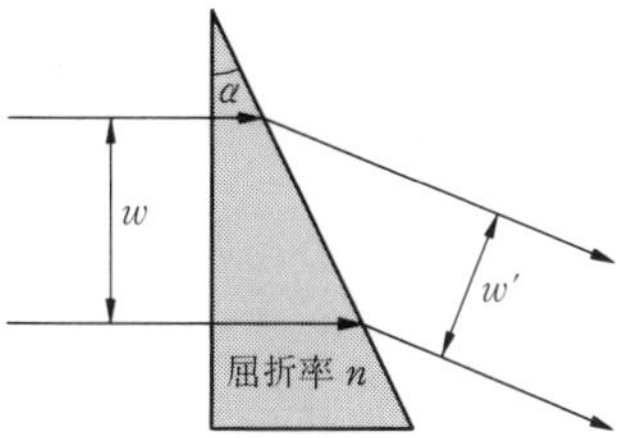

図 3.27　プリズムによるビーム幅の変化

（4）図 3.27 に示すように，プリズムを用いるとビームの幅を変えることができる。プリズムの屈折率が n で頂角が α であるとして，プリズムによるビームの幅の倍率を求めよ。

（5）図 3.28 に示すレンズについて，レンズの材質の屈折率を 1.5 として像側焦点距離 f' を求めよ。

(a) 両凸　$r_1 = 50\,\text{mm}$，$r_2 = -100\,\text{mm}$
(b) 平凸　$r_1 = 50\,\text{mm}$，$r_2 = -\infty$
(c) メニスカス　$r_1 = 50\,\text{mm}$，$r_2 = 100\,\text{mm}$
(d) 両凹　$r_1 = -100\,\text{mm}$，$r_2 = 150\,\text{mm}$
(e) 平凹　$r_1 = -100\,\text{mm}$，$r_2 = \infty$
(f) メニスカス　$r_1 = 100\,\text{mm}$，$r_2 = 50\,\text{mm}$

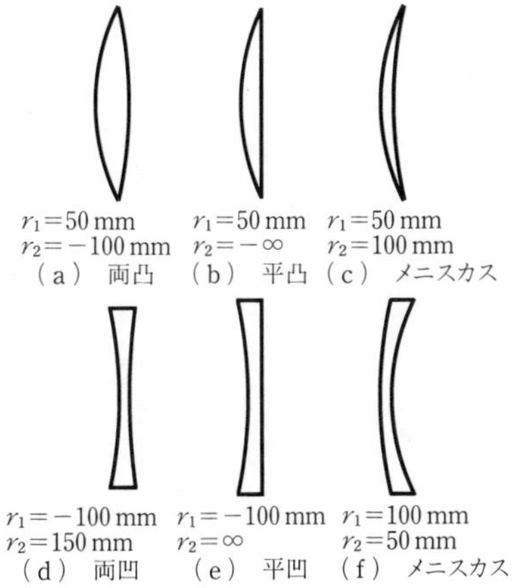

図 3.28　さまざまなレンズ

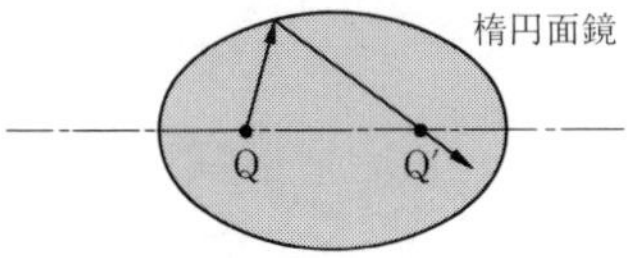

図 3.29　楕円面鏡

（6）図 3.29 に示す回転楕円面の形状を有する反射鏡において，楕円の一方の焦点 Q から出た光線は他方の焦点 Q′ を通ることを示せ。

（7）像距離を $s' = (f' - rF^*)/f'^2$ とすると，被写体深度は，$s_1 = s/2$，$s_2 = -\infty$ となり，物体距離 s の 1/2 から無限遠までにある物体を事実上結像できることを示せ。これは，ピント調節のない単純なカメラの原理である。

（8） **図 3.30** に示すように，二つのレンズを間隔 d だけ離した組み合わせレンズの主点位置と焦点距離を求めよ。

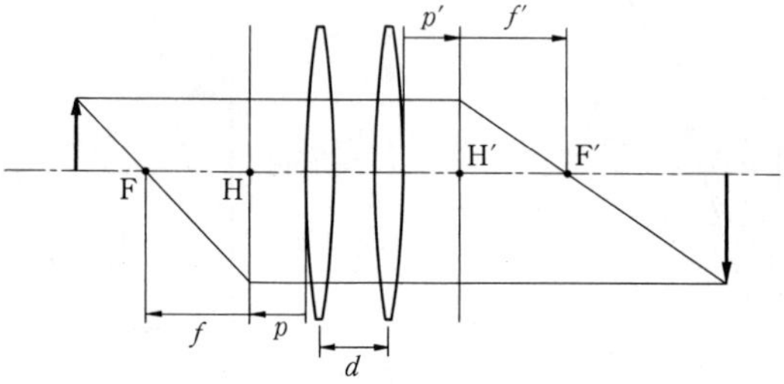

図 3.30　組み合わせレンズ

4 干　　　　渉

光は波動性を有しているので，重ね合わせると強め合ったり弱め合ったりして，特徴的な強度パターンを生じる。この現象を**干渉**という。干渉現象が起こることが光が波である証拠でもある。

4.1 波の重ね合わせと干渉

二つの光の電場を $\boldsymbol{E}_1$ と $\boldsymbol{E}_2$ で表すと，1章で学んだように，波動方程式はつぎのように記述される。

$$\nabla^2\boldsymbol{E}_1-\mu\varepsilon\frac{\partial^2\boldsymbol{E}_1}{\partial t^2}=0 \tag{4.1 a}$$

$$\nabla^2\boldsymbol{E}_2-\mu\varepsilon\frac{\partial^2\boldsymbol{E}_2}{\partial t^2}=0 \tag{4.1 b}$$

両式を足し合わせるとつぎのようになる。

$$\nabla^2(\boldsymbol{E}_1+\boldsymbol{E}_2)-\mu\varepsilon\frac{\partial^2(\boldsymbol{E}_1+\boldsymbol{E}_2)}{\partial t^2}=0 \tag{4.2}$$

光の電場の和 $\boldsymbol{E}_1+\boldsymbol{E}_2$ も波動方程式を満たす。このように波動方程式の線型性により，光の重ね合わせは単純に加算で計算できる。

二つの光として平面波を考え複素数表示する。

$$\boldsymbol{E}_1=\boldsymbol{a}_1e^{-i(\omega t-\boldsymbol{k}_1\cdot\boldsymbol{r}+\varphi_1)} \tag{4.3 a}$$

$$\boldsymbol{E}_2=\boldsymbol{a}_2 e^{-i(\omega t-\boldsymbol{k}_2\cdot\boldsymbol{r}+\varphi_2)} \tag{4.3 b}$$

偏光を考えて $\boldsymbol{a}_1$ と $\boldsymbol{a}_2$ を実数ベクトルとし，初期位相を φ_1 と φ_2 で表し，光の進行方向を波数ベクトル $\boldsymbol{k}_1$ と $\boldsymbol{k}_2$ で表した。われわれが測定できるのは時間平均としての光の強度であるから，二つの波の重ね合わせの光強度は

$$I=\alpha<|\boldsymbol{E}_1+\boldsymbol{E}_2|^2> \tag{4.4}$$

で与えられる。ただし，α は比例定数である。ここで，$I_1=\alpha|\boldsymbol{a}_1|^2$，$I_2=\alpha|\boldsymbol{a}_2|^2$，$I_{12}=2\alpha\boldsymbol{a}_1\cdot\boldsymbol{a}_2$ と表すと，強度分布はつぎのように表せる。

$$\begin{aligned} I&=I_1+I_2+I_{12}\cos\{(\boldsymbol{k}_2-\boldsymbol{k}_1)\cdot\boldsymbol{r}-(\varphi_2-\varphi_1)\}\\ &=I_1+I_2+I_{12}\cos\delta \end{aligned} \tag{4.5}$$

ただし，$\boldsymbol{E}_1$ と $\boldsymbol{E}_2$ の位相差を $\delta=(\boldsymbol{k}_2-\boldsymbol{k}_1)\cdot\boldsymbol{r}-\Delta\varphi$ で，初期位相の差を $\Delta\varphi=\varphi_2-\varphi_1$ で表した。上式の第1項と第2項は値が一定な定常項で，第3項は位

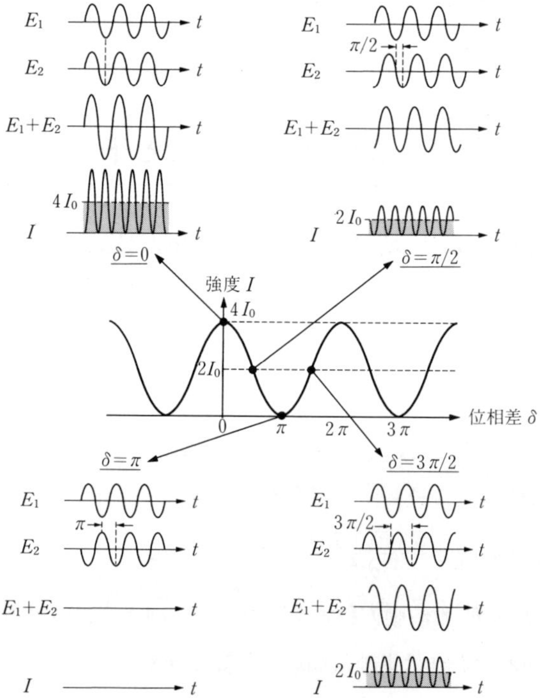

図 4.1　位相差 $\boldsymbol{\delta}$ と強度 $\mathbf{I}$ の関係

置 $\boldsymbol{r}$ によって値が変化して明暗の強度パターンを生じる干渉項である。

二つの光の偏光方向が直交しているときは，$\boldsymbol{a}_1 \cdot \boldsymbol{a}_2 = 0$ だから $I_{12} = 0$ となり干渉は観測されない。偏光方向が平行なときは，$\boldsymbol{a}_1 \cdot \boldsymbol{a}_2$ の値が最大となり，強度分布は次式で与えられる。

$$I = I_1 + I_2 + 2\sqrt{I_1 I_2}\cos\delta \tag{4.6}$$

光強度は二つの光の位相差 δ で決まり，$\delta = 2m\pi$（m は整数）のとき最大で

$$I_{\max} = I_1 + I_2 + 2\sqrt{I_1 I_2} \tag{4.7 a}$$

となる。位相差 $\delta = (2m+1)\pi$ のとき強度は最小になる。

$$I_{\min} = I_1 + I_2 - 2\sqrt{I_1 I_2} \tag{4.7 b}$$

ここで，$I_1 = I_2 = I_0$ の場合の位相差 δ と強度の関係を**図 4.1** に示す。

つぎに，**図 4.2** に示す二つの球面波の干渉を考える。点光源 S_1 と S_2 から観測点 P までの距離を r_1 と r_2 で表すと，観測点 P での二つの球面波の位相差は $\delta = k(r_2 - r_1) - \Delta\varphi$ と表せる。この場合は，二つの球面波の光路差 $r_2 - r_1$ によ

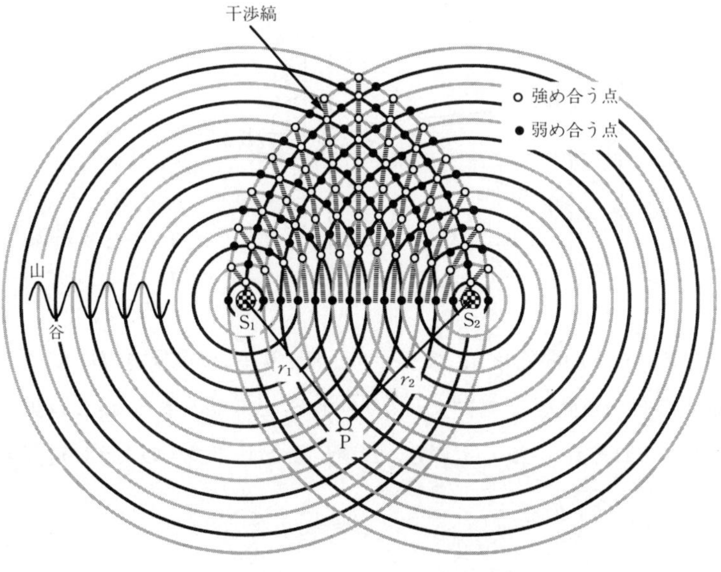

図 4.2　球面波の干渉と干渉縞

って干渉の強度が変化する。光の強め合う位置と弱め合う位置が空間的に変化して，強度の強弱の縞が発生する。これを**干渉縞**という。

以上では，二つの光が異なる光源から発せられるように説明してきた。4.5節のコヒーレンスで説明するが，実際には異なる光源から発せられる光は干渉しない。そこで，一つの光源から発せられる光を二つに分割して干渉を起こさせる。これには，一つの光源から発せられる波面の空間的に異なる部分をピンホールやスリットなどで取り出す**波面分割法**と，一つの波面を半透明板などで反射光と透過光の二つの波面に分ける**振幅分割法**がある。

4.2　波面分割による二光束干渉

波面分割法として有名なのが**図 4.3** に示す**ヤングの実験**である。ピンホールから出た球面波をスリット S_1 と S_2 で切り出し，スリットから発せられる円筒波の重ね合わせをスクリーン上で観測する。

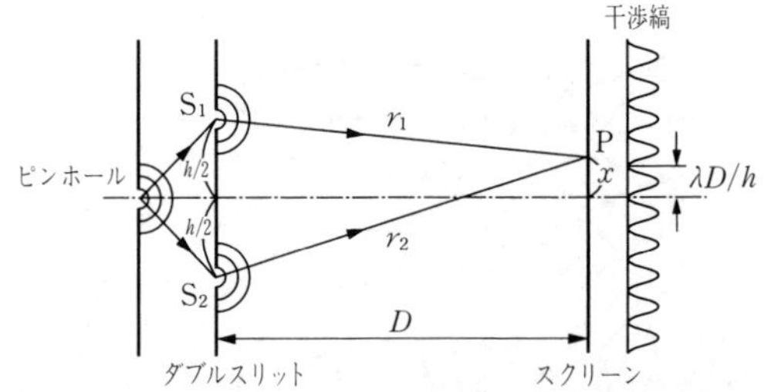

図 4.3　ヤングの実験

二つのスリットの間隔を h，スリットとスクリーンの間隔を D，スクリーン上の観測点 P の位置を x で表す。スリット S_1 とスリット S_2 から観測点 P までの距離をそれぞれ r_1 と r_2 で表し，$D \gg h,\ x$ としてつぎのように近似する。

$$r_1=\sqrt{D^2+\left(\frac{h}{2}-x\right)^2}$$

$$=D\sqrt{1+\left(\frac{h}{2D}-\frac{x}{D}\right)^2}\simeq D\left\{1+\frac{\left(\frac{h}{2D}-\frac{x}{D}\right)^2}{2}\right\} \tag{4.8 a}$$

$$r_2=\sqrt{D^2+\left(\frac{h}{2}+x\right)^2}$$

$$=D\sqrt{1+\left(\frac{h}{2D}+\frac{x}{D}\right)^2}\simeq D\left\{1+\frac{\left(\frac{h}{2D}+\frac{x}{D}\right)^2}{2}\right\} \tag{4.8 b}$$

初期位相差 $\Delta\varphi=0$ の場合は，観測点 P での二つの波の位相差は $\delta=2\pi(r_2-r_1)/\lambda_0=2\pi hx/\lambda_0 D$ となる。したがって，スクリーン上の明るい干渉縞と暗い干渉縞の位置は，つぎのように求まる。ただし，m は整数である。

$$\text{明るい干渉縞の位置}\quad x=m\frac{\lambda D}{h} \tag{4.9 a}$$

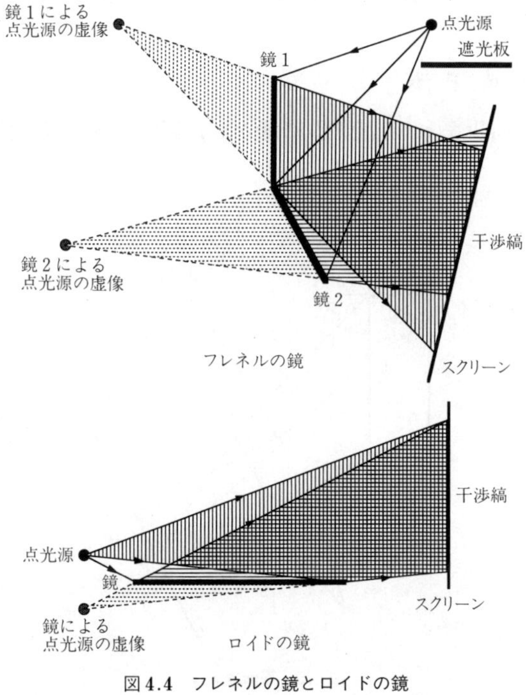

図 **4.4**　フレネルの鏡とロイドの鏡

暗い干渉縞の位置　　$x=\frac{2m+1}{2}\frac{\lambda D}{h}$　　(4.9 b)

干渉縞の間隔は波長 λ_0 によって変化するので，さまざまな波長の光を含む白色光を光源に用いると虹色に変化する干渉縞が観察される。

【コラム 4.1】 フレネルの鏡

ヤングの実験は光が波であることを証明するために行われた実験である。しかし，当時はニュートンの光の粒子説が主流であり，スリットのふちと光の粒子との相互作用を考えればヤングの実験で現れる干渉縞は説明できるとされた。そこで，フレネルは，**図 4.4** に示すようにスリットの代わりに鏡を用いて実験を行った。これを**フレネルの鏡**という。また，ロイドも同様な実験を行った。

4.3 振幅分割による二光束干渉

4.3.1 等 傾 角 干 渉

図 4.5 に示す屈折率 n_1 の媒質中に置かれた屈折率 n_2 で厚さ d の薄膜での

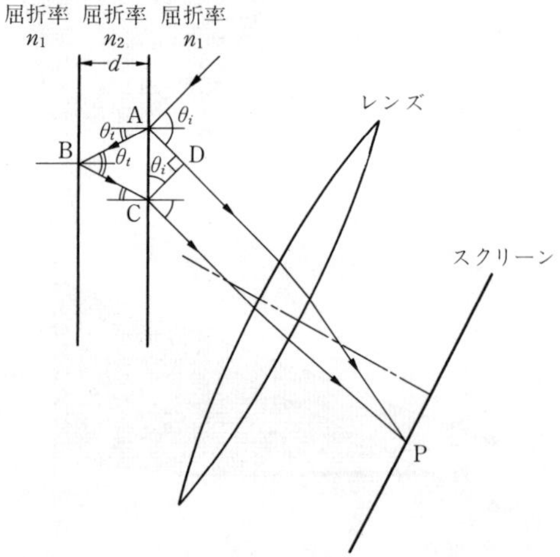

図 4.5　等傾角干渉

干渉について考える。薄膜に入射した光は，薄膜の前面と後面で反射される。二つの反射光はレンズで集光され，焦点面で重ね合わされ干渉縞を生じる。

薄膜への入射角が θ_i で，薄膜前面での屈折角を θ_t とする。CD を等位相面として，二つの光の伝搬距離の差 Δr を求める。

$$\Delta r = n_2(\overline{\mathrm{AB}} + \overline{\mathrm{BC}}) - n_1(\overline{\mathrm{AD}}) \tag{4.10}$$

図より，$\overline{\mathrm{AB}} = \overline{\mathrm{BC}} = d/\cos\theta_t$，$\overline{\mathrm{AD}} = \overline{\mathrm{AC}}\sin\theta_i = 2\,d\tan\theta_t\sin\theta_i$ である。さらに，スネルの法則 $n_1\sin\theta_i = n_2\sin\theta_t$ を用いると，つぎのようになる。

$$\Delta r = \frac{2n_2 d}{\cos\theta_t}(1 - \sin^2\theta_t) = 2n_2 d\cos\theta_t \tag{4.11}$$

境界面での反射による位相ずれを考えると，$n_1 < n_2$ の場合は，A 点で位相が π ずれる。空気中の油膜やフィルムなどの場合である。$n_1 > n_2$ の場合は，B 点で位相が π ずれる。2 枚のスライドガラスの間の空気層などの場合である。ただし，入射角 θ_i は小さいとした。したがって，位相差 δ はつぎのようになる。

$$\delta = \frac{2\pi}{\lambda_0}\Delta r \pm \pi = \frac{4\pi n_2 d}{\lambda_0}\cos\theta_t \pm \pi \tag{4.12}$$

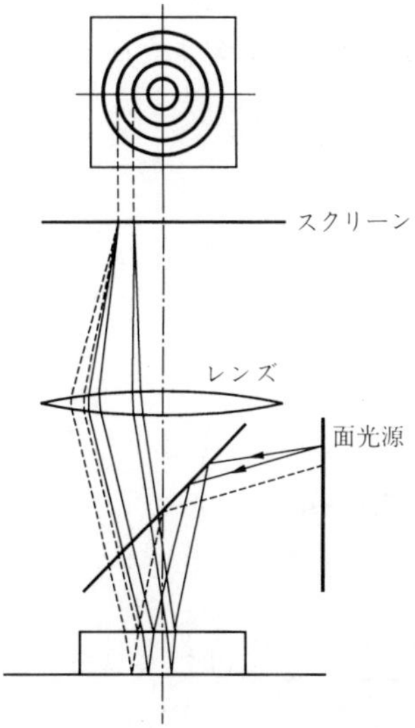

図 **4.6**　ハイディンガーの干渉縞

以上より，観測点 P での干渉は，m を整数として，つぎのようになる。

強め合う場合　$\cos\theta_t = \dfrac{2m+1}{4}\dfrac{\lambda_0}{n_2 d}$　(4.13 a)

弱め合う場合　$\cos\theta_t = \dfrac{m}{2}\dfrac{\lambda_0}{n_2 d}$　(4.13 b)

入射角 θ_i によって縞の明るさが変化することがわかる。このように，膜の厚さが一定の場合は，入射角に対応して干渉縞が作られ，これを**等傾角干渉縞**という。**図 4.6** に示すようにさまざまな方向に光線を発する面光源を用い，ある程度膜が厚い場合には，同じ入射角の光線の数が増し干渉縞が明るくなる。このように厚い膜で観察される等傾角干渉縞のことを，**ハイディンガーの干渉縞**という。レンズの軸に対する回転対称性より，同心円状の縞になる。

4.3.2 等　厚　干　渉

つぎに，厚さ d が一定でない薄膜の干渉について考える。式(4.13 a)より，m 次の干渉縞に対応する薄膜の厚さ d を求める。

$$d = \frac{2m+1}{4}\frac{\lambda_0}{n_2 \cos\theta_t} \tag{4.14}$$

光の屈折角 θ_t が一定のとき，干渉縞の次数 m に対応して膜の厚さ d が決まるので，1 本の干渉縞は同じ厚さの場所を示す。このような干渉縞を**等厚干渉縞**，あるいは**フィゾーの干渉縞**という。

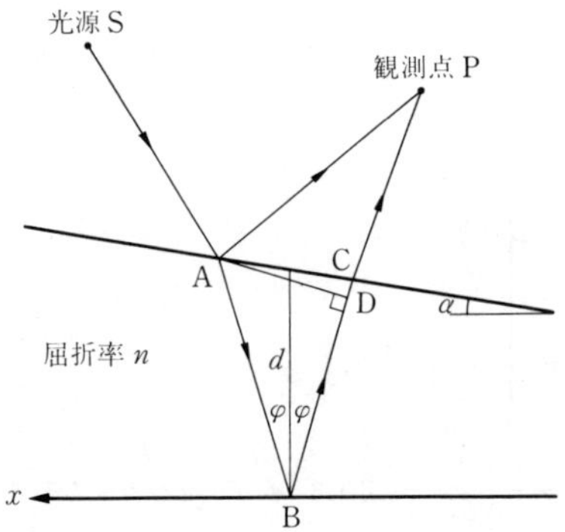

図 4.7　等 厚 干 渉

図 4.7 に示すくさび形の薄膜(屈折率 n)を考える。光源 S から出た光が，上下の面で反射して二つの光に分かれる。二つの面のなす角を α として，薄膜の外部は空気とする。二つの光が交わる点 P での位相差 δ は

$$\delta=\frac{2\pi}{\lambda_0}\{n(\overline{\mathrm{AB}}+\overline{\mathrm{BC}})+\overline{\mathrm{CP}}-\overline{\mathrm{AP}}\}+\pi \tag{4.15}$$

で与えられる。ただし，薄膜表面での反射による位相のずれ π を考慮した。AD は等位相面で，点 A から観測点 P へ到る光路長と，点 D から境界面上の点 C を通って観測点 P へ到着する光路長は等しいので，$\overline{\mathrm{AP}}=n\overline{\mathrm{DC}}+\overline{\mathrm{CP}}$ である。また，図より $\overline{\mathrm{BD}}=\overline{\mathrm{AB}}\cos 2\varphi$ である。さらに，角度 α が小さいとすると，三角形 ABC は AC を底辺とする二等辺三角形で近似できて，$\overline{\mathrm{AB}}=d/\cos\varphi$ である。以上より，位相差 δ はつぎのように求まる。

$$\delta=\frac{4\pi nd\cos\varphi}{\lambda_0}+\pi \tag{4.16}$$

くさび形の薄膜の膜厚は $d=\alpha x$ であるから，明るい干渉縞の表れる位置は

$$x=\left(m-\frac{1}{2}\right)\frac{\lambda_0}{2n\alpha\cos\varphi} \tag{4.17}$$

で与えられる。したがって，干渉縞の間隔は $\lambda/2\,n\alpha\cos\varphi$ で，これは膜厚の変化 $\lambda/2\,n\cos\varphi$ に対応する。

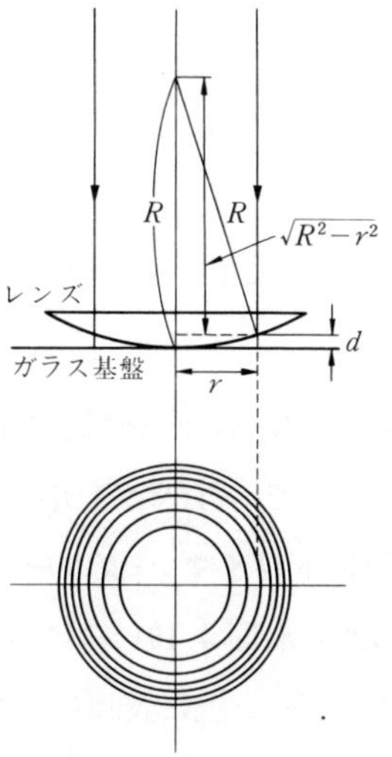

図 4.8 ニュートン環

等厚干渉縞としては，**図 4.8** に示す**ニュートン環**が有名である。これは，平面ガラス基盤上にレンズをのせて，光を垂直入射させたときに観察される干渉縞である。レンズとガラス基盤の間の空気層で干渉が起こる。レンズの曲率半径が R のとき，レンズの中心から距離 r の位置での空気層の厚さ d は，$d=R-\sqrt{R^2-r^2}\simeq r^2/2R$ と近似できる。反射による位相ずれ π を考えに入れて，明るい干渉縞が得られる位置を求めるとつぎのようになる。

$$r=\sqrt{\left(m+\frac{1}{2}\right)\lambda_0 R} \tag{4.18}$$

このように，レンズが球面であれば同心円状の干渉縞が発生する。干渉縞の変形を見ることでレンズのでき具合を検査できる。

4.3.3　さまざまな干渉計

光を二つに分けるのに半透明鏡を用いると干渉を起こさせる光学系の配置の自由度が増す。以下にその代表的な例を示す。

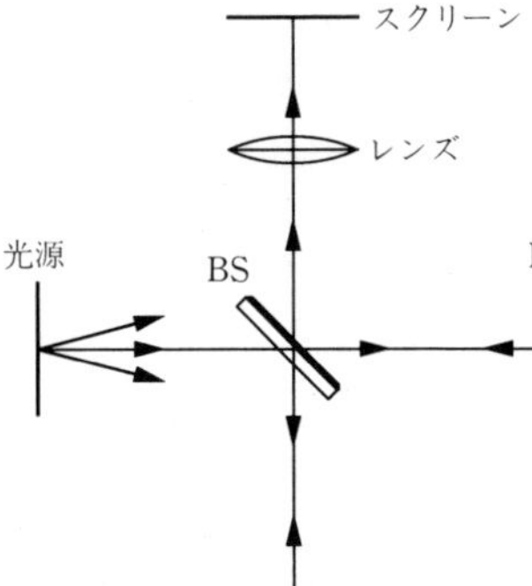

図 **4.9**　マイケルソン干渉計

マイケルソン干渉計を**図 4.9** に示す。光源から出た光を半透明鏡 BS で二つに分け，それぞれを鏡 M_1 と M_2 で反射して，再び半透明鏡 BS で重ね合わせる。入射光に平行光を用いた場合を特に**トワイマン-グリーン干渉計**といい，レンズなどの光学部品の評価に用いられる。**図 4.10**(a)に示すように，鏡 M_2 として理想的な球面鏡を用いると，スクリーン上に表れる干渉パターンからレ

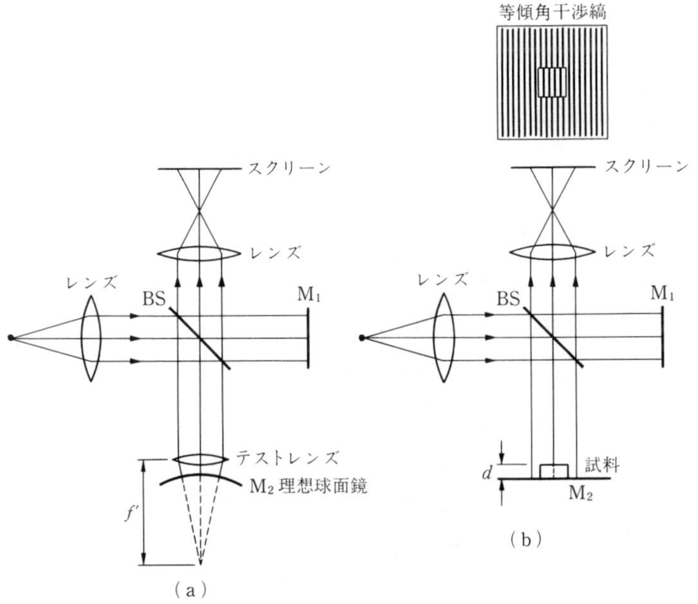

図 **4.10** トワイマン-グリーン干渉計

ンズの球面を評価できる。また，図(b)に示すように，鏡 M_2 を平面鏡に置き換えれば，干渉縞のずれを見ることでプリズムや平面基盤などの厚さや屈折率を評価できる。ただし，光が光路を往復することから，干渉縞一つのずれは光路差 $\lambda/2$ に対応する。

マッハ-ツェンダー干渉計を**図 4.11** に示す。半透明鏡を二つ用いて，一つめの半透明鏡で光を二つに分け，二つめの半透明鏡で重ね合わせる。光は試料を1回しか通らないので，干渉縞一つのずれは光路差 λ に対応する。

運動を測定する干渉計として，**図 4.12** に示す**サグナック干渉計**がある。半径 R の円周に内接する正方形の頂点に半透明鏡と鏡を配置する。この干渉計が角速度 ω で回転すると，回転方向に進む光は静止しているときよりも長い距離を進み，反対方向に進む光は短い距離を進む。光路を円で近似して回転速度を $v=R\omega$ とすると，回転方向に進む光が一周するのに要する時間は $t_1=2\pi R/\beta(c-v)$ で，反対方向に進む光が要する時間は $t_2=2\pi R/\beta(c+v)$ である。

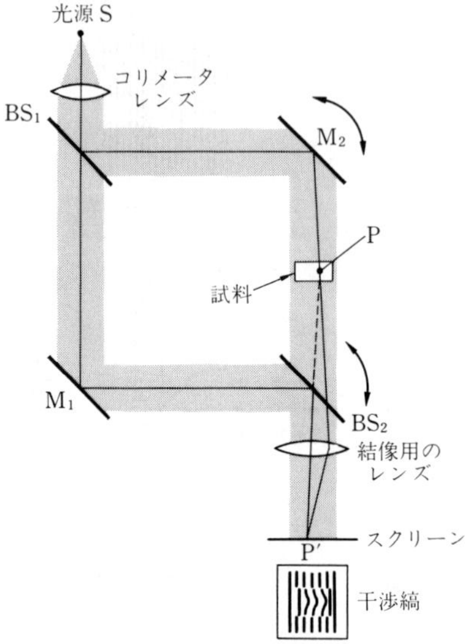

図 **4.11**　マッハ-ツェンダー干渉計

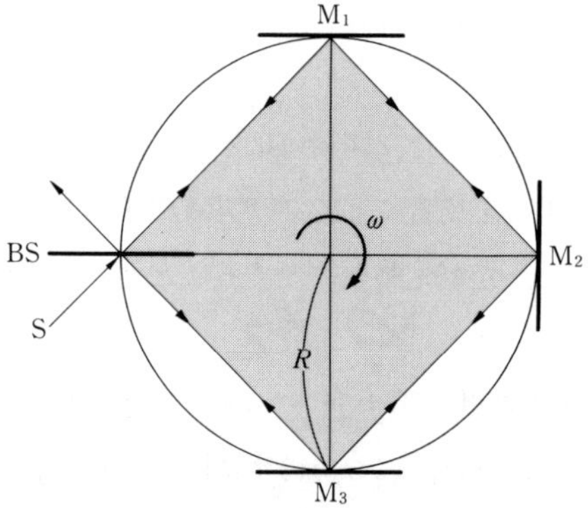

図 **4.12**　サグナック干渉計

ただし，β はコラム 4.2 で導入する相対論的効果を表す係数である。したがって，位相差 δ は

$$\delta=\frac{2\pi}{\lambda_0}c\,(t_1-t_2)=\frac{8\pi^2Rv}{\lambda_0\sqrt{c^2-v^2}} \tag{4.19}$$

と表せ，速度 v によって変化するので，干渉縞の移動を測定することで運動

の角速度 ω を求めることができる。

【コラム 4.2】 マイケルソン-モーレーの実験

マイケルソン干渉計を用いた有名な実験が**マイケルソン-モーレーの実験**である。19 世紀ころ，空間は至るところ質量を持たないエーテルという物質で満たされていて，この物質中を光が伝搬すると考えられていた。エーテルは静止しているのか，あるいは物体の運動に引きずられて動くのかを確かめるために行われた実験である。

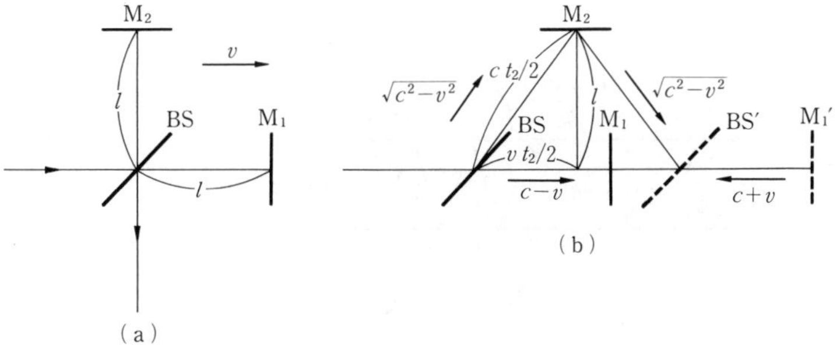

図 **4.13** マイケルソン-モーレーの実験

実験装置を**図 4.13**(a)に示す。まず，エーテルは静止していると仮定してみる。干渉計がミラー M_1 の方向に速度 v で運動すると，干渉計の座標系では M_1 に向かう光の速度は $c-v$ になり，M_1 で反射して戻ってくる光の速度は $c+v$ になる。したがって，ビームスプリッタ BS で分けられた一方の光が M_1 で反射して再び BS に戻ってくるまでの時間 t_1 は $t_1=l/(c-v)+l/(c+v)=2\,cl/(c^2-v^2)$ である。また，BS で分けられた他方の光が M_2 で反射して再び BS に戻ってくるまでの時間 t_2 は，図(b)で $(ct_2/2)^2=(vt_2/2)^2+l^2$ であることから，$t_2=2\,l/\sqrt{c^2-v^2}$ である。以上より，二光束の位相差 δ は，つぎのように求まる。

$$\delta=\frac{2\pi}{\lambda_0}c(t_1-t_2)=\frac{4\pi l}{\lambda_0}\beta(\beta-1) \tag{4.20}$$

ただし，$\beta=1/\sqrt{1-v^2/c^2}$ とした。以上から，速度 v によって位相差 δ が変化して干渉縞がずれるはずである。しかし，実験ではこのような干渉縞のずれは観察されず，エーテルは静止していないことが示された。その後の実験で，エーテルが物質に引きずられて動くという考えも否定され，結局，エーテルという考え自体が捨てられた。代わって生まれたのが相対性理論で，運動方向の長さが $1/\beta$ 倍になると考える。そうすると，M_1 方向の長さが短くなり位相差 $\delta=0$ になるので干渉縞のずれが観察できないことが説明できる。

4.4 多光束干渉

前節の薄膜の干渉では，薄膜の手前と奥で反射した二光束の干渉を考えた。しかし，実際には，**図 4.14** に示すように，薄膜の表面で反射と屈折が繰り返し起こり多くの光束の間で干渉が生じる。この現象は，薄膜表面の反射率が高いときに特に顕著になる。これを**多光束干渉**という。

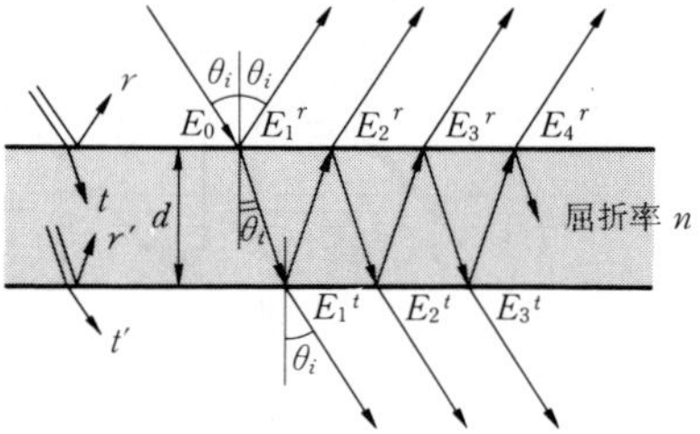

図 **4.14**　多光束干渉

4.4.1　平行板での多光束干渉

薄膜の二つの表面が平行で，空気中に置かれている場合について考える。外部から薄膜に光が入射する場合の振幅反射係数と振幅透過係数を r と t で表す。薄膜から外部に光が出射する場合をそれぞれ r' と t' で表す。薄膜の厚さを d，屈折率を n とすると，光が薄膜を 1 回通過するときの位相変化は $\delta=2\pi nd\cos\theta_t/\lambda_0$ である。ただし，θ_t は屈折角で λ_0 は真空中の光の波長である。

薄膜の上面での入射光を $E_0e^{-i\omega t}$ と表すと，反射光はつぎのようになる。

$$E_1{}^r=E_0re^{-i\omega t},\quad E_2{}^r=E_0tr't'e^{-i(\omega t-2\delta)},\quad E_3{}^r=E_0tr'^3t'e^{-i(\omega t-4\delta)},$$
$$\cdots,\quad E_N{}^r=E_0tr'^{(2N-3)}t'e^{-i\{\omega t-2(N-1)\delta\}},\quad \cdots \tag{4.21}$$

透過光はつぎのようになる。

$$E_1{}^t=E_0tt'e^{-i(\omega t-\delta)},\quad E_2{}^t=E_0tr'^2t'e^{-i(\omega t-3\delta)},$$
$$E_3{}^t=E_0tr'^4\,t'e^{-i(\omega t-5\delta)},$$
$$\cdots,\quad E_N{}^t=E_0tr'^{2(N-1)}\,t'e^{-i\{\omega t-(2N-1)\delta\}},\quad \cdots \tag{4.22}$$

これらの波の重ね合わせを計算する。まず，反射光の和はつぎのようになる。

$$E_r = E_1{}^r + E_2{}^r + E_3{}^r + \cdots + E_N{}^r + \cdots$$
$$= E_0 e^{-i\omega t}[r + r'tt'e^{i2\delta}\{1 + r'^2 e^{i2\delta} + (r'^2 e^{i2\delta})^2 + \cdots$$
$$+ (r'^2 e^{i2\delta})^{N-2} + \cdots\}]$$
$$= E_0 e^{-i\omega t}\left(r + \frac{r'tt'e^{i2\delta}}{1 - r'^2 e^{i2\delta}}\right) = E_0 e^{-i\omega t} r \frac{1 - e^{i2\delta}}{1 - r^2 e^{i2\delta}} \tag{4.23 a}$$

ここで，ストークスの関係式 $r = -r'$ と $tt' = 1 - r^2$（第1章演習問題参照）を用いた。同様に，透過光の和を計算するとつぎのようになる。

$$E_t = E_0 e^{-i\omega t} t\, t' \frac{e^{i\delta}}{1 - r^2 e^{i2\delta}} \tag{4.23 b}$$

以上の計算を，複素平面でのベクトルの足し算で表すと**図 4.15** のようになる。反射光の和と透過光の和はそれぞれに1点に収束する。

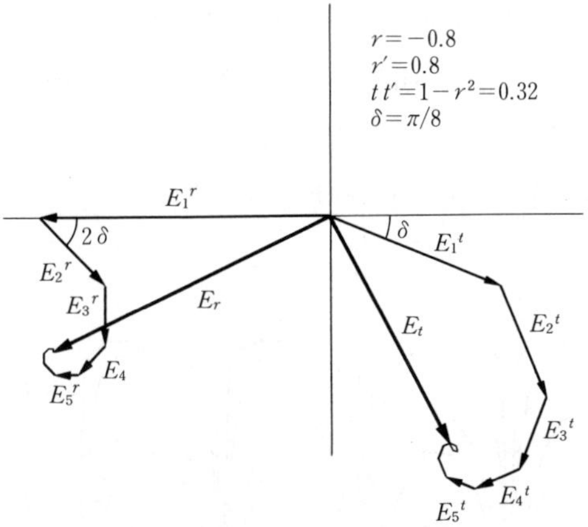

図 4.15　複素平面で考えた多光束干渉

反射光と透過光の光強度 I_r と I_t は，つぎのように求まる。

$$I_r = \alpha|E_r|^2 = I_i \frac{2r^2(1 - \cos 2\delta)}{(1 + r^4) - 2r^2 \cos 2\delta}$$
$$= I_i \frac{\{2r/(1 - r^2)\}^2 \sin^2 \delta}{1 + \{2r/(1 - r^2)\}^2 \sin^2 \delta} \tag{4.24 a}$$

$$I_t = \alpha|E_t|^2 = I_t \frac{(tt')^2}{(1 + r^4) - 2r^2 \cos 2\delta}$$

$$=I_i\frac{1}{1+\{2r/(1-r^2)\}^2\sin^2\delta} \tag{4.24 b}$$

ただし，α は比例定数で，入射光の強度を $I_i=\alpha|E_0|^2$ と表した。上式は，エネルギー保存則 $I_i=I_r+I_t$ を満たしていることがわかる。

ここで，新しい記号 F をつぎのように定義する。

$$F=\left(\frac{2r}{1-r^2}\right)^2 \tag{4.25}$$

これを用いると，反射率 R と透過率 T は，つぎのように表せる。

$$R=\frac{I_r}{I_i}=\frac{F\sin^2\delta}{1+F\sin^2\delta} \tag{4.26 a}$$

$$T=\frac{I_t}{I_i}=\frac{1}{1+F\sin^2\delta} \tag{4.26 b}$$

図示すると**図 4.16** のようになり，F の値，すなわち r の値が大きいほどピークが鋭くなることがわかる。$\sin^2\delta=0$ のとき，すなわち $\delta=m\pi$（m は整数）のとき，透過率は最大で 1 となり反射率は 0 となる。

反射光 E_r と透過光 E_t の位相差を考える。式(4.23 a)と式(4.23 b)より

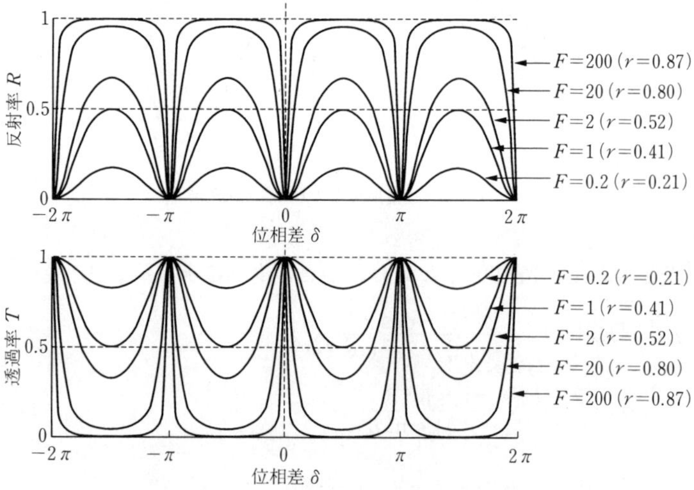

図 4.16　多光束干渉の反射率 $\boldsymbol{R}$ と透過率 $\boldsymbol{T}$

$$\frac{E_r}{E_t}=\frac{r}{t\,t'}\frac{1-e^{i2\delta}}{e^{i\delta}}=-i\frac{2r}{1-r^2}\sin\delta \tag{4.27}$$

となるから，反射光と透過光の位相差は $\pi/2$ であることがわかる。このことは，図 4.15 の E_r と E_t のなす角が $\pi/2$ になることからもわかる。

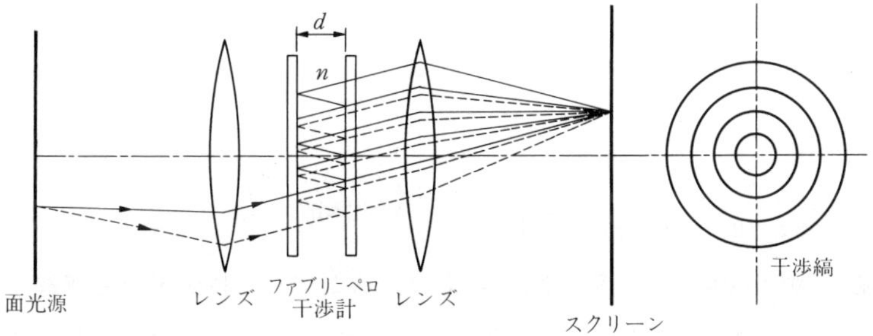

図 **4.17**　ファブリ-ペロ干渉計

多光束干渉を用いた干渉計としては，**図 4.17** に示す 2 枚の高反射率の平面鏡を平行に向かい合わせた**ファブリ-ペロ干渉計**が有名である。面光源の 1 点から出射した光はレンズにより平行光束になりファブリ-ペロ干渉計に入射する。干渉計内で多光束干渉が起こるが，平行な光束はレンズによってスクリーン上の 1 点に集光される。この点の強度は，式(4.26 b)より，$I_t=I_i/(1+F\sin^2\delta)$ である。回転対称性から，スクリーン上ではレンズの軸を中心とした円形の干渉縞が生じる。明るい干渉縞は，位相差 $\delta=2\pi nd\cos\theta/\lambda_0=m\pi$ より

$$\cos\theta=\frac{\lambda_0}{2nd}m \tag{4.28}$$

を満たす角度 θ で得られる。したがって，単一波長に対しては，次数 m に対応して角度 θ が決まる。波長によって干渉縞の現れる角度 θ が変わるので，スクリーン上の干渉縞を調べることで光源に含まれている光の波長成分を知ることができる。また，図 4.16 より，F が大きくなると干渉縞の幅が狭くなり，波長測定の精度が向上することがわかる。**図 4.18** に示すように，干渉縞の最大強度の半分の強度に対応する干渉縞の幅を**半値幅**といい，記号 γ で表す。強度が最大になるのは $\delta=m\pi$ のときであるから，γ は式(4.29)のように

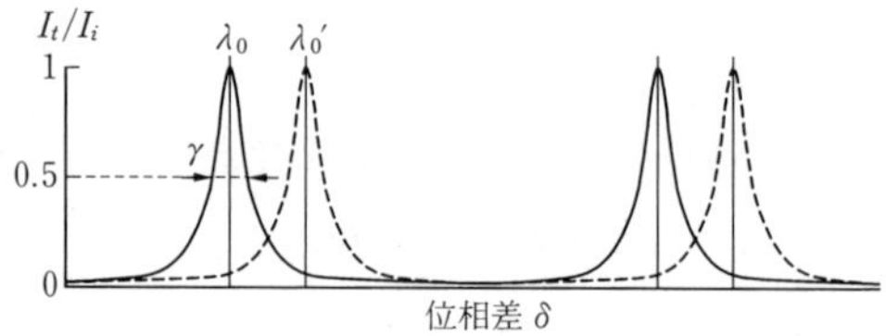

図 4.18　ファブリ-ペロ干渉計の波長分解能

求まる。

$$\frac{1}{1+F\sin^2(m\pi\pm\gamma/2)}=\frac{1}{2},\qquad \gamma=2\sin^{-1}\frac{1}{\sqrt{F}}\simeq\frac{2}{\sqrt{F}} \tag{4.29}$$

半値幅 γ が干渉縞の一周期の間にいくつ入るかで，波長測定の**分解能**が決まる。これを，**フィネス**といい，記号 $\mathcal{F}$ で表す。干渉縞の一周期の間隔は π であるからつぎのように求まる。

$$\mathcal{F}=\frac{\pi}{\gamma}=\frac{\pi\sqrt{F}}{2} \tag{4.30}$$

ファブリ-ペロ干渉計で鏡の間隔を水晶板などで強固に固定したものを特に**エタロン**といい，レーザの共振器などに用いられる。

垂直入射の場合に多光束干渉の透過率が最大になる波長を求めると，$\lambda_0=2nd/m$ である。図 4.16 からわかるように，F が大きいときは，この波長付近で透過率が急激に高くなり，それ以外の波長ではほとんど 0 になる。したがって，特定の波長のみを透過する波長フィルタとして用いることができる。これを，**干渉フィルタ**という。ただし，次数 m に対応して透過する波長が複数存在することに注意する必要がある。

4.4.2　多 層 膜 干 渉

図 4.19(a)に示すように，厚さが光路長で $\lambda_0/4$ の 2 種類の薄膜を交互に積み重ねた**多層膜**について考える。図(b)に示すように，それぞれの境界面で四つの光の電場を考える。電場に関する境界条件の式(1.78)より次式を得る。

$$E_+{}^i+E_-{}^i=A_+{}^{i+1}+A_-{}^{i+1} \tag{4.31 a}$$

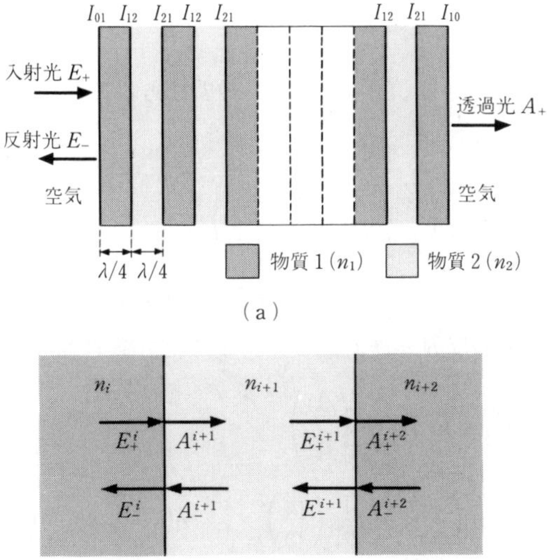

図 4.19　多層膜干渉

$$n_i({E_+}^i-{E_-}^i)=n_{i+1}({A_+}^{i+1}-{A_-}^{i+1}) \tag{4.31 b}$$

ただし，光は垂直入射するとして，P 成分と N 成分は区別しない。上式より，境界面での反射と透過はつぎのように行列で表せる。

$$\begin{pmatrix}{E_+}^i\\{E_-}^i\end{pmatrix}=\frac{1}{2n_i}\begin{pmatrix}n_i+n_{i+1} & n_i-n_{i+1}\\ n_i-n_{i+1} & n_i+n_{i+1}\end{pmatrix}\begin{pmatrix}{A_+}^{i+1}\\{A_-}^{i+1}\end{pmatrix} \tag{4.32}$$

ここで，入射側の空気と薄膜 1 との境界面での反射と透過の行列を I_{01} で，薄膜 1 から薄膜 2 への境界面での行列を I_{12} で，薄膜 2 から薄膜 1 への境界面での行列を I_{21} で，出射側の薄膜 1 と空気との境界面での行列を I_{10} で表す。

$$I_{01}=\frac{1}{2}\begin{pmatrix}1+n_1 & 1-n_1\\ 1-n_1 & 1+n_1\end{pmatrix} \tag{4.33 a}$$

$$I_{12}=\frac{1}{2n_1}\begin{pmatrix}n_1+n_2 & n_1-n_2\\ n_1-n_2 & n_1+n_2\end{pmatrix} \tag{4.33 b}$$

$$I_{21}=\frac{1}{2n_2}\begin{pmatrix}n_2+n_1 & n_2-n_1\\ n_2-n_1 & n_2+n_1\end{pmatrix} \tag{4.33 c}$$

$$I_{10}=\frac{1}{2n_1}\begin{pmatrix} n_1+1 & n_1-1 \\ n_1-1 & n_1+1 \end{pmatrix} \tag{4.33 d}$$

つぎに，薄膜一層の厚さが位相差にして $\pi/2$ であることから，薄膜一層分の光の伝搬を行列 T を用いてつぎのように表す。

$$\begin{pmatrix} A_+{}^{i+1} \\ A_-{}^{i+1} \end{pmatrix}=\begin{pmatrix} -i & 0 \\ 0 & i \end{pmatrix}\begin{pmatrix} E_+{}^{i+1} \\ E_-{}^{i+1} \end{pmatrix}=T\begin{pmatrix} E_+{}^{i+1} \\ E_-{}^{i+1} \end{pmatrix} \tag{4.34}$$

多層膜が物質1と物質2の組み合わせの N 回の繰り返しで構成されているとすると，多層膜全体の反射と透過はつぎのように計算できる。

$$\begin{aligned}\begin{pmatrix} E_+ \\ E_- \end{pmatrix}&=I_{01}T(I_{12}TI_{21}T)^N I_{10}\begin{pmatrix} A_+ \\ A_- \end{pmatrix}\\ &=i\frac{(-1)^{N+1}}{2}\begin{pmatrix} n_1\left(\frac{n_1}{n_2}\right)^N+\frac{1}{n_1}\left(\frac{n_2}{n_1}\right)^N & n_1\left(\frac{n_1}{n_2}\right)^N-\frac{1}{n_1}\left(\frac{n_2}{n_1}\right)^N \\ -n_1\left(\frac{n_1}{n_2}\right)^N+\frac{1}{n_1}\left(\frac{n_2}{n_1}\right)^N & -n_1\left(\frac{n_1}{n_2}\right)^N-\frac{1}{n_1}\left(\frac{n_2}{n_1}\right)^N \end{pmatrix}\begin{pmatrix} A_+ \\ A_- \end{pmatrix}\end{aligned} \tag{4.35}$$

光は多層膜の左側から入射するので，$A_-=0$ である。したがって，多層膜全体の振幅反射係数 r は，式(4.36)のように求まる。

$$r=\frac{E_-}{E_+}=\frac{-n_1\left(\frac{n_1}{n_2}\right)^N+\frac{1}{n_1}\left(\frac{n_2}{n_1}\right)^N}{n_1\left(\frac{n_1}{n_2}\right)^N+\frac{1}{n_1}\left(\frac{n_2}{n_1}\right)^N} \tag{4.36}$$

図4.20 に示すように，薄膜の繰り返し数 N の増加とともに振幅反射係数 r が急激に大きくなる。金属ミラーでは金属での光の吸収が無視できないが，吸

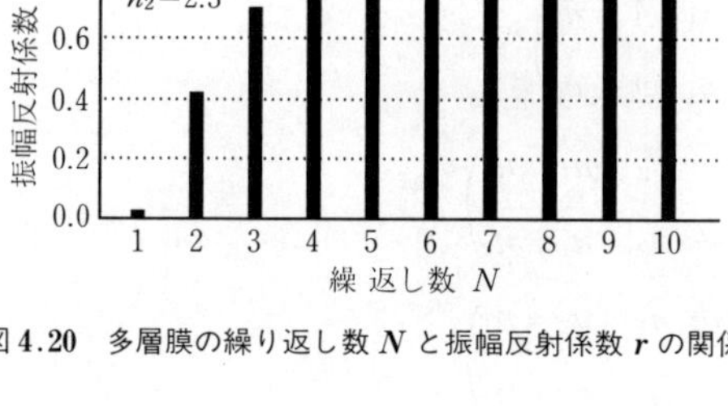

図 **4.20**　多層膜の繰り返し数 ***N*** と振幅反射係数 ***r*** の関係

収がほぼ0としてよい誘電体で多層膜を作ると吸収の小さなミラーが実現できる。

【コラム 4.2】 干渉で光は消滅するか

光学のパラドックスとして，“位相が π ずれた光を重ね合わせると光が打ち消し合って消滅し，エネルギー保存則が成り立たない”というものがある。

このような状態を作るためには二つの光を同一直線上で重ね合わせる必要があるが，位相が π ずれた光を同一直線上で発生させることは不可能である。このような光は，そもそも最初から存在しないことになる。

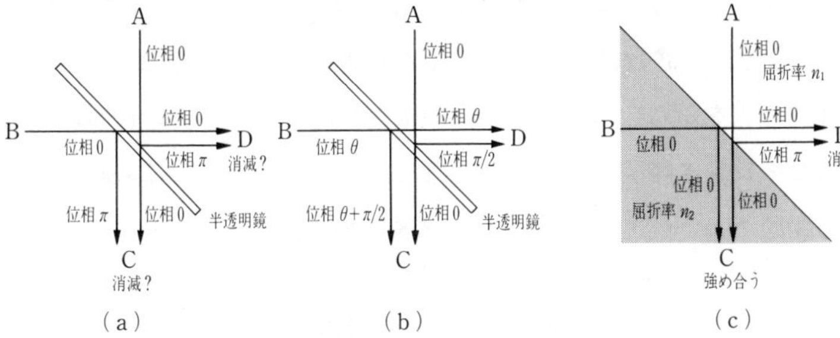

図 4.21　干渉による光の消滅

図 4.21(a)に示すように，異なる方向に進む光を半透明鏡を用いて重ね合わせることを考える。よくある議論が“半透明鏡の屈折率は空気より高いので，反射する光は位相が π ずれて透過する光は位相がずれない”というものである。もしそうだとすると，半透明鏡に入射する光AとBが振幅が等しく位相がそろっているとき，光Cと光Dは完全に消滅し，エネルギー保存則が成り立たない。しかし，実際には半透明鏡はある程度の厚さがあり，多光束干渉で導いたように，反射光と透過光の位相差は $\pi/2$ である。すなわち，図(b)のように考えるのが正しい。Cの光を消すために $\theta=\pi/2$ とすると，Dの光が強め合う。逆に，Dの光を消してもCの光が強め合う。すなわち，エネルギーは保存される。そこで，多光束干渉が起こらないように，図(c)に示すように境界面での反射と屈折を用いて光を重ね合わせることを考える。1.3.3項から，Aの光の反射光の位相が π ずれるためには $n_1<n_2$ でなくてはいけないから，Bの光の反射光は位相がずれない。逆に，Bの光の反射光の位相が π ずれるためには $n_1>n_2$ でなくてはいけないから，Aの光の反射光は位相がずれない。以上を考えると，CとDの光を両方同時に打ち消すことはやはり不可能である。

4.5　コヒーレンス

今までの干渉に関する議論では，光は無限に続く調和振動波であるとしてきた。このような光は，レーザ光を使っても近似的にしか実現できない。ここでは，現実の光の干渉を考えるために**コヒーレンス**という概念を導入する。

4.5.1　波の相関性

一つの原子や分子からの電磁輻射は，**図4.22**に示すように有限の持続時間 Δt_c を持つので，周波数は単一ではなくある程度の周波数幅 $\Delta\nu$ を持つ。この持続時間内で光を重ね合わせれば干渉現象が観測できる。この持続時間 Δt_c のことを**コヒーレンス時間**といい，$\Delta t_c \simeq 1/\Delta\nu$ の関係がある。この時間内に光の進行する距離 $\Delta x_c = c\Delta t_c$ を**コヒーレンス長**という。

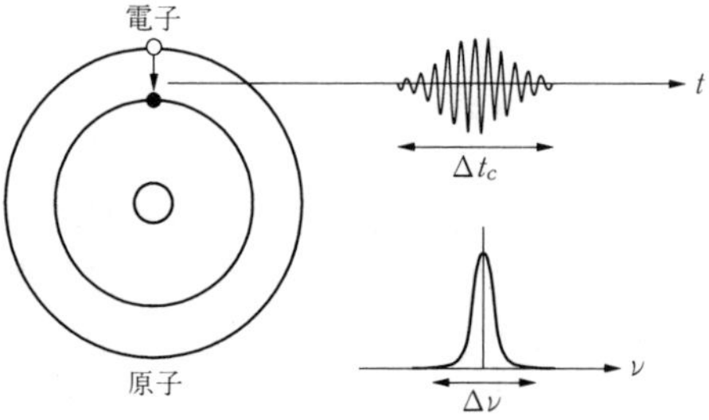

図4.22　原子による電磁輻射

われわれがふだん目にする光は原子や分子の集団からの多数の電磁輻射の合成である。それぞれの電磁輻射の間には特定な位相関係がないため，**図4.23**に示すように合成波の振幅と位相はランダムに変化する。このような波においても，そのランダムさの度合に応じてある程度の干渉現象が観察できる。この可干渉性のことを**コヒーレンス**という。

ランダムに変化する波でも同じ位置で重ね合わせれば，波の強め合いと弱め合いは観測できる。しかし，重ね合わせの位置がずれるに従って，干渉現象は

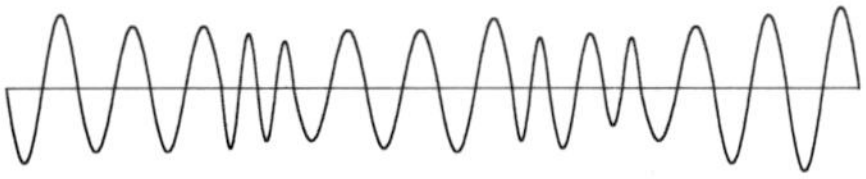

図 **4.23**　電磁輻射の合成波

不明確になっていく。どの程度のずれまで干渉が観測できるかは，波のランダムさの度合，すなわち波が前後でどの程度似ているかで決まる。これは自己相関関数を用いて評価できる。自己相関関数とは

$$E(\tau)\oplus E(\tau)=\int E(t)\,E^{*}(t-\tau)\,dt \tag{4.37}$$

と定義され，波を時間 τ だけずらして掛け合わせたものの時間積分である。コヒーレンスが高い場合は τ を大きくしても自己相関はあまり変化しないが，コヒーレンスが低い場合は τ を大きくしていくと自己相関は急激に低下する。自己相関関数の計算を**図 4.24** に示す。コヒーレンスは時間的なものと空間的なものに分けて考える場合が多い。**時間的コヒーレンス**は時間に対する相関演算で表され，**空間的コヒーレンス**は空間に対する相関演算で表される。

白色光のコヒーレンス時間は fs 程度でコヒーレンス長は μm 程度である。水銀などの放電管からの単色光のコヒーレンス時間は ps 程度でコヒーレンス長は数 mm 程度である。レーザでは電磁輻射の位相を強制的に揃えてコヒーレンスを向上させるため，コヒーレンス時間は ns 以上でコヒーレンス長は数

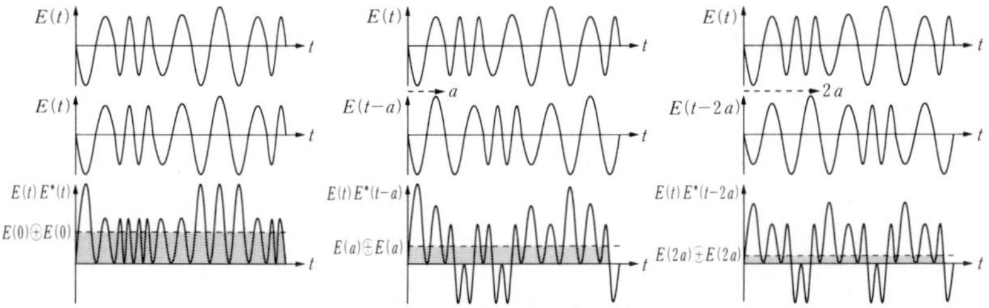

（a）　$\tau=0$　　（b）　$\tau=a$　　（c）　$\tau=2a$

図 **4.24**　コヒーレンスと自己相関

十 cm 以上になる。

4.5.2 時間的コヒーレンス

時間的コヒーレンスの測定にはマイケルソン干渉計を用いる。マイケルソン干渉計の二光束の光路差を変えて，波の時間的にずれた部分を重ね合わせる。二光束の光路差が Δr で時間差が $\tau=\Delta r/c$ のとき，観測される光強度は

$$\begin{aligned} I &= \alpha<|E(t)+E(t-\tau)|^2> \\ &= 2I_0+2\,Re\{\alpha<E(t)E^*(t-\tau)>\} \end{aligned} \tag{4.38}$$

となる。ただし，α は比例定数で，十分長い時間での時間平均は $I_0=\alpha<|E(t)|^2>=\alpha<|E(t-\tau)|^2>$ であるとした。上式の第 2 項が干渉項で，時間に対する相関演算になっている。ここで，**複素コヒーレンス度**を

$$\gamma=\frac{\alpha<E(t)E^*(t-\tau)>}{I_0} \tag{4.39}$$

と定義すると

$$I=2I_0[1+Re\{\gamma\}] \tag{4.40}$$

と表せる。γ の大きさ $|\gamma|$ を**コヒーレンス係数**と呼ぶ。

ここで，光の振幅と位相の時間変化を $A(t)$ と $\phi(t)$ で表す。

$$E(t)=A(t)\exp\{-i(\omega t+\phi(t))\} \tag{4.41}$$

ただし，$A(t)$ は実数関数とする。このとき，複素コヒーレンス度 γ は

$$\gamma=\frac{<A(t)A(t-\tau)\exp[-i\{\phi(t)-\phi(t-\tau)\}]>}{I_0}\exp(-i\omega\tau) \tag{4.42}$$

となり，干渉縞の強度はつぎのように表せる。

$$I=2I_0(1+|\gamma|\cos\omega\tau) \tag{4.43}$$

ここで，干渉縞の**コントラスト** V を

$$V=\frac{I_{\max}-I_{\min}}{I_{\max}+I_{\min}} \tag{4.44}$$

と定義すると，$I_{\max}=2I_0(1+|\gamma|)$ で $I_{\min}=2I_0(1-|\gamma|)$ であることから

$$V=|\gamma| \tag{4.45}$$

となる。

以上より，干渉縞の強度変化のコントラストを測定することで，コヒーレンス係数 $|\gamma|$，すなわち時間的コヒーレンスが求められることがわかる。

振幅 $A(t)$ と位相 $\phi(t)$ が時間的に一定であると仮定すると，$|\gamma|=1$ となり鮮明な干渉縞が生じ，これは時間的に完全にコヒーレントな状態である。これに対して，$A(t)$ と $\phi(t)$ が時間的にランダムに変化する場合は $|\gamma|=0$ となり干渉縞は生じず，時間的に完全にインコヒーレントな状態である。

4.5.3 空間的コヒーレンス

空間的に無限に続く調和振動波では，空間の任意の 2 点の間で干渉現象が観察できる。しかし，実際にはそのような波は存在しない。このような空間的な可干渉性を表すのが空間的コヒーレンスである。

空間的コヒーレンスは，**図 4.25** に示すヤングの実験で測定できる。スリット S_1 と S_2 出射直後の波の振動を $E_1(t)$ で $E_2(t)$ で表す。S_1 と S_2 から観測点 P までの距離を r_1 と r_2 で表し，$\tau_1=r_1/c$，$\tau_2=r_1/c$ とする。観測点 P での波の位相は時間 τ_1 および τ_2 前のスリット S_1 と S_2 での波の位相に等しいので，スクリーン上の観測点 P での振動はつぎのように表せる。

$$E=K_1E_1(t-\tau_1)+K_2E_2(t-\tau_2) \tag{4.46}$$

K_1 と K_2 は，スリット S_1 と S_2 から観測点 P までの光の伝搬に伴う振幅の減衰を表す実数係数である。観測点 P での光強度はつぎのようになる。

$$I=\alpha<|E|^2>=I_1+I_2+2\alpha K_1K_2Re\{<E_1(t+\tau)E_2{}^*(t)>\} \tag{4.47}$$

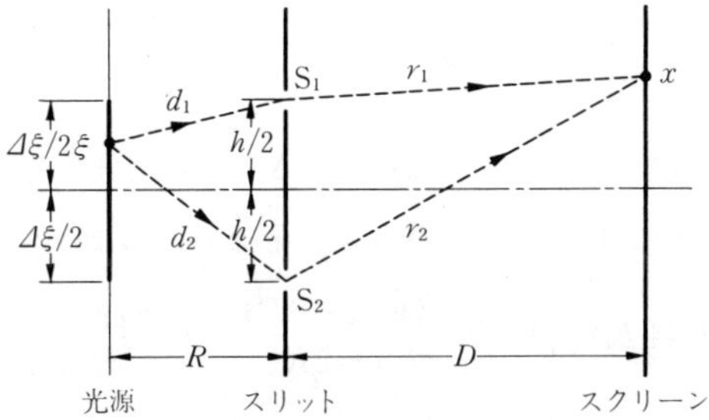

図 4.25　光源が広がりを持つ場合のヤングの実験

ただし，$I_1=\alpha K_1{}^2<|E_1(t-\tau_1)|^2>$，$I_2=\alpha K_2{}^2<|E_2(t-\tau_2)|^2>$，$\tau=\tau_2-\tau_1$ とした。ここで，相互コヒーレンス関数 Γ_{12} と自己相関関数 Γ_{11} と Γ_{22} を

$$\Gamma_{12}(\tau)=<E_1(t+\tau)E_2{}^*(t)> \tag{4.48 a}$$

$$\Gamma_{11}(\tau)=<E_1(t+\tau)E_1{}^*(t)> \tag{4.48 b}$$

$$\Gamma_{22}(\tau)=<E_2(t+\tau)E_2{}^*(t)> \tag{4.48 c}$$

と定義する。これらを用いると，干渉縞の強度は

$$I=I_1+I_2+2\sqrt{I_1I_2}Re\left\{\frac{\Gamma_{12}(\tau)}{\sqrt{\Gamma_{11}(0)\Gamma_{22}(0)}}\right\} \tag{4.49}$$

と表せる。さらに，時間的コヒーレンスのときと同様に複素コヒーレンス度を

$$\gamma_{12}=\frac{\Gamma_{12}(\tau)}{\sqrt{\Gamma_{11}(0)\Gamma_{22}(0)}}=|\gamma_{12}(\tau)|\exp\{i\delta(\tau)\} \tag{4.50}$$

と定義すると

$$I=I_1+I_2+2\sqrt{I_1I_2}|\gamma_{12}|\cos\delta(\tau) \tag{4.51}$$

となる。したがって，スクリーンに表れる干渉縞のコントラストから，空間的コヒーレンスを表すコヒーレンス係数 $|\gamma_{12}|$ を求めることができる。

つぎに，光源が広がりを持つ場合について考える。図 4.25 に示すように，光源の広がりを $\Delta\xi$ で表す。光源の位置 ξ の点から出た光が二つのスリットを通り観測点 P に達するときの位相差は，4.2 節で行った計算を参照して

$$\delta=k\{(d_2-d_1)+(r_2-r_1)\}\simeq\frac{khx}{D}+\frac{kh\xi}{R} \tag{4.52}$$

となる。観測点 P での強度は，$I_1=I_2=I_0$ として，$I=2I_0(1+\cos\delta)$ で与えられる。したがって，光源の微小長さ $d\xi$ がスクリーン上に作る強度分布 dI は

$$dI=2I_0\left\{1+\cos\left(\frac{kh\xi}{R}+\frac{khx}{D}\right)\right\}d\xi \tag{4.53}$$

となる。これを，光源の広がり $-\Delta\xi/2$ ～ $\Delta\xi/2$ で積分すると，広がりを持つ光源がスクリーン上に作る干渉縞の強度分布はつぎのように計算できる。

$$I=\int_{-\Delta\xi/2}^{\Delta\xi/2}dI=2I_0\Delta\xi\left\{1+\frac{\sin(kh\Delta\xi/2R)}{kh\Delta\xi/2R}\cos\frac{khx}{D}\right\} \tag{4.54}$$

これより，コヒーレンス係数 $|\gamma_{12}|$ はつぎのように求まる。

$$|\gamma_{12}|=\frac{\sin(kh\Delta\xi/2R)}{kh\Delta\xi/2R} \tag{4.55}$$

光源の広がり $\Delta\xi$ とコヒーレンス係数 $|\gamma_{12}|$ の関係を図示すると**図 4.26** のようになる。光源の広がりが小さいと空間的なコヒーレンスは高くなり，光源の広がりが大きいと空間的なコヒーレンスは低下する。式(4.55)の形は，5章で説明する長さ $\Delta\xi$ の矩形開口のフラウンホーファー回折像の形と一致する。このように，コヒーレンス係数は光源のフラウンホーファー回折像と同じ形になることが知られている。これを **Cittert–Zernike の理論**という。

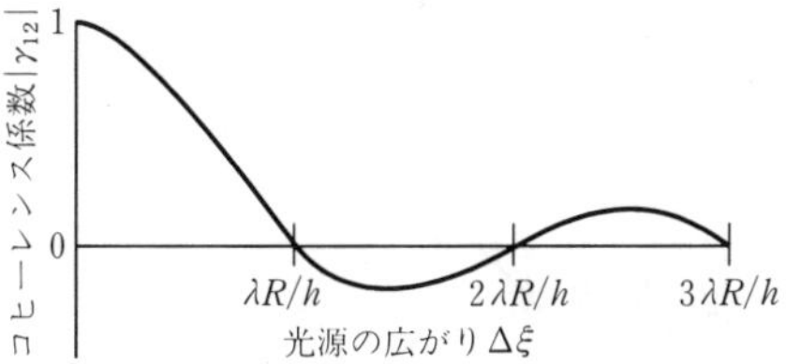

図 4.26　光源の広がり $\Delta\xi$ とコヒーレンス係数 $|\gamma|$

干渉縞が消えるときの光源の広がりを求める。干渉縞が消えるのは $|\gamma_{12}|$ が 0 のときで，$\Delta\xi=\lambda R/h$ のときである。これを，スリット側から見た角度 $\Delta\theta$ で表すとつぎのようになる。

$$\Delta\theta=\frac{\Delta\xi}{R}=\frac{\lambda}{h} \tag{4.56}$$

4.5.4　天体干渉計と強度干渉計

星を光源としてヤングの実験を行い，空間的コヒーレンスの測定から星の大きさを求めることができる。干渉縞が消えるときのスリットの幅 h を測定し，式(4.56)より星の広がり角 $\Delta\theta$ を決める。星の広がり角は小さいのでスリットの間隔 h を大きくする必要があるが，h を大きくすると式(4.54)より干渉縞の間隔が狭くなり測定が難しくなる。そこで，**図 4.27** に示す**天体干渉計**がマイケルソンにより考案された。鏡 M_1 と M_2 で星からの光を拾い，鏡 M_3 と M_4 で干渉計に導く。二光束の位相差 δ は

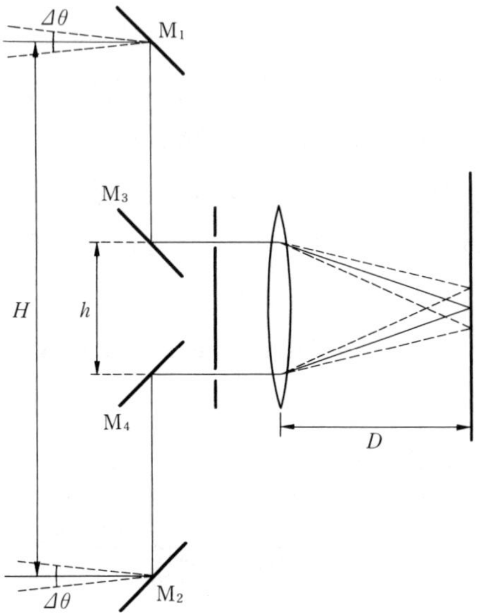

図 **4.27**　天体干渉計

$$\delta = k\left(H\Delta\theta + h\frac{x}{D}\right) \tag{4.57}$$

であるから，干渉縞の強度はつぎのようになる。

$$I = 2I_0\left\{1+\cos(kH\Delta\theta)\cos\left(kh\frac{x}{D}\right)-\sin(kH\Delta\theta)\sin\left(kh\frac{x}{D}\right)\right\}$$

$$\simeq 2I_0\left\{2-kH\Delta\theta\sin\left(kh\frac{x}{D}\right)\right\} \tag{4.58}$$

ただし，$\Delta\theta$ が小さいとして近似した。鏡 M_1 と M_2 の間隔 H を大きくして星の広がり $\Delta\theta$ の測定精度を向上させ，干渉縞の間隔はスクリーン側の鏡 M_3 と M_4 の間隔 h で調節する。ただし，鏡の間隔 H を大きくすると，干渉計内の空気の揺らぎや振動による位相変化の影響を受けやすくなることが問題点である。

天体干渉計の問題点を解決するため，ハンブリ・ブラウンとツゥイスにより**強度干渉計**が考案された。天体干渉計では光の複素振幅の相関を用いたが，強度干渉計では光の強度変化の相関を用いる。星からの光の強度も複素振幅と同様に変動しているので，強度に対してもコヒーレンスを考えることができ，強度の相関をとることで星の大きさを求めることができる。強度干渉計の構成を**図 4.28** に示す。光検出器で星からの光強度を電気信号に変換し，ハイパスフィルタにより強度の変動成分のみを取り出し，相関器によって電気的に相関演算を行う。強度干渉計では，光の強度は電気信号に変換されるため，二つの光検出器の間隔を非常に大きくでき，星の広がりを精度よく測定できる。

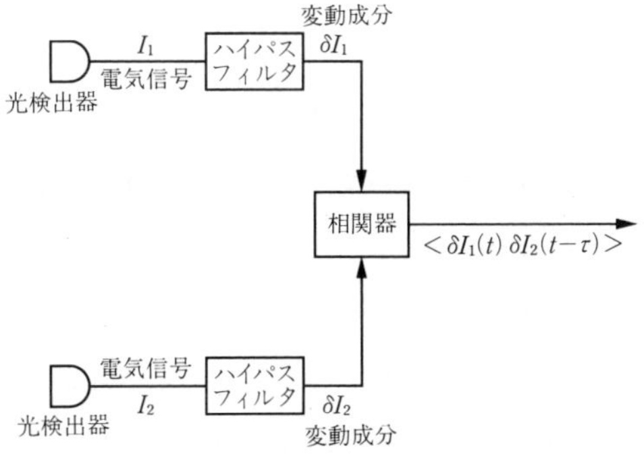

図 4.28　強度干渉計

4.5.5　低コヒーレンス干渉

レーザ光などの高コヒーレントな光は長いコヒーレンス長を持つため，光束が重なり合う空間のいたるところでコントラストのよい干渉縞が生じる。これに対して，白色光などの低コヒーレントな光では，二光束の光路差がコヒーレンス長以下の部分でしか干渉縞が観測されない。4.5.1 項で述べたように，光源の周波数帯域が広いほどコヒーレンス長は短くなる。白色光のコヒーレンス長は μm 程度である。したがって，低コヒーレントな光源を用いた干渉計では，光路長が一致した付近に干渉縞が**局在する**ことになる。レーザの発明以前の干渉実験では，光路長の調節や干渉縞の局在位置に注意をはらう必要があった。光路差が 0 になる位置に測定対象を置き，これを結像系で観測スクリーン上に結像して干渉縞を観測した。

図 4.29 に示すマイケルソン干渉計を用いて反射物体の表面の高さを測定す

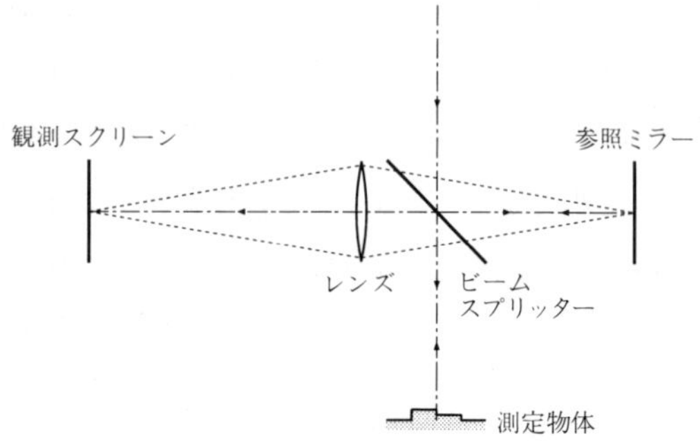

図 4.29　マイケルソン干渉計による高さ測定

ることを考える。物体表面の高さが h のとき，2 光束の光路差は $2h$ である。高コヒーレント光を用いた場合は，干渉縞の強度は $\cos^2(2\pi h/\lambda)$ で与えられ，h に対して $\lambda/4$ の周期を持つため，基本的には $\lambda/4$ を超える高さの測定を行うことはできない。これに対して，低コヒーレント光では光路差がほぼ 0 の付近でしか干渉が生じないので，物体あるいは参照ミラーを光軸方向に移動させて干渉縞のコントラストが最大になる位置を求めることで，物体表面の高さを知ることができる。この場合，原理的な測定範囲の制限はない。物体あるいはミラーの移動は精度よく行う必要があるため，ピエゾ素子などが用いられる。

演　習　問　題

（1） 図 4.6 に示すハイディンガーの干渉縞について，ガラス基板の厚さを変えると干渉縞はどのように移動するか。また，屈折率を変えた場合はどうか。

（2） ガラス表面に薄膜を付け薄膜の干渉を用いると，表面反射を減らすことができる。このような薄膜を**反射防止膜**という。**図 4.30** に示すように，薄膜の屈折率は n_1 でガラスの屈折率は n_2 とする。($n_1 < n_2$)光は垂直入射するとして，必要な薄膜の厚さ d を求めよ。逆に，反射を増加させるための厚さも求めよ。

（3） マイケルソン干渉計を等傾角干渉の配置にして，一方の鏡を移動させると干渉縞はどうのように動くか考えよ。中心に表れる暗い干渉縞に対応する次数 m を求めよ。

（4） 図 4.17 に示すファブリ-ペロ干渉計の配置で，レンズの焦点距離を f' として，

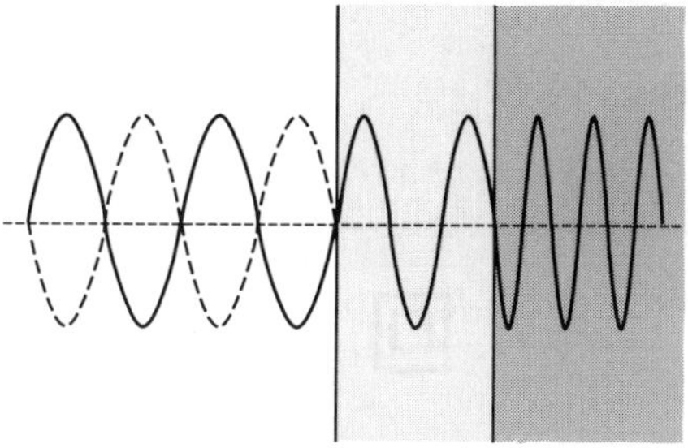

図 4.30　反射防止膜

スクリーンに表れる同心円状の干渉縞の次数 m に対応する半径を求めよ。

(5)　光が三つの波長で構成されて

$$E(\omega,t)=E_0\delta(\omega-\omega_0)e^{-i\omega t}+\frac{1}{2}E_0\delta(\omega-\omega_0-a/2)e^{-i(\omega+a/2)t}$$
$$+\frac{1}{2}E_0\delta(\omega-\omega_0+a/2)e^{-i(\omega-a/2)t}$$

と表される場合の複素コヒーレンス度を求めよ。

5 回　　　折

光を障壁に照射すると，その影は障壁から離れるにつれて変化して境界がはっきりしなくなっていく。このような現象を**回折**という。本章では，波動の空間的伝搬特性である回折について論じる。

5.1　ホイヘンスの原理

ホイヘンスは回折現象を説明するために，**図 5.1**(a)に示すように，“波面上のすべての点から 2 次球面波が発生し，それらの包絡面が新しい波面を形成する”とした。これを，**ホイヘンスの原理**という。これには，図(b)に示すように，前進する波面と同時に後進する波面が生じるという問題点があった。

フレネルは，この問題を解決するために 2 次球面波の発生方向によって値が

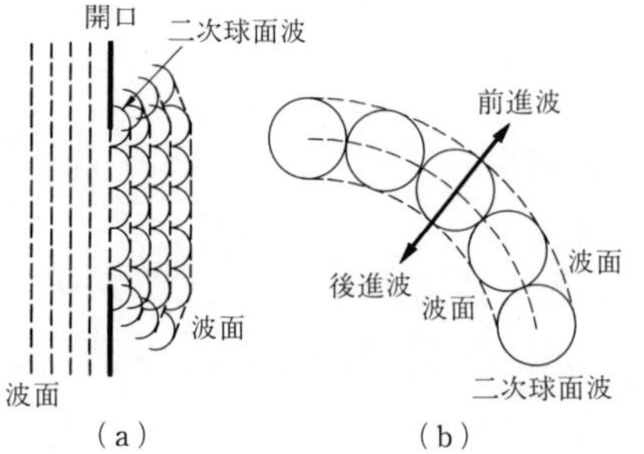

図 5.1　ホイヘンスの原理

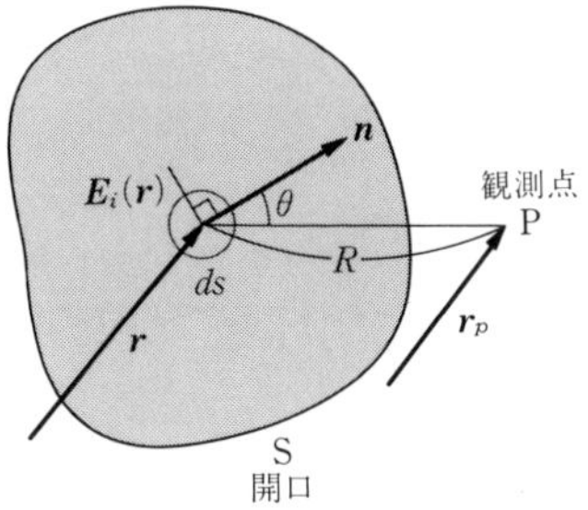

図 5.2 回折での開口のモデル

変わる**傾斜係数**を導入した。**図 5.2** に示すように，開口 **S** 上の位置 $\boldsymbol{r}$ にある微小面積 ds での入射光の振幅を $E_i(\boldsymbol{r})$ で表し，位置 $\boldsymbol{r}$ から観測点 P までの距離を R として，2 次球面波をつぎのように表した。

$$K(\theta)E_i(\boldsymbol{r})\frac{e^{-ikR}}{R}ds \tag{5.1}$$

$K(\theta)$ が傾斜係数で，微小面積 ds の法線ベクトル $\boldsymbol{n}$ に対する観測点 P の方向を角度 θ で表した。$\theta=0$ のとき値 1 を持ち，$\theta=\pi$ のとき値 0 を持つ傾斜係数を用いることで，後進波の発生を抑制できる。2 次球面波は開口のあらゆる点から発生し，その重ね合わせとして回折が記述できる。

$$E(\boldsymbol{r}_p)=\int_S K(\theta)E_i(\boldsymbol{r})\frac{e^{-ikR}}{R}ds \tag{5.2}$$

これを**ホイヘンス–フレネル積分**という。

5.2 キルヒホッフの回折理論

1 章で導いた光の空間的な伝搬特性を表すヘルムホルツ方程式(1.30)に開口の条件を入れて解くことで回折を計算することができる。

関数 u と v で表される二つの波に対してヘルムホルツ方程式を記述する。

$$\nabla^2 u+k^2 u=0 \tag{5.3 a}$$

$$\nabla^2 v+k^2 v=0 \tag{5.3 b}$$

ここで，付録Dの**グリーンの定理**を用いる。

$$\int_S \left(v\frac{\partial u}{\partial n} - u\frac{\partial v}{\partial n} \right) ds = \int_V (v\nabla^2 u - u\nabla^2 v)\, dv$$

$$= -\int_V (vk^2 u - uk^2 v)\, dv = 0 \tag{5.4}$$

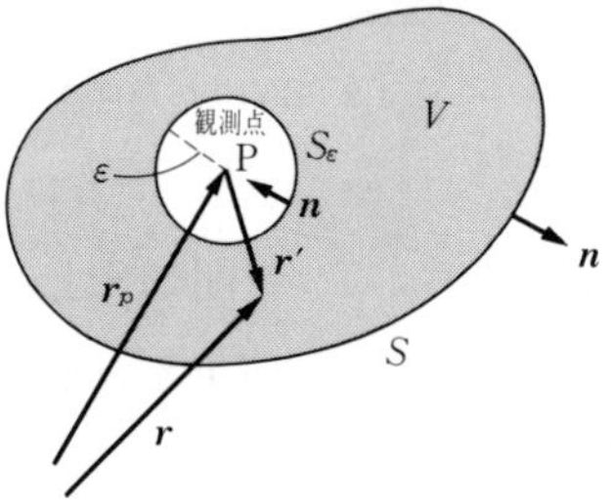

図 5.3　回折の積分範囲

関数 u を求める回折波として，観測点Pの位置ベクトルを $\boldsymbol{r}_P$ で表して $u(\boldsymbol{r}_p)$ を求める。関数 v は観測点Pを点光源とする球面波として，観測点Pを原点とする位置ベクトル $\boldsymbol{r}'$ を用いて，$v=\exp(ikr')/r'$ と表す。グリーンの定理が成り立つためには，領域 V 内に特異点を含んではいけないから，観測点Pを積分範囲の外に出す。そのために，**図 5.3** に示すように点Pを中心とする半径 ε の球面 S_ε を考え，この球を積分範囲から取り除くと上式の面積積分は

$$\int_S \left\{ \frac{e^{ikr'}}{r'}\frac{\partial u}{\partial n} - u\frac{\partial}{\partial n}\left(\frac{e^{ikr'}}{r'}\right) \right\} ds$$

$$+\int_{S_\varepsilon} \left\{ \frac{e^{ikr'}}{r'}\frac{\partial u}{\partial n} - u\frac{\partial}{\partial n}\left(\frac{e^{ikr'}}{r'}\right) \right\} ds = 0 \tag{5.5}$$

となる。球面 S_ε 上では，単位法線ベクトル $\boldsymbol{n}$ は球面に垂直で球の内側を向いていて，位置ベクトル $\boldsymbol{r}'$ は球面に垂直で球の外側を向いているので，$\partial r'/\partial n=-1$ である。したがって，球面 S_ε 上ではつぎのようになる。

$$\frac{\partial}{\partial n}\left(\frac{e^{ikr'}}{r'}\right) = \frac{\partial}{\partial r'}\left(\frac{e^{ikr'}}{r'}\right)\frac{\partial r'}{\partial n} = \left(\frac{1}{r'} - ik\right)\frac{e^{ikr'}}{r'} \tag{5.6}$$

球面 S_ε 上では $r'=\varepsilon$ であることに注意して，式(5.5)の球面 S_ε の関する積分を極座標に書き換えると式(5.7)のようになる。

$$\int_{S_\varepsilon}\left\{\frac{e^{ik\varepsilon}}{\varepsilon}\frac{\partial u}{\partial n}-u\left(\frac{1}{\varepsilon}-ik\right)\frac{e^{ik\varepsilon}}{\varepsilon}\right\}\varepsilon^2\sin\theta\,d\theta d\phi$$

$$=\int_{S_\varepsilon}\left(\varepsilon e^{ik\varepsilon}\frac{\partial u}{\partial n}-e^{ik\varepsilon}u+ik\varepsilon e^{ik\varepsilon}u\right)\sin\theta\,d\theta d\phi \tag{5.7}$$

ここで，$\varepsilon\to 0$ とすると積分内の第2項のみが残る。また，$\boldsymbol{r}\to\boldsymbol{r}_p$となる。

$$-\int_{S_\varepsilon}e^{ik\varepsilon}u(\boldsymbol{r})\sin\theta\,d\theta d\phi$$

$$\xrightarrow[\varepsilon\to 0]{}-u(\boldsymbol{r}_p)\int_o^{2\pi}\int_o^{\pi}\sin\theta\,d\theta d\phi=-4\pi u(\boldsymbol{r}_p) \tag{5.8}$$

したがって，式(5.5)より，つぎの**キルヒホッフの積分定理**が求まる。

$$u(\boldsymbol{r}_p)=\frac{1}{4\pi}\int_s\left\{\frac{e^{ikr'}}{r'}\frac{\partial u}{\partial n}-u\frac{\partial}{\partial n}\left(\frac{e^{ikr'}}{r'}\right)\right\}ds \tag{5.9}$$

図5.4 に示すように，開口を含むように面積 S をとる。面積 S をスクリーンの開口部 S_A，遮光部 S_S，および観測点 P を中心とする半径 R の球面 S_R に分け，$S=S_R+S_S+S_A$ とする。

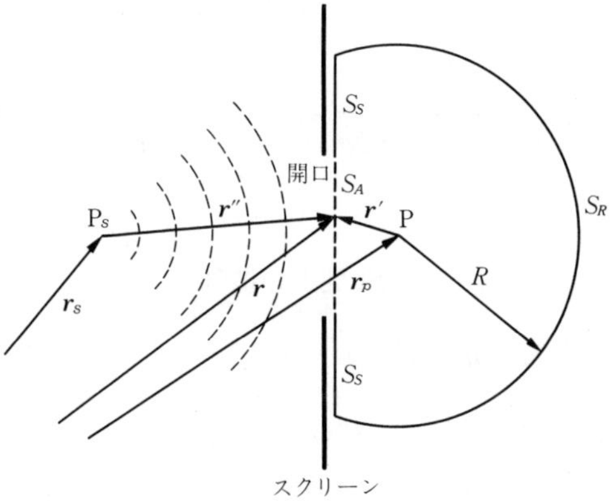

図5.4　開口を含む回折の積分範囲のモデル

最初に，S_R 面での積分を考える。S_R 面に関しては，$R\to\infty$としてもよい。このとき，式(5.9)の積分内第2項は

$$u\frac{\partial}{\partial n}\left(\frac{e^{ikR}}{R}\right)=\left(ik-\frac{1}{R}\right)\left(\frac{e^{ikR}}{R}\right)u\frac{\partial R}{\partial n}=\left(ik-\frac{1}{R}\right)uv\xrightarrow{R\to\infty}ikuv \tag{5.10}$$

となる。ただし，$\partial R/\partial n=1$ を用いた。積分を極座標で書き換える。

$$\frac{1}{4\pi}\int_{S_R}\left\{\frac{e^{ikR}}{R}\frac{\partial u}{\partial n}-u\frac{\partial}{\partial n}\left(\frac{e^{ikR}}{R}\right)\right\}ds$$

$$=\frac{1}{4\pi}\int_{S_R}\left(\frac{\partial u}{\partial n}-iku\right)Re^{ikR}\sin\theta\, d\theta d\phi \tag{5.11}$$

ここで，以下の条件が満たされるとき，S_R 面上の積分の値は 0 になる。

$$\lim_{R\to\infty} R\left(\frac{\partial u}{\partial n}-iku\right)=0 \tag{5.12}$$

これを**ゾンマーフェルドの輻射条件**といい，u が球面波やその合成のときに満たされる。

つぎに，遮光部 S_S 面上での積分を考える。遮光部 S_S 面上で u と $\partial u/\partial n$ が 0 で，開口部 S_A 面上の u と $\partial u/\partial n$ は遮光部 S_S があってもなくても変わらないと仮定すると，S_S 面上の積分は 0 になる。これを**キルヒホッフの境界条件**という。この仮定は厳密には正しくないが，開口が波長に比べて十分大きく，観測点が開口に近すぎなければ成り立つとしてよい。

最後に，開口部 S_A 面上での積分を考える。S_A 面上では $r'\gg\lambda$，すなわち $k\gg1/r'$ としてよい。

$$u\frac{\partial}{\partial n}\left(\frac{e^{ikr'}}{r'}\right)=u\left(ik-\frac{1}{r'}\right)\frac{e^{ikr'}}{r'}\frac{\partial r'}{\partial n}\simeq iku\frac{e^{ikr'}}{r'}\cos(\boldsymbol{n},\boldsymbol{r}') \tag{5.13}$$

ただし，$(\boldsymbol{n},\boldsymbol{r}')$ は $\boldsymbol{n}$ と $\boldsymbol{r}'$ のなす角である。

以上より，式(5.9)はつぎのように開口部 S_A 面上の積分で表せる。

$$u(\boldsymbol{r}_P)=\frac{1}{4\pi}\int_{S_A}\left\{\frac{\partial u}{\partial n}-iku\cos(\boldsymbol{n},\boldsymbol{r}')\right\}\frac{e^{ikr'}}{r'}ds \tag{5.14}$$

ここで，図 5.4 に示すように，S_A 面上の u が点 P_S を点光源とする球面波の分布を持つ場合について考える。すなわち，球面波の開口による回折を考える。点 P_S の位置をベクトル $\boldsymbol{r}_s$ で表し，点 P_S を原点とする位置ベクトルを $\boldsymbol{r}''$ で表すと，$u=Ae^{ikr''}/r''$ である。S_A 面上では $r''\gg\lambda$，すなわち $k\gg1/r''$ としてよい。また，$\boldsymbol{n}$ と $\boldsymbol{r}''$ のなす角を $(\boldsymbol{n},\boldsymbol{r}'')$ で表すと式(5.14)の積分内第 1 項は

$$\frac{\partial u}{\partial n}=A\left(ik-\frac{1}{r''}\right)\frac{e^{ikr''}}{r''}\frac{\partial r''}{\partial n}\simeq iAk\frac{e^{ikr''}}{r''}\cos(\boldsymbol{n},\boldsymbol{r}'') \tag{5.15}$$

となり，式(5.16)のような**フレネル-キルヒホッフの式**が導かれる。

$$u(\boldsymbol{r}_P)=\int_{S_A}\frac{\cos(\boldsymbol{n},\boldsymbol{r}')-\cos(\boldsymbol{n},\boldsymbol{r}'')}{2}A\frac{e^{ikr''}}{r''}\frac{e^{ikr'}}{i\lambda r'}ds \tag{5.16}$$

ホイヘンス-フレネル積分の式(5.2)と比較すると，フレネルの傾斜係数 K は

$$K=\frac{\cos(\boldsymbol{n},\boldsymbol{r}')-\cos(\boldsymbol{n},\boldsymbol{r}'')}{2} \tag{5.17}$$

であることがわかる。図で，$\boldsymbol{n}$ は点光源 P_S 側を向いていることに注意すると，光源 P_S を出た光が開口 S_A に垂直に入射しその延長線上に観測点 P があるとき $K=1$ となり，逆に光源 P_S に戻る方向に観測点 P があるとき $K=0$ となる。また，2 次球面波は $e^{ikr'}/i\lambda r'=e^{-i\pi/2}e^{ikr'}/\lambda r'$ で与えられ，1 次波に対して 2 次球面波は位相が $\pi/2$ ずれることがわかる。

入射光が開口にほぼ垂直に入射し観測点 P もほぼその延長線上にあるとしてよい場合について考える。この場合，$K\simeq1$ としてよい。また，さまざまな波面は球面波の合成として表せることと重ね合わせの原理から，任意の波面を表す関数 $g(\boldsymbol{r}'')$ を用いて，式(5.16)をつぎのように拡張できる。

$$u(\boldsymbol{r}_P)=\frac{1}{i\lambda}\int_{S_A}g(\boldsymbol{r}'')\frac{e^{ikr'}}{r'}ds \tag{5.18}$$

開口面$(x_o,\ y_o)$での入射光の複素振幅分布を $g(x_o,\ y_o)$ で表し，観測面$(x_i,\ y_i)$での回折波を $u(x_i,\ y_i)$ で表すと，つぎのように書き表せる。

$$u(x_i,\ y_i)=\frac{1}{i\lambda}\int_{-\infty}^{\infty}\int_{-\infty}^{\infty}g(x_o,\ y_o)\frac{e^{ikr}}{r}dx_o dy_o \tag{5.19}$$

ただし，r' を r で書き換えた。この積分は，積分変数 x_o と y_o が r の中に含まれているので計算は容易ではない。そこで，r を展開して，x_i-x_o および y_i-y_o が z_i に比べて十分小さいとして近似する。

$$\begin{aligned}r&=\sqrt{z_i^2+(x_i-x_o)^2+(y_i-y_o)^2}\simeq z_i+\frac{(x_i-x_o)^2+(y_i-y_o)^2}{2z_i}\\&\simeq z_i+\frac{x_i^2+y_i^2}{2z_i}-\frac{x_ix_o+y_iy_o}{z_i}+\frac{x_o^2+y_o^2}{2z_i}\end{aligned} \tag{5.20}$$

ここで，r の近似として第 3 項まで用いる場合を**フラウンホーファー近似**という。

$$u(x_i,\ y_i)=\frac{1}{i\lambda z_i}e^{ik\{z_i+(x_i{}^2+y_i{}^2)/2z_i\}}\int_{-\infty}^{\infty}\int_{-\infty}^{\infty}g(x_o,\ y_o)\,e^{-ik(x_ix_o+y_iy_o)/z_i}dx_ody_o \tag{5.21}$$

第 4 項まで用いる場合を**フレネル近似**という。

$$u(x_i, y_i)=\frac{1}{i\lambda z_i}\,e^{ikz_i}\int_{-\infty}^{\infty}\int_{-\infty}^{\infty}g(x_o, y_o)\,e^{ik\{(x_i-x_o)^2+(y_i-y_o)^2\}/2z_i}dx_ody_o \tag{5.22}$$

ただし，両式とも 2 次球面波の分母の r は z_i で近似した。

フラウンホーファー近似を使うかフレネル近似を使うかは，距離 r の近似式(5.20)の第 4 項が回折にどの程度寄与するかによって決まる。第 4 項の与える位相変化は $k(x_o{}^2+y_o{}^2)/2\,z_i$ で，開口の大きさを D とするとその最大値は $\pi D^2/2\lambda z_i$ となる。一般には，この値が $\pi/2$ より大きいか小さいかで判定する。第 4 項を無視できる領域，つまりフラウンホーファー近似を用いることのできる領域 $z_i>D^2/\lambda$ を**フラウンホーファー領域**，あるいは **遠方領域**という。これに対して，第 4 項が無視できない領域，つまりフレネル近似を用いる必要がある領域 $z_i<D^2/\lambda$ を**フレネル領域**あるいは**近方領域**という。

5.3　フラウンホーファー回折

5.3.1　フーリエ変換と空間周波数

空間周波数と呼ばれる変数 ν_x と ν_y をつぎのように定義する。

$$\nu_x=\frac{x_i}{\lambda z_i} \tag{5.23 a}$$

$$\nu_y=\frac{y_i}{\lambda z_i} \tag{5.23 b}$$

これらを用いてフラウンホーファー近似式(5.21)をつぎのように書き換える。

$$u(x_i, y_i)=\frac{1}{i\lambda z_i}\,e^{ik\{z_i+(x_i{}^2+y_i{}^2)/2z_i\}}\int_{-\infty}^{\infty}\int_{-\infty}^{\infty}g(x_o,\ y_o)\,e^{-i2\pi(\nu_xx_o+\nu_yy_o)}dx_ody_o \tag{5.24}$$

これは次式で定義される**フーリエ変換**の形になっている。

$$G(\nu_x,\ \nu_y)=\mathscr{F}\{g(x,\ y)\}=\int_{-\infty}^{\infty}\int_{-\infty}^{\infty}g(x,\ y)\,e^{-i2\pi(\nu_x x+\nu_y y)}dxdy \qquad (5.25)$$

したがって，フラウンホーファー近似はフーリエ変換を用いてつぎのように表すことができる。

$$u(x_i,\ y_i)=\frac{1}{i\lambda z_i}\,e^{ik\{z_i+(x_i{}^2+y_i{}^2)/2z_i\}}G(\nu_x,\ \nu_y) \qquad (5.26)$$

一般に周波数というと単位時間当りの波の繰り返し回数を表すが，空間周波数は単位長さ当りの波の繰り返し回数を表す。**図 5.5** に示すように，距離 z_i の観測面上の位置 x_i に向かって原点から進む平面波を考える。図より，観測面上での単位長さ当りの波の繰り返し回数はつぎのように与えられる。

$$\nu_x=\frac{1}{\Delta x}=\frac{1}{\lambda/\sin\theta_x}=\frac{\sin\theta_x}{\lambda}\simeq\frac{x_i}{\lambda z_i} \qquad (5.27)$$

ただし，$\sin\theta_x\simeq x_i/z_i$ を用いた。y 軸方向についても同様である。

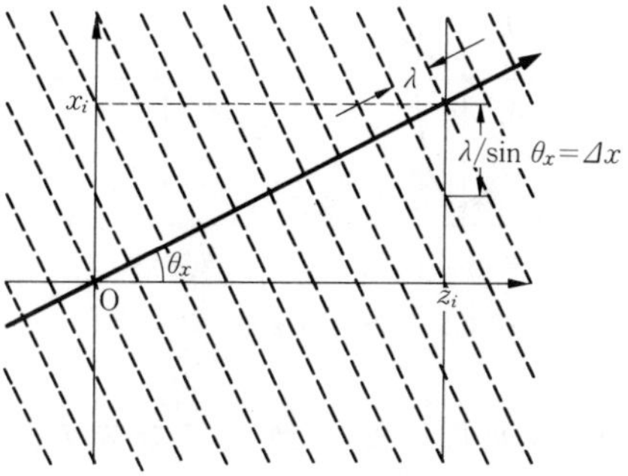

図 5.5　空間周波数

5.3.2 レンズによるフーリエ変換

フラウンホーファー回折像は物体のフーリエ変換で表せ，遠方領域で観測されるが，レンズを用いてその焦点面にフーリエ変換像を得ることもできる。

図 5.6 に示すように，レンズは平面波を像側焦点 F' に集光する球面波に変換する作用を持つ。レンズの焦点距離を f' で表すと，図よりレンズに接する球面波 Σ は $(f'-d)^2+\rho^2=f'^2$ と表せる。d は小さいとして $d^2/f'\simeq 0$ とすると，$d=\rho^2/2f'$ と近似できる。位相分布は $\phi=kd$ で与えられるので，レンズ

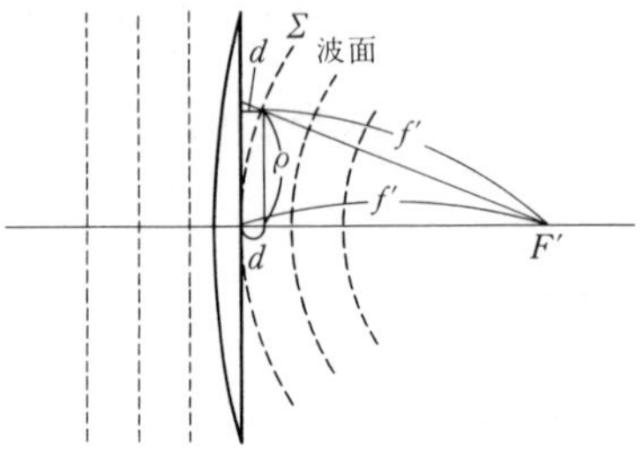

図 5.6 レンズによる位相変調

は次式で与えられる位相変調を行うと考えることができる。

$$e^{-i\phi}=e^{-ik\rho^2/2f'}=e^{-ik(x_l{}^2+y_l{}^2)/2f} \tag{5.28}$$

ただし，レンズが置かれている平面を x_ly_l 平面とした。

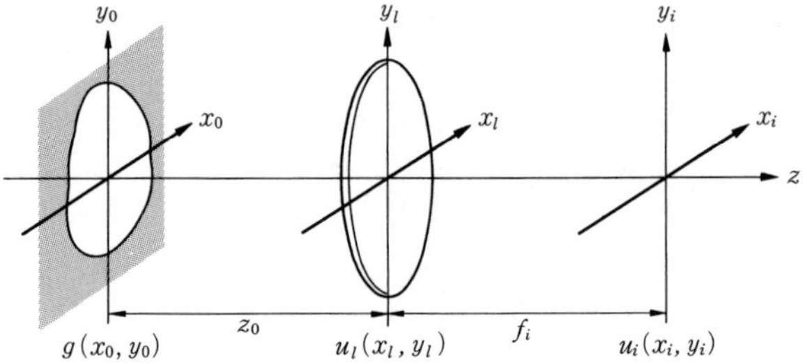

図 5.7 レンズによるフーリエ変換

図 5.7 に示すように，物体面 x_oy_o 面に置いた物体の振幅透過率分布を $g(x_o, y_o)$ で表し，物体面からレンズまでの距離を z_o で表す。レンズ直前での回折像 $u_l(x_l, y_l)$ はフレネル近似よりつぎのように表せる。

$$u_l(x_l, y_l)=\frac{e^{ikz_o}}{i\lambda z_o}\int_{-\infty}^{\infty}\int_{-\infty}^{\infty}g(x_o, y_o)\,e^{ik\{(x_l-x_o)^2+(y_l-y_o)^2\}/2z_o}dx_ody_o \tag{5.29}$$

これに，レンズによる位相変調を掛け合わせ，さらにフレネル近似を用いて，距離 f' 離れた焦点面 x_iy_i 面での回折像 $u_i(x_i, y_i)$ を求める。

$$u_i(x_i, y_i)=\frac{e^{ikf'}}{i\lambda f'}\int_{-\infty}^{\infty}\int_{-\infty}^{\infty}u_l(x_l, y_l)\,e^{-ik(x_l{}^2+y_l{}^2)/2f'}e^{ik\{(x_i-x_l)^2+(y_i-y_l)^2\}/2f'}dx_ldy_l$$

$$=-\frac{e^{ik(z_o+f')}e^{ik(1-z_o/f')(x_i{}^2+y_i{}^2)/2f}}{\lambda^2z_of'}\int_{-\infty}^{\infty}\int_{-\infty}^{\infty}g(x_o, y_o)\,e^{-ik(x_ix_o+y_iy_o)/f'}$$

$$\times\left[\int_{-\infty}^{\infty}\int_{-\infty}^{\infty}e^{ik\{(x_l-x_o-z_ox_i/f')^2+(y_l-y_o-z_oy_i/f')^2\}/2z_o}dx_ldy_l\right]dx_ody_o$$

$$=\frac{e^{ik(z_o+f')}e^{ik(1-z_o/f')(x_i^2+y_i^2)}}{i\lambda f'}\int_{-\infty}^{\infty}\int_{-\infty}^{\infty}g(x_o,\ y_o)\,e^{-ik(x_ix_o+y_iy_o)/f'}dx_ody_o$$

$$=\frac{e^{ik(z_o+f')}e^{ik(1-z_o/f')(x_i^2+y_i^2)}}{i\lambda f'}G(\nu_x,\ \nu_y) \tag{5.30}$$

ただし，積分の公式 $\int_{-\infty}^{\infty}\exp(-\alpha x^2)\,dx=\sqrt{\pi/\alpha}$ を用いた。以上より，レンズの焦点面には物体のフーリエ変換像が得られることがわかる。さらに，物体面からレンズまでの距離 z_o をレンズの焦点距離 f' に等しくすると

$$u_i(x_i,\ y_i)=\frac{e^{i2kf'}}{i\lambda f'}G(\nu_x,\ \nu_y) \tag{5.31}$$

となり，焦点面での 2 次関数的な位相変化も除去できる。

5.3.3 フーリエ変換の性質

ここで，フーリエ変換の性質について述べる。1 次元のフーリエ変換は

$$G(\nu)=\mathcal{F}\{g(x)\}=\int_{-\infty}^{\infty}g(x)\,e^{-i2\pi\nu x}dx \tag{5.32}$$

と定義され，その逆変換である**逆フーリエ変換**はつぎのように定義される。

$$g(x)=\mathcal{F}^{-1}\{G(\nu)\}=\int_{-\infty}^{\infty}G(\nu)\,e^{i2\pi x\nu}d\nu \tag{5.33}$$

フーリエ変換にはつぎのような性質がある。

線 形 性　$\mathcal{F}\{ag(x)+bh(x)\}=a\ \mathcal{F}\{g(x)\}+b\ \mathcal{F}\{h(x)\}$　(5.34)

相 似 則　$\mathcal{F}\{g(ax)\}=\frac{1}{|a|}G\left(\frac{\nu}{a}\right)$　(5.35)

シフト則　$\mathcal{F}\{g(x-a)\}=\mathcal{F}\{g(x)\}e^{-i2\pi a\nu}$　(5.36)

線形性は，重ね合わせの原理が成り立つことを意味する。相似則は，物体が大きくなると回折像は小さくなり，逆に物体が小さくなると回折像は大きくなることを表す。シフト則は，物体を中心からずらすと回折像に位相項が付き，回折光は傾いて進むことを意味する。

2 次元のフーリエ変換および逆フーリエ変換は式(5.37)，(5.38)のように定

義される。

$$G(\nu_x, \nu_y)=\mathcal{F}\{g(x,y)\}=\int_{-\infty}^{\infty}g(x,y)\,e^{-i2\pi(\nu_x x+\nu_y y)}dxdy \tag{5.37}$$

$$g(x, y)=\mathcal{F}^{-1}\{G(\nu_x, \nu_y)\}=\int_{-\infty}^{\infty}G(\nu_x, \nu_y)\,e^{i2\pi(x\nu_x+y\nu_y)}d\nu_x d\nu_y \tag{5.38}$$

$g(x, y)=g_x(x)g_y(y)$のように x と y に関する関数に分離できる場合は

$$G(\nu_x, \nu_y)=\mathcal{F}_x\{g_x(x)\}\mathcal{F}_y\{g_y(y)\}=G_x(\nu_x)G_y(\nu_y) \tag{5.39}$$

となり，x と y について独立にフーリエ変換を行うことができる。

フーリエ変換を解析的に行えない場合は，これを電子計算機で計算することになる。この場合，**高速フーリエ変換**(fast fourier transform, **FFT**)と呼ばれる計算アルゴリズムを用いることで，計算時間を大幅に短縮できる。

5.3.4　フラウンホーファー回折像

ここからは物体面を xy 平面として物体を $g(x, y)$で表し，回折面を空間周波数座標で $\nu_x\nu_y$ 平面で表す。フラウンホーファー回折像は係数部分を省略して物体のフーリエ変換 $G(\nu_x, \nu_y)$で表す。

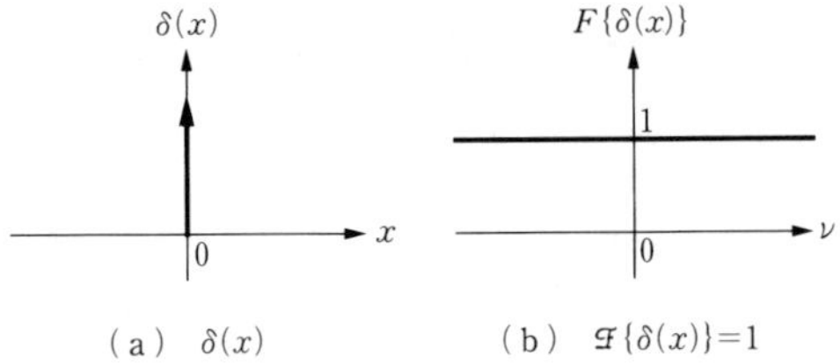

図5.8　デルタ関数

図5.8(a)に示すように，原点において無限大の高さと無限小の幅を持つ特殊関数を**デルタ関数**という。光学的には，ピンホールなどの点光源がこれに対応する。デルタ関数はつぎのように定義される。

$$\delta(x)=\begin{cases}\infty & x=0\\ 0 & x\neq 0\end{cases} \tag{5.40}$$

デルタ関数はつぎのような性質を持つ。

$$\int_{-\infty}^{\infty}\delta(x)\,dx=\int_{-\varepsilon}^{\varepsilon}\delta(x)\,dx=1\quad(\varepsilon\text{ は微小量}) \tag{5.41}$$

$$\int_{-\infty}^{\infty} f(x)\,\delta(x-a)\,dx = f(a) \tag{5.42}$$

$$\delta(ax) = \frac{1}{|a|}\delta(x) \tag{5.43}$$

デルタ関数のフーリエ変換はつぎのようになる。

$$\mathcal{F}\{\delta(x)\} = \int_{-\infty}^{\infty} \delta(x)\,e^{-2\pi\nu x}\,dx = 1 \tag{5.44}$$

これは，レンズの一方の焦点に点光源を置くと他方の焦点で平面波に変換されることに対応する。2 次元画像ではつぎのようになる。

$$\mathcal{F}\{\delta(x)\,\delta(y)\} = 1 \tag{5.45}$$

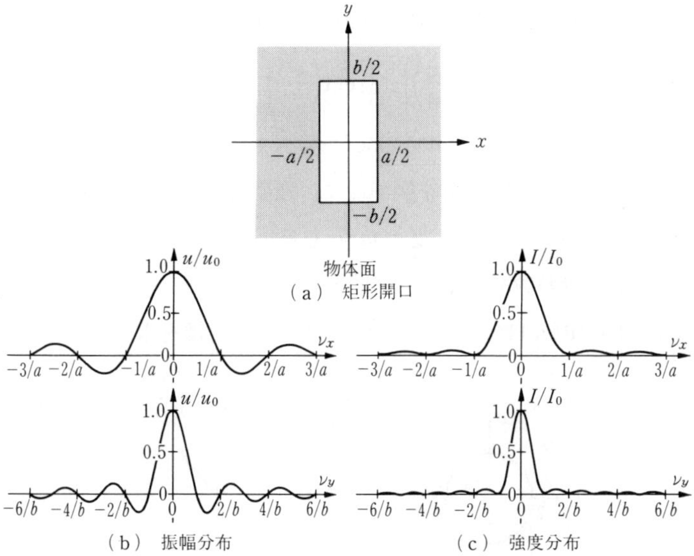

図 5.9 矩形開口のフラウンホーファー回折

図 5.9(a)に示す x 軸方向に幅 a で y 軸方向に幅 b の矩形開口のフーリエ変換を求める。矩形開口はつぎのように表される。

$$g(x, y) = \mathrm{rect}\left(\frac{x}{a}\right)\mathrm{rect}\left(\frac{y}{b}\right) \tag{5.46}$$

関数 rect は**レクタングル関数**と呼ばれ，式(5.47)のように定義される。

$$\mathrm{rect}(x)=\begin{cases}1 & |x|\leq\dfrac{1}{2}\\ 0 & |x|>\dfrac{1}{2}\end{cases} \tag{5.47}$$

レクタングル関数のフーリエ変換を計算するとつぎのようになる。

$$\mathcal{F}\left\{\mathrm{rect}\left(\frac{x}{a}\right)\right\}=\int_{-a/2}^{a/2}\mathrm{rect}\left(\frac{x}{a}\right)e^{-i2\pi\nu x}dx=a\,\frac{\sin(\pi a\nu)}{\pi a\nu}=a\,\mathrm{sinc}(a\nu) \tag{5.48}$$

ここで，**シンク関数**をつぎのように定義した。

$$\mathrm{sinc}(x)=\frac{\sin(\pi x)}{\pi x} \tag{5.49}$$

したがって，矩形開口の回折像はつぎのようになる。

$$\begin{aligned}\mathcal{F}\{g(x,y)\}&=\mathcal{F}\left\{\mathrm{rect}\left(\frac{x}{a}\right)\right\}\mathcal{F}\left\{\mathrm{rect}\left(\frac{y}{b}\right)\right\}\\&=ab\,\mathrm{sinc}(a\nu_x)\,\mathrm{sinc}(b\nu_y)\end{aligned} \tag{5.50}$$

矩形開口の回折像の振幅分布を図(b)に，強度分布を図(c)に示す。強度は $\nu_x=\nu_y=0$ のとき最大になり，$\nu_x=m/a$ あるいは $\nu_y=n/b$ のとき 0 になる。ただし，m と n は整数である。

つぎに，**図 5.10**(a)に示す円形開口のフーリエ変換を求める。そのために，

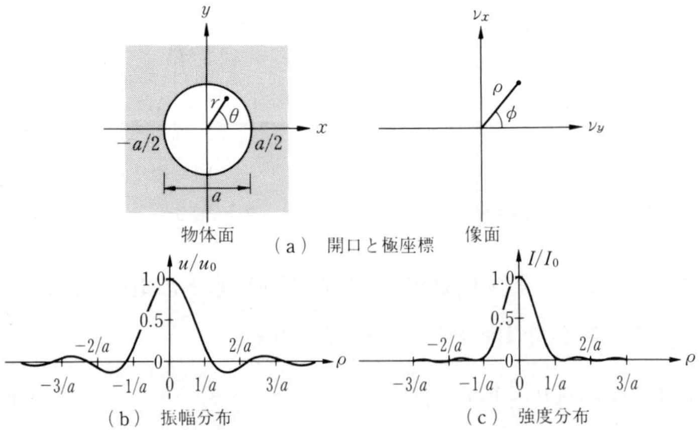

図 5.10　円形開口のフラウンホーファー回折

物体面および像面を極座標で表す。

$$\begin{cases} x = r\cos\theta \\ y = r\sin\theta \end{cases} \tag{5.51 a}$$

$$\begin{cases} \nu_x = \rho\cos\phi \\ \nu_y = \rho\sin\phi \end{cases} \tag{5.51 b}$$

直径 a の円形開口をつぎのように**円形関数**を用いて表す。

$$\mathrm{circ}(r) = \begin{cases} 1 & r \leq \dfrac{1}{2} \\ 0 & r > \dfrac{1}{2} \end{cases} \tag{5.52}$$

フーリエ変換を極座標で書き換える。

$$\begin{aligned} \mathcal{F}\left\{\mathrm{circ}\left(\frac{r}{a}\right)\right\} &= \int_0^{a/2}\int_0^{2\pi} \mathrm{circ}\left(\frac{r}{a}\right) e^{-i2\pi r\rho(\cos\theta\cos\phi + \sin\theta\sin\phi)}\, r d\theta dr \\ &= \int_0^{a/2}\left\{\int_0^{2\pi} e^{-i2\pi r\rho\cos(\theta-\phi)}\, d\theta\right\} r dr \end{aligned} \tag{5.53}$$

内側の積分は**第 1 種ベッセル関数**の形になっている〔付録(F.1)参照〕。

$$J_n(z) = \frac{1}{2\pi}\int_\alpha^{2\pi+\alpha} e^{i(n\beta - z\sin\beta)}\, d\beta \tag{5.54}$$

$n=0$，$z=2\pi r\rho$，$\beta=\theta-\phi+\pi/2$，$\alpha=\pi/2-\phi$ とすると次式を得る。

$$\mathcal{F}\left\{\mathrm{circ}\left(\frac{r}{a}\right)\right\} = 2\pi\int_0^{a/2} J_0(2\pi\rho r)\, r dr \tag{5.55}$$

さらに付録 F のベッセル積分の公式(F.3)を用いる。

$$\mathcal{F}\left\{\mathrm{circ}\left(\frac{r}{a}\right)\right\} = \frac{\pi a^2}{2}\frac{J_1(\pi a\rho)}{\pi a\rho} \tag{5.56}$$

振幅分布と強度分布を図(b)と(c)に示す。この強度分布の形は**エアリー像**と呼ばれる。強度が 0 になる位置は $1.22/a$，$2.23/a$，$3.24/a$，…である。

5.3.5 回 折 格 子

開口が周期的に並んだ**回折格子**のフラウンホーファー回折像について調べる。ここでは，**図 5.11** に示すように，x 軸方向に幅 a の矩形開口が周期 b で N 個並んでいる 1 次元の回折格子を考える。回折格子透過後の光の分布は

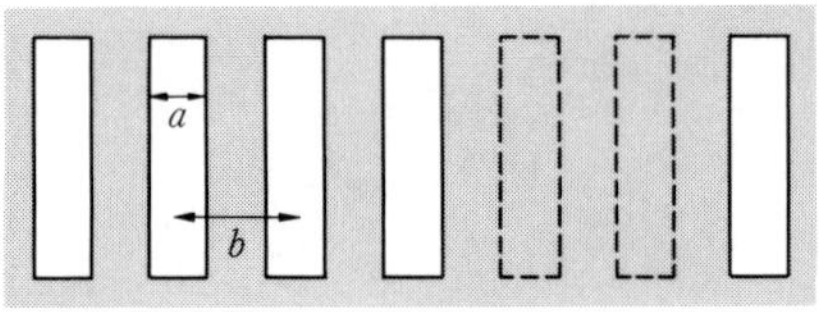

図 5.11　回 折 格 子

$$g(x)=\sum_{j=-(N-1)/2}^{(N-1)/2}\mathrm{rect}\left(\frac{x-jb}{a}\right) \tag{5.57}$$

と表される。フラウンホーファー回折はつぎのように計算できる。

$$u_o\int_{-\infty}^{\infty}\sum_{j=-(N-1)/2}^{(N-1)/2}\mathrm{rect}\left(\frac{x-jb}{a}\right)e^{-i2\pi\nu x}dx=u_0\sum_{j=-(N-1)/2}^{(N-1)/2}ae^{-i2\pi jb\nu}\,\mathrm{sinc}(a\nu)$$

$$=u_0a\,\mathrm{sinc}(a\nu)\,e^{i\pi b(N-1)\nu}\frac{1-e^{-i2\pi Nb\nu}}{1-e^{-i2\pi b\nu}}$$

$$=u_0a\,\mathrm{sinc}(a\nu)\frac{\sin(\pi Nb\nu)}{\sin(\pi b\nu)} \tag{5.58}$$

したがって，強度分布はつぎのように表せる。

$$I(\nu)=\alpha(\nu)I_A(\nu) \tag{5.59}$$

$$\alpha(\nu)=\left\{\frac{\sin(\pi Nb\nu)}{\sin(\pi b\nu)}\right\}^2 \tag{5.60 a}$$

$$I_A(\nu)=I_0a^2\{\mathrm{sinc}(a\nu)\}^2 \tag{5.60 b}$$

$I_A(\nu)$ は回折格子を構成する一つの矩形開口の回折パターンで，$\alpha(\nu)$ は開口の周期 b を含んでいて回折格子の周期性に起因する関数であることがわかる。

関数 $\alpha(\nu)$ の分子のサイン関数は分母のサイン関数より早い周期で振動し，分子のサイン関数が 0 のとき分母のサイン関数も 0 になる。ここで

$$\lim_{\beta\to n\pi}\frac{\sin N\beta}{\sin\beta}=N \tag{5.61}$$

の関係を用いると，$\alpha(\nu)$ は $\nu=n/b$ のときピーク値 N^2 を持つ。ただし，n は整数である。**図 5.12** に $\alpha(\nu)$ の例を示す。$\alpha(\nu)$ と $I_A(\nu)$ を掛け合わせた回折格子のフラウンホーファー回折像の強度分布を**図 5.13** に示す。

回折格子の回折ピークの間隔 $\Delta\nu$ は

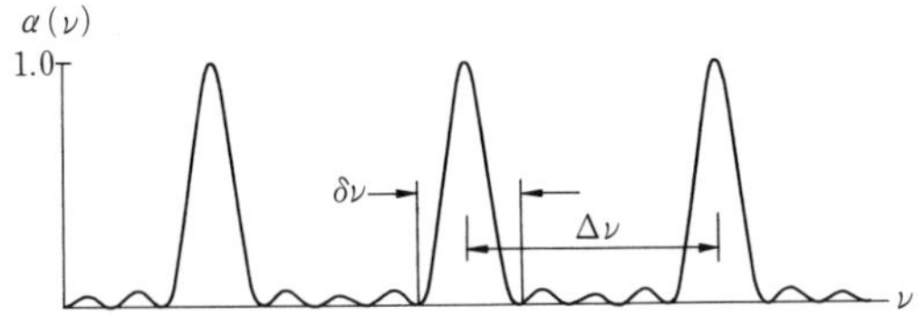

図 5.12 回折格子の回折像の周期関数 $\boldsymbol{\alpha}(\boldsymbol{\nu})$

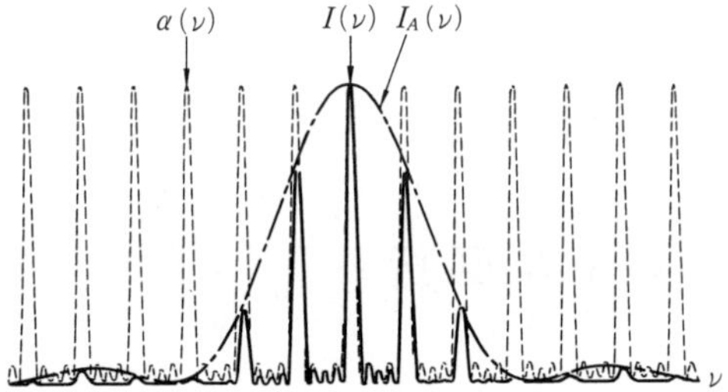

図 5.13 回折格子のフラウンホーファー回折

$$\Delta\nu = \frac{1}{b} \tag{5.62}$$

で与えられ，開口の周期 b に反比例し，開口の周期が小さくなるとピーク間隔が広がることがわかる。図 5.12 に示すように，ピーク幅をピークの前後のゼロ点の間隔 $\delta\nu$ で表す。ピーク位置では式(5.61)の分母のサイン関数の中身が $\pi b\nu = n\pi$ で，このときの分子のサイン関数の中身は $\pi Nb\nu = nN\pi$ である。この前後で分子が 0 になることから

$$\pi Nb(\nu \pm \delta\nu/2) = (nN \pm 1)\pi$$

$$\delta\nu = \frac{1}{Nb} \tag{5.63}$$

となり，ピーク幅 $\delta\nu$ は回折格子全体の長さ Nb に反比例することがわかる。

回折ピークの表れる位置 x_p は，$\nu = x/\lambda z$ の関係より

$$x_p = \frac{nz}{b}\lambda \tag{5.64}$$

となり，光の波長 $\boldsymbol{\lambda}$ によって変化する。したがって，ピーク位置を測定することで光の波長を測定できる。ピーク間隔とピーク幅を波長で $\boldsymbol{\Delta\lambda}$ と $\boldsymbol{\delta\lambda}$ で表すと，$\Delta\lambda = \lambda/n$，$\delta\lambda = \lambda/nN$ であるので，波長測定の分解能は

$$\frac{\Delta\lambda}{\delta\lambda} = N \tag{5.65}$$

となり，開口数 N を多くするほど分解能が向上することがわかる。

以上の説明では，透過率が周期的に変化する振幅型の回折格子を扱ってきた。回折格子にはガラスや金属などの表面形状の周期変化を用いるものもある。これは光の位相が周期的に変化する位相型の回折格子で，回折ピークの光強度が大きくなることが特徴である。

5.4 フレネル回折

5.4.1 フレネル積分

近方領域の回折はフレネル近似式(5.22)で与えられるが，この積分を解析的に行うことは一般に困難で，実際には電子計算機を用いることが多い。フレネル近似式も，フラウンホーファー近似式の場合と同様にフーリエ変換の形に書き変えることができる。

$$\begin{aligned} u(x_i, y_i) &= \frac{1}{i\lambda z_i} e^{ik\{z_i + (x_i{}^2 + y_i{}^2)/2z_i\}} \int_{-\infty}^{\infty}\int_{-\infty}^{\infty} g(x_o, y_o)\, e^{ik(x_o{}^2 + y_o{}^2)/2z_i} \\ &\quad \times e^{-i2\pi(\nu_x x_o + \nu_y y_o)} dx_o dy_o \\ &= \frac{1}{i\lambda z_i} e^{ik\{z_i + (x_i{}^2 + y_i{}^2)/2z_i\}} \mathcal{F}\{g(x_o, y_o)\, e^{ik(x_o{}^2 + y_o{}^2)/2z_i}\} \end{aligned} \tag{5.66}$$

このように，物体の分布 $g(x_o,\ y_o)$ に位相項をかけたものをフーリエ変換することでフレネル回折像を得ることができる。フラウンホーファー近似の場合と同様に，高速フーリエ変換アルゴリズムを用いることで，フレネル近似を計算機で高速に計算することができる。

ここでは，比較的簡単に回折像を知ることができる**図 5.14** に示す矩形開口のフレネル回折について説明する。積分範囲で矩形開口を表す。

$$u(x_i, y_i) = \frac{1}{i\lambda z_i} e^{ikz_i} \int_{x_1}^{x_2} e^{ik(x_i - x_o)^2/2z_i} dx_o \int_{y_1}^{y_2} e^{ik(y_i - y_o)^2/2z_i} dy_o \tag{5.67}$$

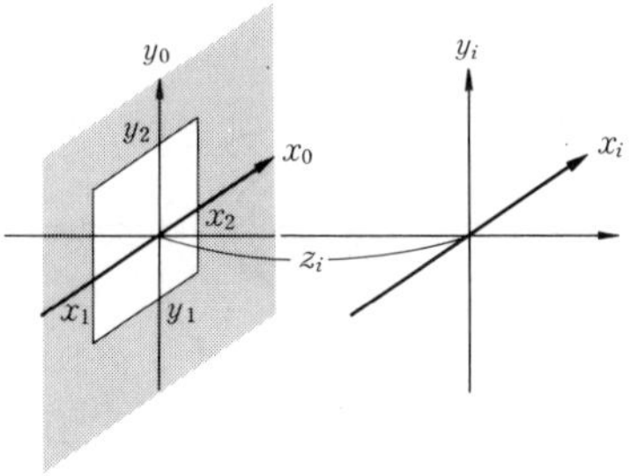

図 **5.14** 矩形開口のフレネル回折

変数変換 $\xi=\sqrt{2/\lambda z_i}\,(x_i-x_o)$，$\eta=\sqrt{2/\lambda z_i}\,(y_i-y_o)$を行う。

$$u=\frac{1}{2i}\,e^{ikz_i}\int_{\xi_1}^{\xi_2} e^{i\pi\xi^2/2}d\xi\int_{\eta 1}^{\eta_2} e^{i\pi\eta^2/2}d\eta \tag{5.68}$$

ただし，積分範囲はつぎのようになる。

$$\xi_1=\sqrt{\frac{2}{\lambda z_i}}(x_i-x_1) \tag{5.69 a}$$

$$\xi_2=\sqrt{\frac{2}{\lambda z_i}}(x_i-x_2) \tag{5.69 b}$$

$$\eta_1=\sqrt{\frac{2}{\lambda z_i}}(y_i-y_1) \tag{5.69 c}$$

$$\eta_2=\sqrt{\frac{2}{\lambda z_i}}(y_i-y_2) \tag{5.69 d}$$

ξ と η に関して同じ形の積分になるので，ξ に関する積分のみ考える。

$$u=u_0\int_{\xi_1}^{\xi_2} e^{i\pi\xi^2/2}d\xi \tag{5.70}$$

ここで，つぎに示す**フレネル積分**を定義する。

$$C(w)=\int_0^w\cos\frac{\pi\xi^2}{2}\,d\xi \tag{5.71 a}$$

$$S(w)=\int_0^w\sin\frac{\pi\xi^2}{2}\,d\xi \tag{5.71 b}$$

これを用いると，回折像とその強度分布はつぎのように表せる。

$$u=u_0[\{C(\xi_2)-C(\xi_1)\}+i\{S(\xi_2)-S(\xi_1)\}] \tag{5.72 a}$$

$$I=I_0[\{C(\xi_2)-C(\xi_1)\}^2+\{S(\xi_2)-S(\xi_1)\}^2] \tag{5.72 b}$$

これらは，**図 5.15** に示す**コルニュの渦巻**という図形を用いて求めることがで

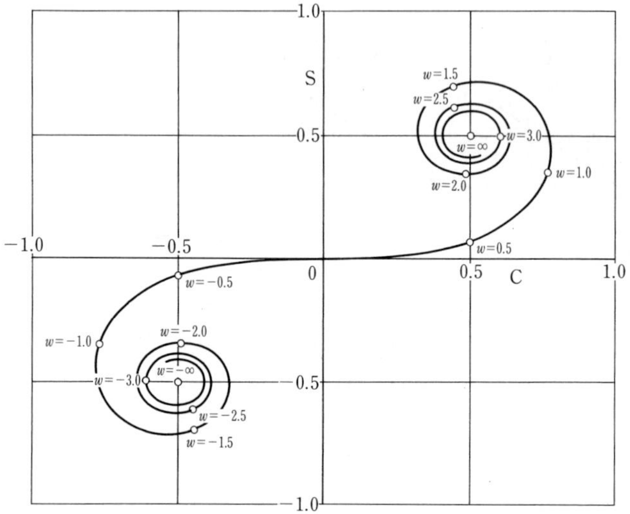

図 **5.15**　コルニュの渦巻

きる。これは，$C(w)$の値を横軸に$S(w)$の値を縦軸にとり，wをパラメータとして描いた図形である。$w=\xi_1$の点と$w=\xi_2$を結ぶベクトルがuを表し，その長さの2乗がIを表す。

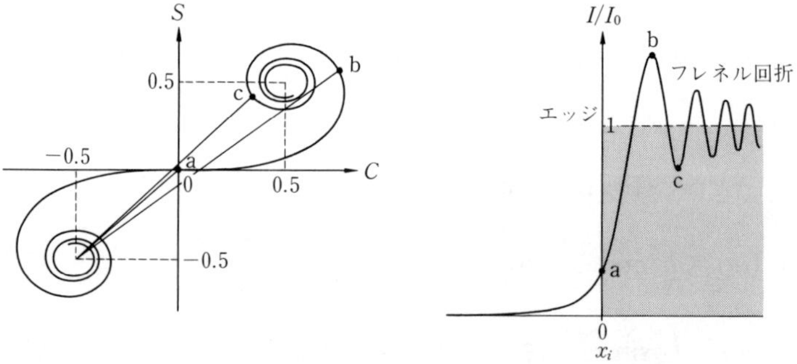

（a） コルニュの渦巻き上の距離　　（b） 強度分布

図 **5.16**　エッジのフレネル回折

原点においたエッジの回折像は，$\xi_1=\sqrt{2/\lambda z_i}\,x_i$の点と$\xi_2=-\infty$の極を用いて求めることができる。**図 5.16**(a)に示すように，回折面上の位置x_iに対応

して ξ_1 の値が変化するので，回折面での強度分布は図(b)のようになる。

つぎに，原点においた幅 a のスリットの回折像を求める。この場合は，$\xi_1=\sqrt{2/\lambda z_i}\,(x_i+a/2)$ で $\xi_2=\sqrt{2/\lambda z_i}\,(x_i-a/2)$ となる。コルニュの渦巻上の距離の取り方を**図 5.17**(a)に示す。いくつかの距離 z_i での強度分布を図(b)に示す。同図から，フレネル回折像は距離 z_i が大きくなるに従って，矩形開口のフラウンホーファー回折像に近づいていくことがわかる。

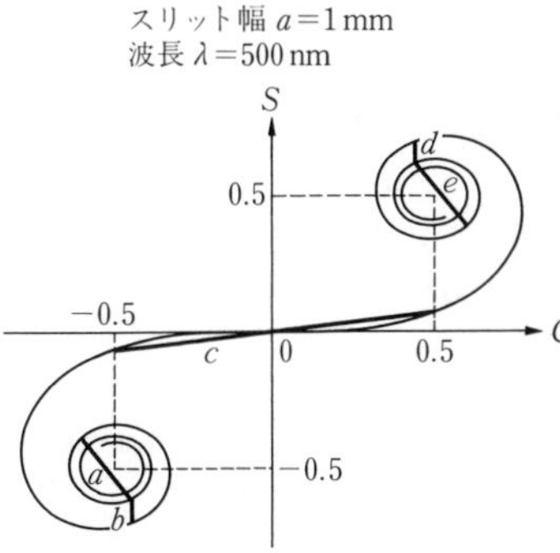

(a)　コルニュの渦巻き上の距離

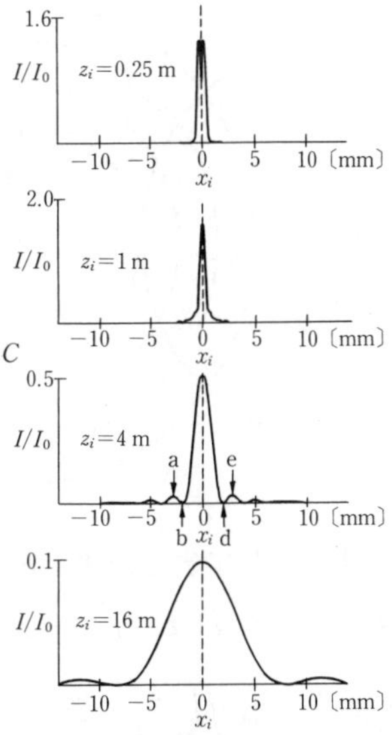

(b)　強度分布

図 5.17　スリットのフレネル回折

【コラム 5.1】 回折理論の応用

光の回折理論は，一般の波動の回折が生じる場面で共通的に適用されるものである。開口と波長さらに観測点までの距離などに注意して近似を行えばよい。縦波であっても，例えば海の波に対して，港の防波堤の設計でも高波のエネルギーが集中しないように工夫される。また，コルニュの渦巻きは，曲線上の距離に比例して曲率が変化することも特徴であり，高速道路のカーブ設定に利用される。

5.4.2 フレネルの輪帯

つぎに，円形開口の回折像について考える。**図 5.18** に示すように，点光源 S から発せられた半径 R の球面波の波面 Σ を考える。観測点 P を中心として波面 Σ に接する球面の半径を r_0 とする。観測点 P を中心とする半径 $r_0+\lambda/2$, $r_0+\lambda$, $r_0+3\lambda/2$, …, $r_0+j\lambda/2$, …の球面で波面 Σ を分割した曲面を S_1, S_2, S_3, …, S_j, …と表す。これらを**フレネルの輪帯**と呼ぶ。

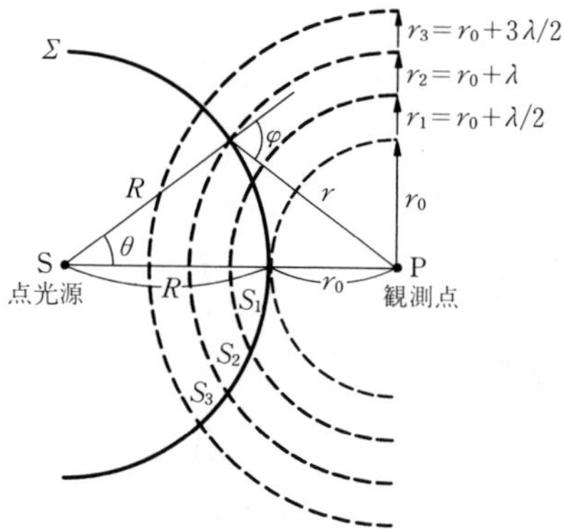

図 5.18　フレネルの輪帯

球面波を Ae^{ikR}/R で表し輪帯上の微小面積を ds で表す。j 番目の輪帯が観測点 P に生じる振幅 u_j は，ホイヘンス-フレネル積分式(5.2)より

$$u_j = A\frac{e^{ikR}}{R}K_j\iint_{S_j}\frac{e^{ikr}}{r}ds \tag{5.73}$$

で与えられる。ただし，r は微小面積 ds と観測点 P の距離で，一つの輪帯の幅は微小でその中では傾斜係数 $K(\varphi)=(\cos\varphi+1)/2$ の値はほぼ一定として K_j で表した。余弦定理より $r^2=R^2+(R+r_0)^2-2R(R+r_0)\cos\theta$ で，これを微分すると $2rdr=2R(R+r_0)\sin\theta\, d\theta$ となる。点光源 S を原点とする極座標系では，微小面積 ds はつぎのように表せられる。

$$ds = R^2\sin\theta\, d\theta d\phi = \frac{Rr}{R+r_0}drd\phi \tag{5.74}$$

したがって，式(5.73)を極座標で書き直すとつぎのようになる。

$$u_j = A\frac{e^{ikR}}{R+r_0}K_j\int_0^{2\pi}\int_{r_{j-1}}^{r_j}e^{ikr}drd\phi = 2i\lambda A\frac{e^{ik(R+r_0)}}{R+r_0}(-1)^{j+1}K_j \tag{5.75}$$

観測点 P での振幅は各輪帯がつくる振幅 u_j の和であるから

$$u=\sum_j^{\infty}u_j=2\,i\lambda A\,\frac{e^{ik(R+r_0)}}{R+r_0}\sum_j^{\infty}(-1)^{j+1}K_j \tag{5.76}$$

となる。級数和の部分をつぎのように書き換える。

$$\sum_j^{\infty}(-1)^{j+1}K_j=\frac{K_1}{2}+\left(\frac{K_1}{2}-K_2+\frac{K_3}{2}\right)+\left(\frac{K_3}{2}-K_4+\frac{K_5}{2}\right)+\cdots \tag{5.77}$$

隣り合った輪帯からの振動は逆位相になっていて，傾斜係数 K_j の値は非常に穏やかに減少することから，上式のカッコの中はすべて 0 としてよいので

$$\sum_j^{\infty}(-1)^{j+1}K_j=\frac{K_1}{2} \tag{5.78}$$

である。以上より次式を得る。

$$u=\frac{u_1}{2} \tag{5.79}$$

これは，光軸上の観測点 P では，第一の輪帯が球面波全体の与える振幅の 2 倍の振幅を与えることを意味する。強度にすると 4 倍である。すなわち，第一の輪帯に対応する大きさの穴を用いると，何もないときに比べて測定点に 4 倍の光強度を発生できる。

円形開口の大きさが一つめの輪帯と等しいとき，級数和の値は K_1 で強度が最大になる。開口が少し大きくなって二つめの輪帯まで含むと K_1-K_2 となり，強度はほぼ 0 になる。つぎに，三つめの輪帯まで含むようになると $K_1-K_2+K_3$ になり，強度は再び増加する。以上のように，観測点 P での強度は開口に含まれる輪帯の数によって増減を繰り返す。

つぎに，円形開口の中心軸にそった強度変化を考える。これまでは球面波の回折について考えてきたが，ここからは平面波の回折を考える。この場合，輪帯は同一平面上に並ぶ。j 番目の輪帯の半径 ρ_j は，**図 5.19** より $z^2+\rho_j{}^2=r_j{}^2=(z+j\lambda/2)^2$ で $\rho_j\gg\lambda$ より

$$\rho_j=\sqrt{j\lambda z} \tag{5.80}$$

である。このように輪帯の大きさは，観測点 P の距離 z によって変化する。したがって，大きさが一定の円形開口であっても，これが何番目の輪帯までを

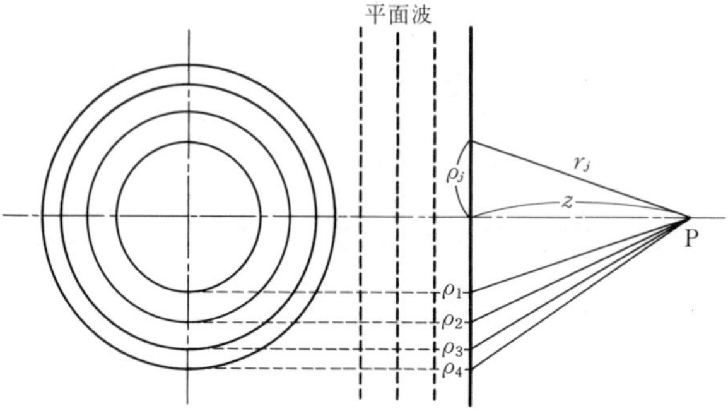

図 5.19 フレネルの輪帯の大きさ

含むかは距離 z によって変わる。逆に，j 番目の輪帯までを含むときの距離を z_j で表すと，円形開口の半径を a で表して，つぎのようになる。

$$z_j = \frac{a^2}{j\lambda} \tag{5.81}$$

観測点の距離 z に対する円形開口に含まれる輪帯数の変化と中心軸上での強度変化の様子を**図 5.20** に示す。

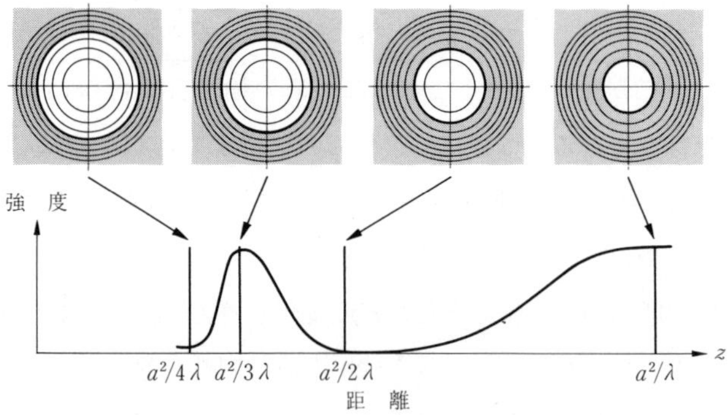

図 5.20 円形開口の光軸上の強度

つぎに，中心軸外の強度分布について考える。**図 5.21** に示すように，観測点が中心軸から離れるに従ってフレネル輪帯の位置も移動し円形開口との重なりが変化する。偶数番目の輪帯と奇数番目の輪帯からの寄与は逆位相であるので，観測点が中心軸から離れるに従って寄与する輪帯がつぎつぎに入れ替わり強度の増減を繰り返す。図(a)には円形開口の大きさが偶数番目の輪帯外周と等しい場合を，図(b)には奇数番目の輪帯外周と等しい場合の強度変化を示す。

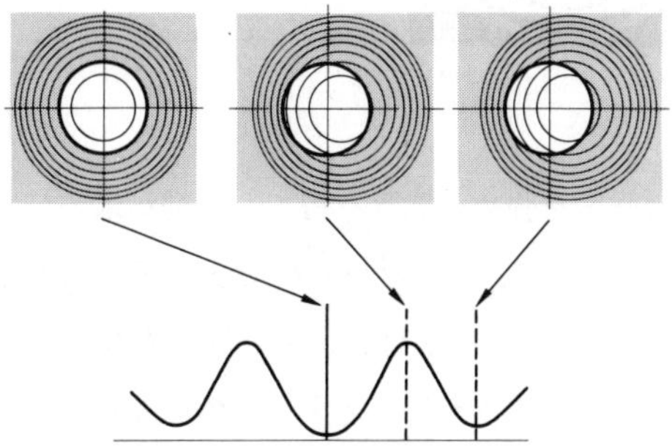

(a)

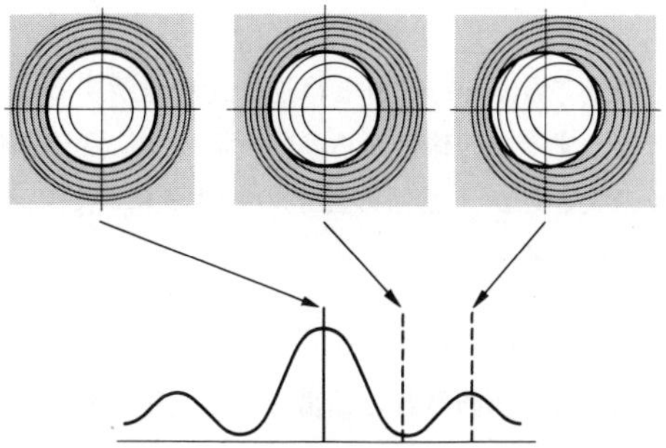

(b)

図 5.21　円形開口の光軸外の強度

観測点 P では隣り合った輪帯からの光は逆位相になるので，輪帯を一つおきに遮断すれば，同位相の光のみとなり強め合う。このように輪帯を一つおきに並べたものを**フレネルゾーンプレート**と呼ぶ。奇数番目の輪帯で構成されたものを正のゾーンプレートといい，偶数番目の輪帯で構成されたものを負のゾーンプレートといい，**図 5.22** に示す。また，正のゾーンプレートと負のゾーンプレートを組み合わせて，二つのゾーンプレートの厚さが位相で π だけ異なるようにすると，二つのゾーンプレートからの光が同位相になり，さらに振幅を 2 倍に強度を 4 倍にできる。

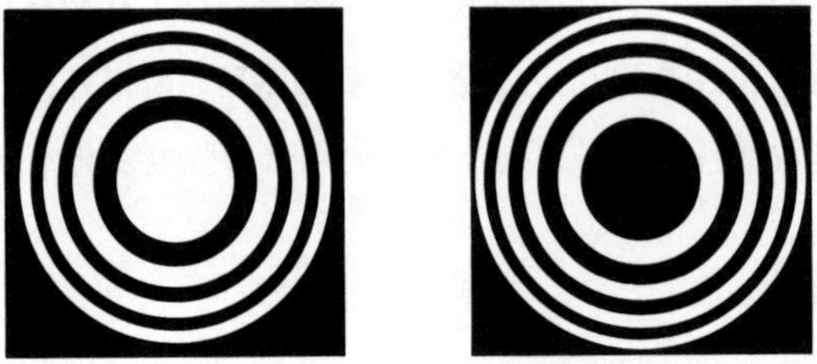

正のゾーンプレート　負のゾーンプレート

図 5.22　フレネルゾーンプレート

以上のようにゾーンプレートは強度を強める働きを持ち，強度が最大になる距離 z は，第一の輪帯の半径 ρ_1 を用いて，$z=\rho_1{}^2/\lambda=f'$ と表せる。これは，レンズの焦点距離 f' に相当し，ゾーンプレートはレンズと同様な集光作用を持つ。しかし，波長によって焦点距離が変化するので大きな色収差を持つ。

【コラム 5.2】 ポ ア ソ ン 球

今までは円形開口の回折について考えてきたが，これとは逆に光を遮断する円形の板の回折について考える。この場合は，すべての輪帯からの回折から中心部の輪帯からの回折を差し引けばよい。円形板の大きさが k 番目の輪帯の大きさに等しいとき，式(5.76)の級数和の部分はつぎのようになる。

$$\sum_{j=1}^{\infty}(-1)^{j+1}K_j-\sum_{j=1}^{k}(-1)^{j+1}K_j=\frac{K_1}{2}-\sum_{j=1}^{k}(-1)^{j+1}K_j \tag{5.82}$$

この場合も，観測点の距離によって円形板で遮断される輪帯の数が変化するので，観測点の距離によって強度変化が生じる。

フレネルが彼の回折理論を発表したときに，ポアソンはこの回折理論によると光を通さない円形板の後方に輝点が表れるとして反論した。しかし，Arago がこの輝点の存在を実験的に確認し，フレネルの理論の正しさを逆に証明することになった。このような歴史的な事実から，この輝点を**ポアソン球**あるいは Arago **球**と呼ぶ。

【コラム 5.3】 ピンホールカメラ

フレネルの輪帯の応用例として，第一の輪帯をレンズとして使う**ピンホールカメラ**がある。物体距離 s と像距離 s' の間には，$1/s+1/s'=\lambda/\rho_1^2$ で表される結像関係が成り立つ。ピンホールカメラで撮影した写真を**図 5.23** に示す。

図 5.23 ピンホールカメラで撮影した写真
(早稲田大学大隈講堂，1992 年 8 月撮影)

5.5 ホログラフィー

ホログラフィーとは，物体の立体情報を光学的に記録再生する手法である。通常の写真では物体から発せられた光の強度情報をフィルムに記録するので，見る方向を変えても物体の見え方は変わらない。これに対して，ホログラフィーでは光の位相情報を含む波面そのものを記録・再生するので，見る方向を変えると物体の見え方が変化する。

5.5.1 ホログラムの記録と再生

ホログラフィーでは，物体からの波面を別の光と干渉させて干渉縞の強度分布に変換する。この干渉縞を記録したフィルムのことを**ホログラム**という。

ホログラムの記録を**図 5.24**(a)に示す。物体からの光を**物体波**といい，干渉を起こさせるもう一つの光を**参照波**という。フィルム面での物体波を O で，参照波を R で表すと，フィルム面上での干渉縞の強度分布 I は

$$I=|O+R|^2=|O|^2+OR^*+O^*R+|R|^2 \tag{5.83}$$

と表せる。現像後のフィルムの振幅透過率 t が，この光強度 I に比例するとするとつぎのようになる。

$$t=t_0+\beta I=t_0+\beta|O|^2+\beta OR^*+\beta O^*R+\beta|R|^2 \tag{5.84}$$

ホログラムの再生を図(b)に示す。ホログラムに**再生波 $\boldsymbol{P}$** を入射すると，

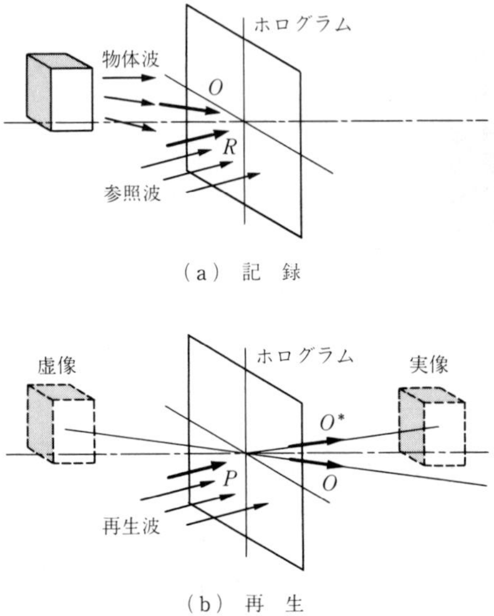

図 5.24　ホログラムの記録と再生

ホログラム透過後の光はつぎのように表される。

$$tP = t_0P + \beta|O|^2P + \beta OR^*P + \beta O^*RP + \beta|R|^2P \tag{5.85}$$

再生波として参照波と同じ光を用いると $P=R$ であるから

$$tR = t_0R + \beta|O|^2R + \beta O|R|^2 + \beta O^*R^2 + \beta|R|^2R \tag{5.86}$$

となる。第 3 項に注目すると，記録した物体光 O が再生されることがわかる。同時に，第 4 項から物体波の複素共役波 O^* も得られることもわかる。他の項は物体の再生に関係しないが，これらが再生像に重ならないように参照波 R および再生波 P を選ぶ必要がある。

図 5.25 に示すように，物体が $z=-z_o<0$ の位置にあり，ホログラムが $z=0$ の位置にあるとする。物体の分布を $o(x_o, y_o)$ で表すと，ホログラム面での物体波 $O(x_h, y_h)$ はフレネル回折を用いてつぎのように表される。

$$O(x_h, y_h) = -\frac{1}{i\lambda z_o}e^{ikz_o}\int_{-\infty}^{\infty}\int_{-\infty}^{\infty} o(x_o, y_o)\, e^{ik\{(x_h-x_o)^2+(y_h-y_o)^2\}/2z_o}dx_o dy_o \tag{5.87}$$

参照波 R と再生波 P はフィルム面に対して角度 θ で入射する平面波とする。

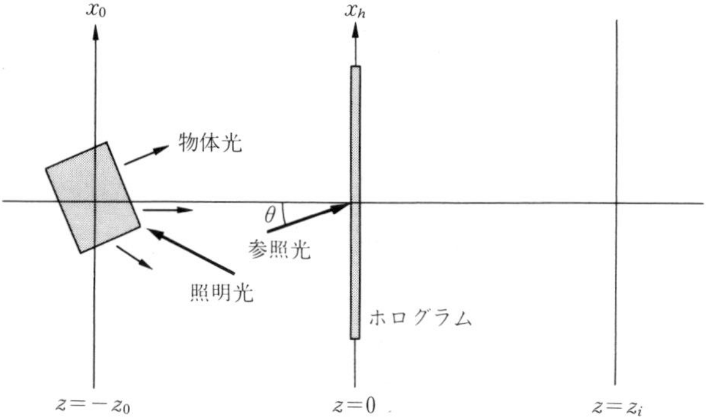

（a） 記　録

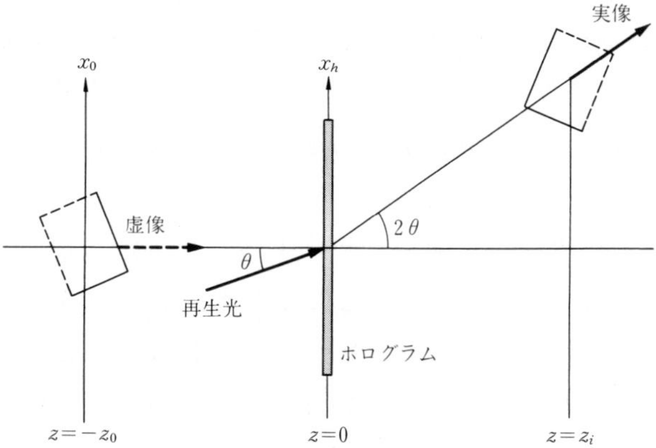

（b） 再　生

図5.25　ホログラムの記録と再生

$$R(x_h,\ y_h)=P(x_h,\ y_h)=Ae^{ikx_h \sin\theta} \tag{5.88}$$

このとき，式(5.86)の第3項 $\beta O|R|^2$ の $z=z_i$ の位置でのフレネル回折像は

$$\begin{aligned} u(x_i,\ y_i) &= \frac{1}{i\lambda z_i}\, e^{ikz_i}\int_{-\infty}^{\infty}\int_{-\infty}^{\infty}\beta O(x_o, y_o)\,|R|^2 e^{ik\{(x_i-x_h)^2+(y_i-y_h)^2\}/2z_i}dx_h dy_h \\ &= \frac{\beta|A|^2}{\lambda^2 z_i z_o}\, \mathrm{e}^{\mathrm{ik}(z_i+z_o)}\int_{-\infty}^{\infty}\int_{-\infty}^{\infty}\int_{-\infty}^{\infty}\int_{-\infty}^{\infty}\mathrm{o}(x_o, y_o) \\ &\quad \times e^{ik[\{(x_i-x_h)^2+(y_i-y_h)^2\}/2z_i+\{(x_h-x_o)^2+(y_h-y_o)^2\}/2z_o}dx_o dy_o dx_h dy_h \end{aligned} \tag{5.89}$$

と計算できる。ここで，$z_i=-z_o<0$ とすると

$$u(x_i,\ y_i)=\beta|A|^2 o(x_i,\ y_i) \tag{5.90}$$

となり，物体の分布 $o(x_i, y_i)$ が得られる。しかし，$z_i=-z_o<0$ の位置にはこのような光の分布は実際には存在せず，ホログラムの右側の再生波面が，$z=-z_o$ の位置にある分布 $o(x_o,\ y_o)$ から発せられた波面と等しくなるだけである。そのため，これを**虚像**という。つぎに，式(5.86)の第 4 項 $\beta O^* R^2$ についても同様に計算を行い，$z_i=z_o$ とすると次式を得る。

$$u(x_i,\ y_i)=-i\beta A^2 o^*(x_i-2\,z_i \sin\theta,\ y_i)\,e^{i2k(x_i-z_i \sin\theta)\sin\theta} \tag{5.91}$$

これは，$z_i=z_o>0$ の位置に複素共役分布 $o^*(x_i,\ y_i)$ が形成されることを意味する。この場合は，$z=z_o$ の位置にホログラムからの回折光が実際に集光して $o^*(x_i,\ y_i)$ の分布を作るので，これを**実像**という。$z_i=z_o$ の関係から，実像は z 軸方向に前後が反転した像になる。記録時の物体への光のあたり方を考えると物体の中からのぞいたような像ができる。

ホログラムは物体波と参照波の干渉を用いるので，物体波と参照波のコヒーレンスが保たれている必要がある。そこで，実際には同一の光源から発せられた光を二つに分けて物体波と参照波として使う。また，物体波と参照波の間には必然的に光路差が発生するので，これに見合うコヒーレンス長を有する光源を用いる必要があり，通常はレーザが用いられる。

5.5.2　ホログラムの分類

ホログラムの記録には，**図 5.26** に示すようにさまざまな配置が用いられる。

物体のフレネル領域にフィルムを置いて記録したホログラムを**フレネルホログラム**という。5.5.1 項の説明ではフレネルホログラムの配置を用いた。

物体のフラウンホーファー領域にフィルムを置いてホログラムを記録することは，遠方領域では物体波が減衰するため困難である。そこで，レンズを用いてその焦点面のフーリエ変換像を記録する。このようなホログラムを**フーリエ変換ホログラム**という。ただし，再生時にもレンズを用いる必要がある。レンズを用いる代わりに，参照波を球面波とすることで同様のホログラムが作製で

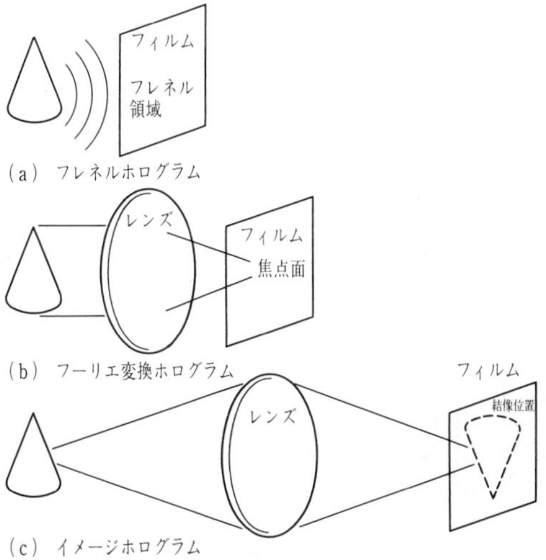

図 5.26　ホログラムの分類

きる。これを**レンズレスフーリエ変換ホログラム**という。

フィルム面上に物体を結像して記録するホログラムを**イメージホログラム**という。この場合は，ホログラム付近に物体が再生される。

演　習　問　題

(1)　**バビネの原理**とは，“開口による回折像と開口と同じ形をした遮光板による回折像の和は，開口がないときの光分布に等しくなる”というものである。このこ

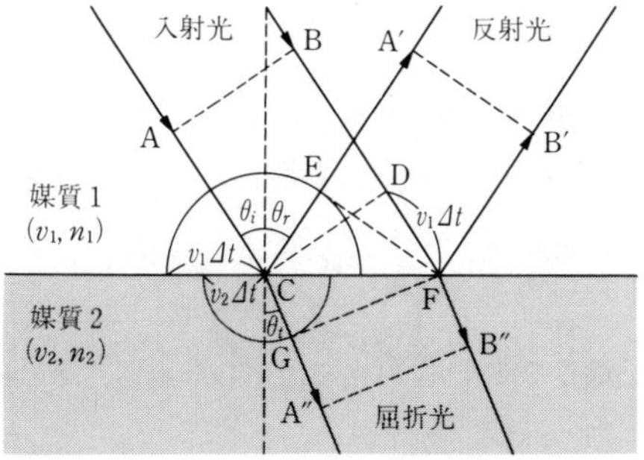

図 5.27　ホイヘンスの原理による反射・屈折の説明

とを示せ。

（2） ホイヘンスの原理を用いて，1.3.2 項で導いた境界面での反射の法則と屈折の法則を導け。**図 5.27** を参考にせよ。

（3） **図 5.28** に示す二重スリットのフラウンホーファー回折像を求めよ。これを，4.2 節で学んだヤングの実験で得た結果と比較せよ。

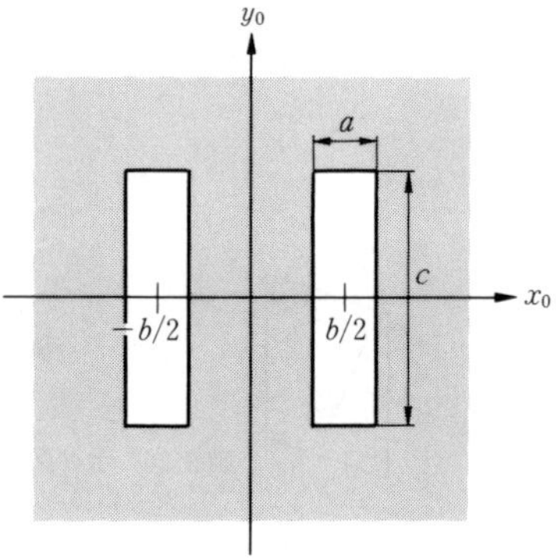

図 5.28　二重スリット

（4） 図 5.13 に示す回折格子の回折像で，偶数番目のピークを消すにはどうすればよいか。これを**欠線**という。

（5） **図 5.29** に示すレンズ 2 枚から構成される結像系は，フーリエ変換を 2 回行うと考えることができる。以下の関係を証明し，倒立像になることを示せ。

$\mathcal{F}[\mathcal{F}\{g(x)\}]=g(-x)$

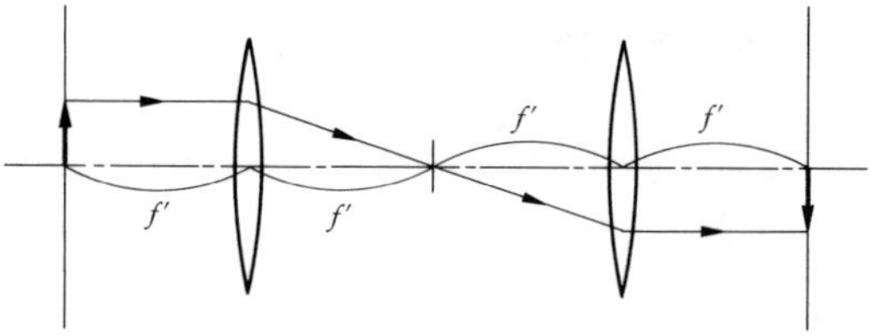

図 5.29　フーリエ変換を 2 回行う結像系

（6） コルニュの渦巻が原点に対して対称であることを示せ。

（7） 振幅透過率分布が次式で表されるゾーンプレートを考える。このゾーンプレートの焦点距離 f' を求めよ。

$$t(x_o)=1+\cos\left(k\,\frac{x_o^2}{2p}\right)$$

（8） ホログラムを波長 λ_R の光で記録して波長 λ_P の光で再生した場合，その再生像はどうなるか。

6 フーリエ光学

5章で，レンズを用いると物体のフーリエ変換がその焦点面(フーリエ面)に表れることを学んだ。画像をフーリエ面での空間周波数分布として取り扱うことで，画像の持つ特徴やそれを伝達する光学系の特性を知ることができる。このことは画像処理の基礎を与える。

6.1 フーリエ変換と空間周波数解析

フーリエ変換と空間周波数の関係について考える。ここでは，簡単のために，1次元の関数 $g(x)$のフーリエ変換を考え，これを $G(\nu)$で表す。

$$\begin{aligned} G(\nu) &= \int_{-\infty}^{\infty} g(x)\, e^{-i2\pi\nu x} dx \\ &= \int_{-\infty}^{\infty} g(x) \cos(2\pi\nu x)\, dx - i \int_{-\infty}^{\infty} g(x) \sin(2\pi\nu x)\, dx \end{aligned} \tag{6.1}$$

例えば，$g(x)$として原点を中心とするレクタングル関数を考える。レクタングル関数は偶関数であるから，虚数部を与える第二の積分は0になるので，実数部を与える第一の積分についてのみ考えればよい。この積分の様子を**図6.1**に示す。画像と $\cos(2\pi\nu x)$を掛け合わせて全体について積分することで，画像に含まれている空間周波数 ν の成分量が求まる。したがって，$G(\nu)$は画像に含まれている空間周波数成分を与える。ちなみに，前章で学んだように，

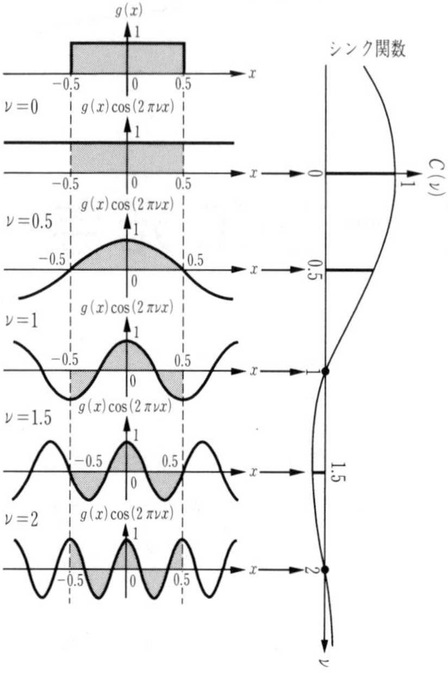

図 6.1　画像から空間周波数への変換

矩形のフーリエ変換はシンク関数である。フーリエ変換と逆フーリエ変換は逆関数の関係にあるので，逆フーリエ変換で空間周波数分布からもとの画像へ戻すことができる。この様子を**図 6.2** に示す。$\cos(2\pi\nu x)$ を空間周波数成分で重み付けして足し合わせていくと，もとの矩形に近づいていくことがわかる。

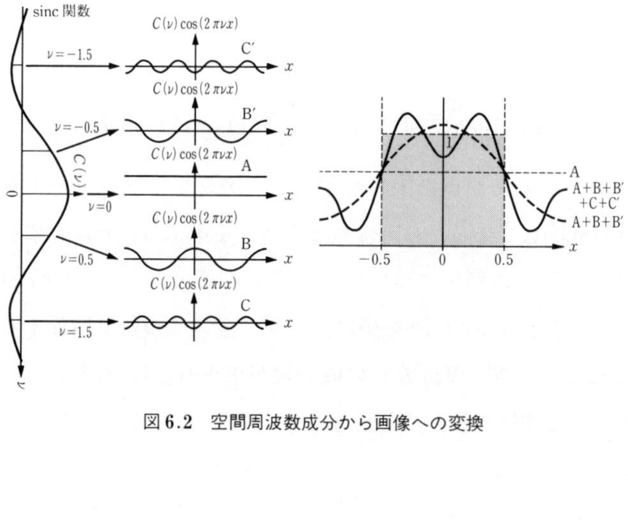

図 6.2　空間周波数成分から画像への変換

5.3.3項で学んだフーリエ変換の相似則 $\mathcal{F}\{g(ax)\}=G(x/a)/|a|$ は，画像を縮小すると高い空間周波数成分の割合が増し低い空間周波数成分の割合が減るので，フーリエ面の分布が広がると考えることができる。

以上のことをもとに，2次元画像について考えるとつぎのようになる。画像のなめらかな変化は低い空間周波数成分を含み，フーリエ面では原点の近くに集まる。画像の急激なコントラストや位相変化は高い空間周波数成分を含み，フーリエ面では原点から離れた周辺部にいく。

エネルギー保存から，画像の持つエネルギーとその空間周波数の持つエネルギーは等しくなくてはいけないので，つぎの関係が成り立つ。

$$\int_{-\infty}^{\infty}|g(x)|^2dx=\int_{-\infty}^{\infty}|G(\nu)|^2d\nu \tag{6.2}$$

これを**パーシバルの理論**と呼ぶ。

画像の空間周波数解析でよく用いられる関数のフーリエ変換を**表6.1**に示

表6.1 代表的な関数のフーリエ変換

	$f(x)$	$\mathcal{F}\{f(x)\}$
ガウス関数	$e^{-a^2x^2}$	$\frac{\sqrt{\pi}}{a}e^{-\frac{\pi^2}{a^2}\nu^2}$
余弦関数	$\cos(2\pi ax)$	$\frac{1}{2}\{\delta(\nu-a)+\delta(\nu+a)\}$
正弦関数	$\sin(2\pi ax)$	$-\frac{i}{2}\{\delta(\nu-a)-\delta(\nu+a)\}$
シャー関数	$\mathrm{comb}\left(\frac{x}{a}\right)$	$a\,\mathrm{comb}(a\nu)$
レクタングル関数	$\mathrm{rect}\left(\frac{x}{a}\right)$	$a\,\mathrm{sinc}(a\nu)$
デルタ関数	$\delta(x)$	1

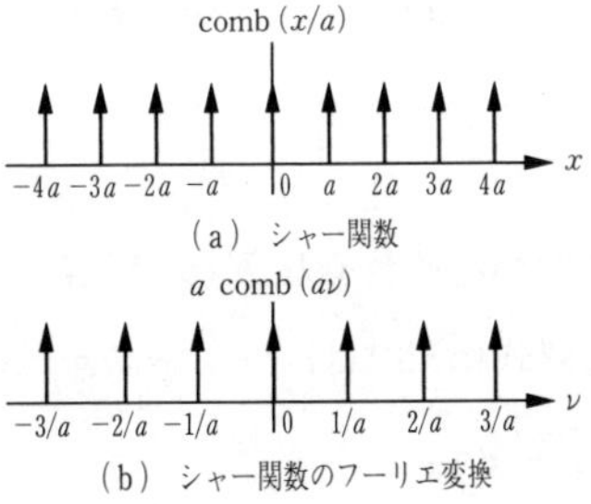

図6.3 シャー関数とフーリエ変換

す。ここでは，読者にあまりなじみがないと思われるシャー関数について説明する。**図 6.3** に示すように，デルタ関数が周期的に繰り返す関数を**シャー関数**あるいは**コム関数**といい，つぎのように定義される。

$$\mathrm{comb}\left(\frac{x}{a}\right)=\sum_{n=-\infty}^{\infty}\delta\left(n-\frac{x}{a}\right) \tag{6.3}$$

シャー関数は周期 a の周期関数で，フーリエ級数で $\mathrm{comb}(x/a)=\sum_{m}\exp(i\,2\pi mx/a)$ と表せるので，フーリエ変換はつぎのように計算できる。

$$\mathcal{F}\left\{\mathrm{comb}\left(\frac{x}{a}\right)\right\}=\sum_{m=-\infty}^{\infty}\int_{-\infty}^{\infty}e^{i2\pi(m/a)x}e^{-i2\pi\nu x}dx$$

$$=\sum_{m=-\infty}^{\infty}\delta(\nu-m/a)=a\,\mathrm{comb}(a\nu) \tag{6.4}$$

このように，シャー関数のフーリエ変換もまたシャー関数である。

6.2　フーリエ変換とコンボリューション

フーリエ変換は，**コンボリューション演算**と組み合わせて使われることが多い。これは，**畳み込み積分**とも呼ばれ，つぎのように定義される。

$$f(x)*g(x)=\int_{-\infty}^{\infty}f(\xi)\,g(x-\xi)\,d\xi \tag{6.5}$$

コンボリューション演算は，**図 6.4** に示すように，関数 $g(\xi)$ を原点に対して反転させて ξ 軸方向に x だけ移動し，関数 $f(\xi)$ と掛け合わせたものの面積を求める演算と考えることができる。

コンボリューション演算とフーリエ変換の間には，つぎの関係がある。

$$\mathcal{F}\{f(x)*g(x)\}=G(\nu)F(\nu) \tag{6.6}$$

$$\mathcal{F}\{f(x)g(x)\}=G(\nu)*F(\nu) \tag{6.7}$$

ただし，関数 $f(x)$ と $g(x)$ のフーリエ変換をそれぞれ $F(\nu)$ と $G(\nu)$ で表した。

近方領域の回折を与えるフレネル近似式(5.22)は，コンボリューション演算を用いて式(6.8)のように表すことができる。

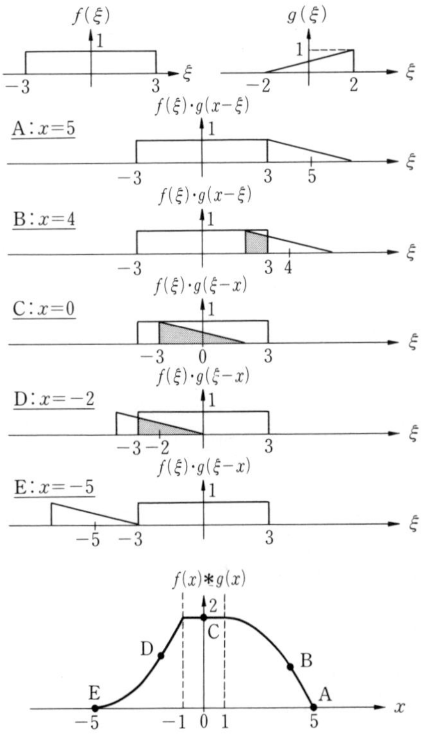

図 **6.4** コンボリューション

$$u(x_i, y_i) = g(x_i, y_i) * p(x_i, y_i), \quad p(x_i, y_i) = \frac{1}{i\lambda z_i} e^{ik\{z_i + (x_i^2 + y_i^2)/2z_i\}} \tag{6.8}$$

上式を用いて，5.3.2 項で導いたレンズのフーリエ変換作用を導く。記号は図 5.7 と同じものを用いる。入力像からレンズ前面までのフレネル回折は $u_L(x_L, y_L) = g(x_L, y_L) * p(x_L, y_L)$ で表され，これにレンズによる位相変調 $\exp\{-ik(x_L^2 + y_L^2)/2f'\}$ をかける。レンズ後面から距離 z_i の位置での分布は，フレネル回折をフーリエ変換で表した式(5.66)を用いて

$$u(x_i, y_i) = \frac{1}{i\lambda z_i} e^{ik\{z_i + (x_i^2 + y_i^2)/2z_i\}} \mathcal{F}\left\{u_L(x_L, y_L) e^{-ik(x_L^2 + y_L^2)/2f'} e^{ik(x_L^2 + y_L^2)/2z_i}\right\} \tag{6.9}$$

と表せる。ここで，$z_o = z_i = f'$ を代入する。

$$u(x_i, y_i) = \frac{1}{i\lambda f'} e^{ik\{f' + (x_i^2 + y_i^2)/2f'\}} \mathscr{F}\{u_L(x_L, y_L)\}$$

$$= \frac{1}{i\lambda f'} e^{ik\{f' + (x_i^2 + y_i^2)/2f'\}} \mathscr{F}\{g(x_L, y_L)\} \mathscr{F}\{p(x_L, y_L)\} \qquad (6.10)$$

さらに，$\mathscr{F}\{p(x_L, y_L)\} = \exp(ikf')\exp\{-ik(x_i^2 + y_i^2)/2f'\}$を用いる。

$$u(x_i, y_i) = \frac{1}{i\lambda f'} e^{i2kf'} \mathscr{F}\{g(x_L, y_L)\} \qquad (6.11)$$

このように，レンズによるフーリエ変換作用が導ける。

コンボリューション演算とシャー関数を組み合わせると周期的な分布を簡単に記述できる。

$$f(x) * \mathrm{comb}(x) = \sum_{n=-\infty}^{\infty} \int_{-\infty}^{\infty} f(\xi)\,\delta(n - x + \xi)\,d\xi$$

$$= \sum_{n=-\infty}^{\infty} f(x - n) \qquad (6.12)$$

図 6.5 に示すように，シャー関数のピーク位置に関数 $f(x)$ が繰り返し表れる。

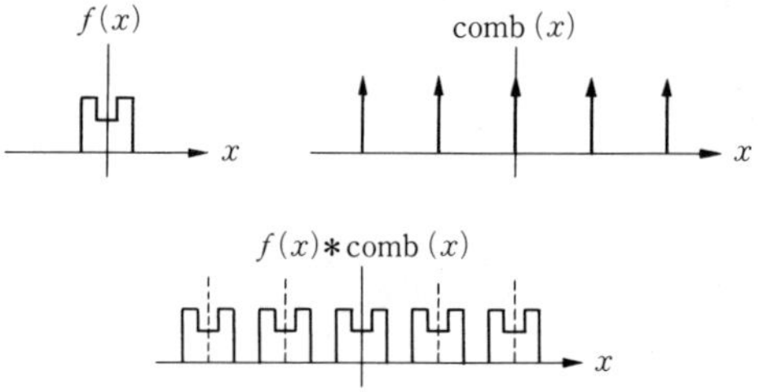

図 **6.5**　シャー関数とのコンボリューション

このことを用いると，5.3.5 項の図 5.11 に示す回折格子の振幅透過率分布は，つぎのように記述できる。

$$g(x) = \left\{\mathrm{rect}\left(\frac{x}{a}\right) * \mathrm{comb}\left(\frac{x}{b}\right)\right\} \mathrm{rect}\left(\frac{x}{c}\right) \qquad (6.13)$$

フーリエ変換してフラウンホーファー回折像を求めるとつぎのようになる。

$$G(\nu) = abc\{\mathrm{sinc}(a\nu)\,\mathrm{comb}(b\nu)\} * \mathrm{sinc}(c\nu) \qquad (6.14)$$

図 6.6 に示すように $\mathrm{sinc}(a\nu)\mathrm{comb}(b\nu)$ と $\mathrm{sinc}(c\nu)$ のコンボリューションとなり，図 5.13 に示す結果と一致する。

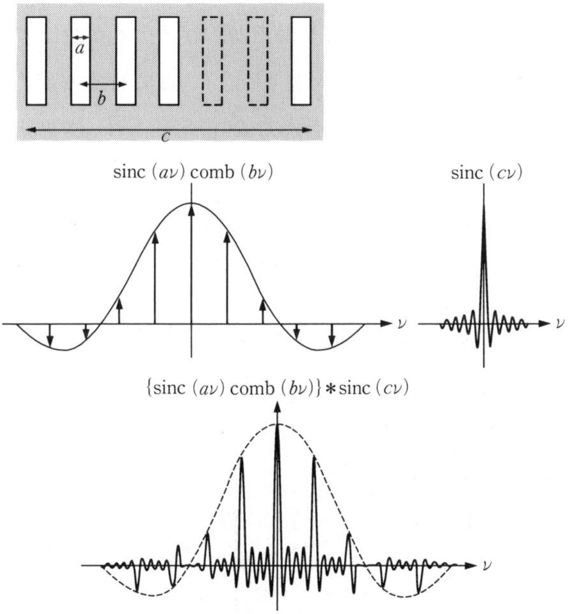

図6.6　回折格子

6.3　コンボリューションによる光学系の表現

電気回路理論では，電気回路をシステムとしてとらえ，入力と出力の間の伝達特性を調べる。このアナロジーとして，光学系をシステムとして扱い入力画像と出力画像の間の伝達特性を調べることができる。

ここでは，光学系は**線形**で**シフトインバリアント**であるとする。システムが線形であるとは，重ね合わせの原理が成り立つことを意味する。これは，光学システムの作用を記号 $\mathcal{L}$ で表して，つぎのように記述できる。

$$\mathcal{L}\{ag_1(x_o, y_o) + bg_2(x_o, y_o)\} = a\,\mathcal{L}\{g_1(x_o, y_o)\} + b\,\mathcal{L}\{g_2(x_o, y_o)\} \tag{6.15}$$

ここで，a と b は定数で，$g_1(x_o, y_o)$ と $g_2(x_o, y_o)$ は入力画像を表す。

つぎに，システムがシフトインバリアントであるとは，入力の位置を変えたとき，それに対応して出力の位置も変わるが，システムが及ぼす作用は変わらないことをいう。このことは，点入力 $\delta(x_o)\delta(y_o)$ に対する出力を $\mathcal{L}\{\delta(x_o)\delta(y_o)\}$ で表したとき，位置の異なる点入力 $\delta(x_o-x'_o)\delta(y_o-y'_o)$ に対する出力が $\mathcal{L}\{\delta(x_o-x'_o)\delta(y_o-y'_o)\}$ で与えられることを意味する。

以上より，入力画像を $g(x_o, y_o)$ で重み付けされた点入力の集まりと考えると，出力画像はそれぞれの点入力に対する出力の重ね合わせで表される。

$$u(x_i, y_i)=\int_{-\infty}^{\infty}\int_{-\infty}^{\infty}g(x_o, y_o)\,\mathcal{L}\{\delta(x_i-x_o)\,\delta(y_i-y_o)\}dx_o dy_o \qquad (6.16)$$

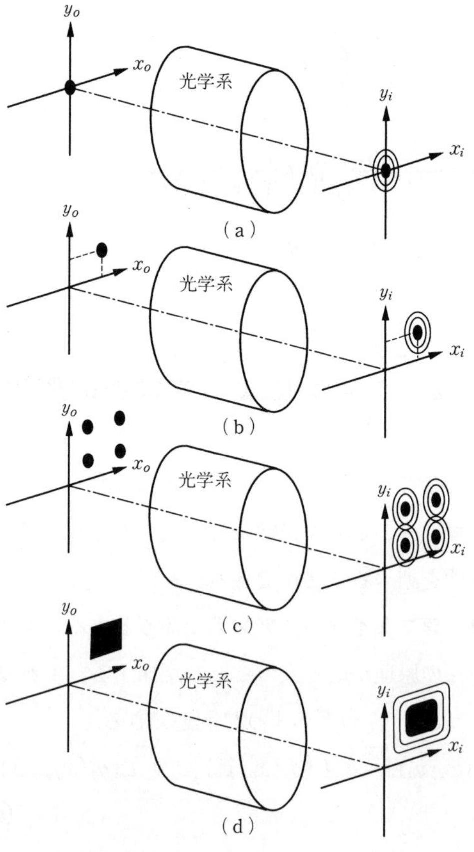

図 6.7　線形システム

$\mathcal{L}\{\delta(x_i-x_o)\delta(y_i-y_o)\}$ を**点像応答関数**といい，$h(x_i-x_o, y_i-y_o)$ で表す。

$$u(x_i, y_i)=\int_{-\infty}^{\infty}\int_{-\infty}^{\infty}h(x_i-x_o, y_i-y_o)\,g(x_o, y_o)\,dx_o dy_o \tag{6.17}$$

このように，光学系が線形でシフトインバリアントなとき，入力画像と出力画像がコンボリューション演算で関係づけられる。以上のことを**図 6.7** に示す。前節で述べたフレネル回折はその一例で，この場合の点像応答関数は $h(x_i, y_i)=\exp[ik\{z_i+(x_i^2+y_i^2)/2z_i\}]/i\lambda z_i$ と表される。ただし，それをさらに近似したフラウンホーファー回折はシフトインバリアントではないことに注意されたい。

6.4 コヒーレント光学系の伝達特性

前節で，入力画像と点応答関数のコンボリューションで出力画像が与えられることを示した。コヒーレント光を用いた場合は，画像の任意の二点でコヒーレンスがあるため振幅で重ね合わせが生じ，前節の議論はそのまま成り立つ。

入力画像 $g(x_o, y_o)$，出力画像 $u(x_i, y_i)$，および点像応答関数 $h(x_i, y_i)$ のフーリエ変換を，それぞれ $G(\nu_x, \nu_y)$，$U(\nu_x, \nu_y)$，および $H(\nu_x, \nu_y)$ で表すと

$$\begin{aligned} u(x_i, y_i) &= h(x_i, y_i) * g(x_o, y_o) \\ U(\nu_x, \nu_y) &= H(\nu_x, \nu_y)\,G(\nu_x, \nu_y) \end{aligned} \tag{6.18}$$

となる。入力画像の空間周波数分布が，点応答関数の空間周波数分布によって変調を受けることがわかる。このように点応答関数のフーリエ変換 $H(\nu_x, \nu_y)$ はコヒーレント光学系の空間周波数伝達特性を司るので，**コヒーレント伝達関数**(coherent transfer function，**CTF**)と呼ばれる。

図 6.8 に示す有限の大きさのレンズによる結像について考える。入力面とレンズの距離を d_o，レンズと出力面の距離を d_i，レンズの焦点距離を f' で表す。レンズの瞳の広がりを関数 $p(x_L, y_L)$ で表し，これを**瞳関数**と呼ぶ。レン

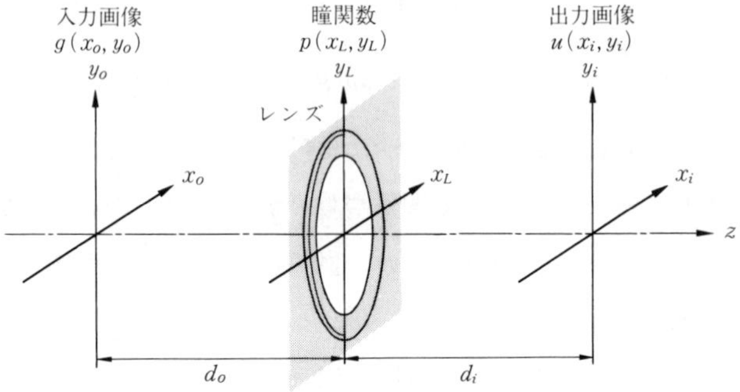

図 6.8　瞳関数 $\boldsymbol{p}$ を持つレンズによる結像

ズ前面での分布 $u_L(x_L, y_L)$ は，フレネル回折のフーリエ変換表現を用いて

$$u_L(x_L, y_L) = \frac{1}{i\lambda d_o} e^{ik\{d_o + (x_L{}^2 + y_L{}^2)/2d_o\}} G'\left(\frac{x_L}{\lambda d_o}, \frac{y_L}{\lambda d_o}\right)$$

$$G'\left(\frac{x_L}{\lambda d_o}, \frac{y_L}{\lambda d_o}\right) = \mathcal{F}\{g(x_o, y_o)\, e^{ik(x_o{}^2 + y_o{}^2)/2d_o}\} \tag{6.19}$$

と表せる。これにレンズによる位相変調 $\exp\{-ik(x_L{}^2 + y_L{}^2)/2f'\}$ と瞳関数 $p(x_L, y_L)$ を掛け合わせたものが，レンズ後面での分布 $u'_L(x_L, y_L)$ になる。さらに，フレネル回折を計算することで出力画像の分布 $u(x_i, y_i)$ が求まる。

$$u(x_i, y_i) = \frac{1}{i\lambda d_i} e^{ik\{d_i + (x_i{}^2 + y_i{}^2)/2d_i\}} \mathcal{F}\{u_L(x_L, y_L)\, e^{-ik(x_L{}^2 + y_L{}^2)/2f'}$$

$$p(x_L, y_L)\, e^{ik(x_L{}^2 + y_L{}^2)/2d_i}\}$$

$$= -\frac{1}{\lambda^2 d_o d_i} e^{ik\{d_o + d_i + (x_i{}^2 + y_i{}^2)/2d_i\}}$$

$$\mathcal{F}\left\{e^{i(k/2)(1/d_o + 1/d_i - 1/f')(x_L{}^2 + y_L{}^2)} G'\left(\frac{x_L}{\lambda d_o}, \frac{y_L}{\lambda d_o}\right) p(x_L, y_L)\right\} \tag{6.20}$$

ここで，2 章の幾何光学で学んだ結像の条件 $1/d_o + 1/d_i = 1/f'$ を用いる。

$$u(x_i, y_i) = -\frac{1}{\lambda^2 d_o d_i} e^{ik\{d_o + d_i + (x_i{}^2 + y_i{}^2)/2d_i\}}$$

$$\mathcal{F}\left\{G'\left(\frac{x_L}{\lambda d_o}, \frac{y_L}{\lambda d_o}\right)\right\} * \mathcal{F}\{p(x_L, y_L)\} \tag{6.21}$$

1 個目のフーリエ変換を計算するとつぎのようになる。

$$\mathcal{F}\left\{G'\left(\frac{x_L}{\lambda d_o},\ \frac{y_L}{\lambda d_o}\right)\right\}=\lambda^2 d_o{}^2 g\left(-\frac{d_o}{d_i}x_i,\ -\frac{d_o}{d_i}y_i\right)e^{ikd_o(x_i{}^2+y_i{}^2)/2d_i{}^2} \tag{6.22}$$

d_o/d_i は，2章で学んだ横倍率である。ここでは，簡単のために $d_o=d_i$ として倍率を1とする。また，瞳関数 p のフーリエ変換を P で表す。

$$u(x_i,y_i)=-e^{ik\{2d_i+(x_i{}^2+y_i{}^2)/2d_i\}}\{g(-x_i,\ -y_i)\,e^{ik(x_i{}^2+y_i{}^2)/2d_i}\}$$
$$*P\left(\frac{x_i}{\lambda d_i},\ \frac{y_i}{\lambda d_i}\right) \tag{6.23}$$

通常の結像系では $x_i, y_i \ll d_i$ としてよいので，位相項 $\exp\{ik(x_i{}^2+y_i{}^2)/2\,d_i\}$ の変化は小さいとしてこれを無視する近似を行う。

$$u(x_i,y_i)=Cg(-x_i,\ -y_i)*P\left(\frac{x_i}{\lambda d_i},\ \frac{y_i}{\lambda d_i}\right) \tag{6.24}$$

ただし，C は定数である。このように，コヒーレント結像系の点像応答関数は瞳関数 P のフーリエ変換 $P(\nu_x,\nu_y)$ である。関数 g の変数にマイナス符号がついたのは，結像によって像が反転することに対応する。コヒーレント伝達関数 CTF は，点応答関数のフーリエ変換でつぎのように与えられる。

$$H(\nu_x,\nu_y)=\mathcal{F}\left\{P\left(\frac{x_L}{\lambda d_L},\ \frac{y_L}{\lambda d_L}\right)\right\}=\lambda^2 d_i{}^2 p(-\lambda d_i\nu_x,\ -\lambda d_i\nu_y) \tag{6.25}$$

このように，コヒーレント伝達関数 CTF は瞳関数 p であることがわかる。

例えば，瞳関数が**図 6.9** に示す一辺の長さ L の正方形の場合は

$$p(x_L,\ y_L)=\mathrm{rect}\left(\frac{x}{L}\right)\mathrm{rect}\left(\frac{y}{L}\right) \tag{6.26}$$

であるから，コヒーレント伝達関数は式(6.27)のようになる。

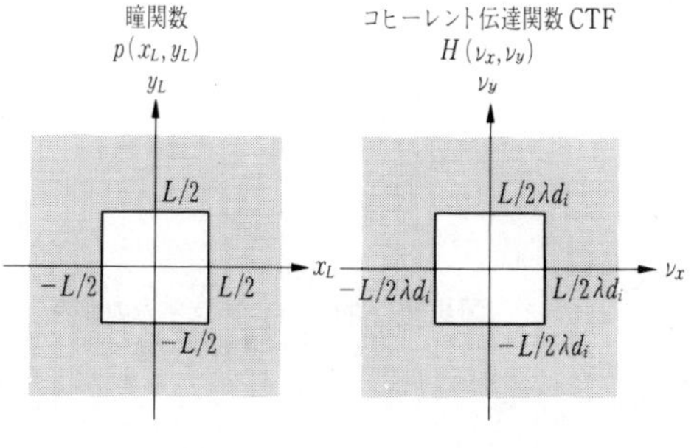

図 6.9 瞳関数とコヒーレント伝達関数 CTF

$$H(\nu_x, \nu_y) = \lambda^2 d_i^2 \,\mathrm{rect}\left(\frac{\lambda d_i \nu_x}{L}\right) \mathrm{rect}\left(\frac{\lambda d_i \nu_y}{L}\right) \tag{6.27}$$

このコヒーレント伝達関数は，ある空間周波数以上の成分を遮断する。これを**遮断周波数**といい，$\nu_o = L/2\lambda d_i$ と表す。

ここで，**図 6.10** に示す x 軸方向に周期的に変化する入力画像を考える。

$$g(x_o, y_o) = 1 + \cos(a\pi x_o) \tag{6.28}$$

空間周波数成分は，フーリエ変換を行ってつぎのように求まる。

$$G(\nu_x, \nu_y) = \left\{\delta(\nu_x) + \frac{1}{2}\delta\left(\nu_x - \frac{a}{2}\right) + \frac{1}{2}\delta\left(\nu_x + \frac{a}{2}\right)\right\}\delta(\nu_y) \tag{6.29}$$

$\nu_x = \pm a/2$ のピークがコサイン関数に対応し，$\nu_x = 0$ のピークがバイアス成分

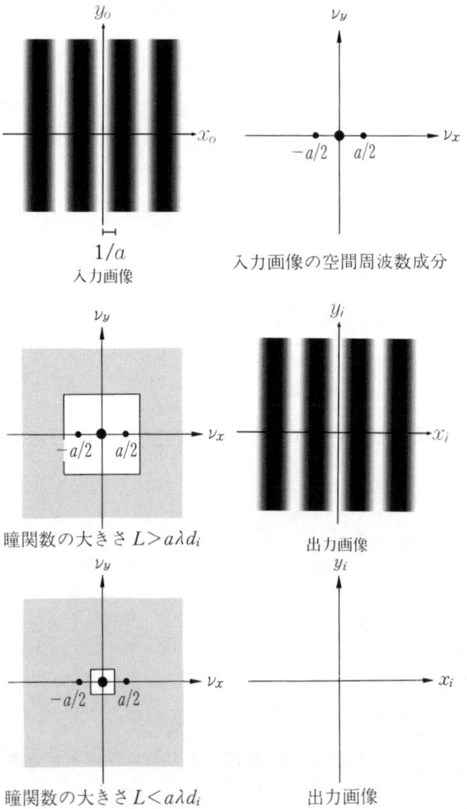

図 6.10　コヒーレント光学系の瞳の大きさと遮断周波数

を表す。遮断周波数 ν_0 が $a/2$ より大きければ，入力画像の空間周波数成分をすべて伝達できるので出力画像は劣化せず入力画像と同一のものになる。この場合に必要な開口の幅 L は $a\lambda d_i$ 以上である。開口がこれより小さい場合は，周期的な成分が欠落しバイアス成分のみとなり値が一定な一様画像になる。

6.5 インコヒーレント光学系の伝達特性

インコヒーレントな結像系では，入力画像の異なる 2 点の振動にコヒーレンスがなく，2 点が同一の点でない限りその積の時間平均は 0 になる。

$$< g(x_o, y_o, t)\, g^*(x'_o, y'_o, t) > = |g(x_o, y_o)|^2 \delta(x_o - x'_o)\, \delta(y_o - y'_o) \tag{6.30}$$

この関係を用いると，出力画像の光強度はつぎのように計算できる。

$$\begin{aligned} I_i(x_i, y_i) &= C < u(x_i, y_i, t)\, u^*(x_i, y_i, t) > \\ &= C\int_{-\infty}^{\infty}\int_{-\infty}^{\infty} |h(x_i - x_o, y_i - y_o)|^2 |g(x_o, y_o)|^2 dx_o dy_o \end{aligned} \tag{6.31}$$

ただし，C は定数で，入力画像の強度を $I_o(x_o, y_o) = C|g(x_o, y_o)|^2$ で表す。

$$I_i(x_i, y_i) = |h(x_i, y_i)|^2 * I_o(x_o, y_o) \tag{6.32}$$

このように，インコヒーレント光の場合は，強度においてコンボリューションの関係が成り立ち，点像応答関数は $|h(x_i, y_i)|^2$ であることがわかる。

空間周波数応答を求めるため，上式をフーリエ変換する。

$$\tilde{I}_i(\nu_x, \nu_y) = \tilde{H}(\nu_x, \nu_y)\, \tilde{I}_o(\nu_x, \nu_y) \tag{6.33}$$

ただし，それぞれのフーリエ変換を $\nu_x = 0$, $\nu_y = 0$ のときの値で規格化した。

$$\begin{aligned} \tilde{I}_i(\nu_x, \nu_y) &= \mathcal{F}\{I_i(x_i, y_i)\} / \mathcal{F}\{I_i(x_i, y_i)\}_{\nu_x=0,\nu_y=0} \\ \tilde{I}_o(\nu_x, \nu_y) &= \mathcal{F}\{I_o(x_i, y_i)\} / \mathcal{F}\{I_o(x_i, y_i)\}_{\nu_x=0,\nu_y=0} \\ \tilde{H}(\nu_x, \nu_y) &= \mathcal{F}\{|h(x_i, y_i)|^2\} / \mathcal{F}\{|h(x_i, y_i)|^2\}_{\nu_x=0,\nu_y=0} \end{aligned} \tag{6.34}$$

$\tilde{H}(\nu_x, \nu_y)$ がインコヒーレント光の場合の空間周波数伝達特性を表し，**光学伝達関数**(optical transfer function, **OTF**)という。

ここで，**相関演算**あるいは**コリレーション演算**と呼ばれる演算を定義する。

$$f(x) \oplus g(x) = \int_{-\infty}^{\infty} f(\xi) g^*(\xi - x) d\xi \tag{6.35}$$

相関演算を図的に説明すると，関数 $g(\xi)$ の複素共役を ξ 軸方向に x だけ移動し関数 $f(x)$ と掛け合わせたものの面積を求める演算と考えることができる。関数 f と関数 g が同一の場合を**自己相関**といい，異なる場合を**相互相関**という。相関演算とフーリエ変換の間にはつぎに示す関係がある。

$$\mathcal{F}\{f(x) g^*(x)\} = F(\nu) \oplus G(\nu) \tag{6.36}$$

$$\mathcal{F}\{f(x) \oplus g(x)\} = F(\nu) G^*(\nu) \tag{6.37}$$

相関演算を用いると，光学伝達関数をつぎのように書き直すことができる。

$$\tilde{H}(\nu_x, \nu_y) = \frac{H(\nu_x, \nu_y) \oplus H(\nu_x, \nu_y)}{\int_{-\infty}^{\infty}\int_{-\infty}^{\infty} |H(\xi, \eta)|^2 d\xi d\eta} \tag{6.38}$$

以上のように，光学伝達関数 OTF はコヒーレント伝達関数 CTF の自己相関を規格化したものである。したがって，前節の説明で用いた瞳関数 p を持つ結像系(図 6.8 参照)の光学伝達関数 OTF はつぎのようになる。

$$\tilde{H}(\nu_x, \nu_y) = \frac{p(-\lambda d_i \nu_x, -\lambda d_i \nu_y) \oplus p(-\lambda d_i \nu_x, -\lambda d_i \nu_y)}{\int_{-\infty}^{\infty}\int_{-\infty}^{\infty} |p(\xi, \eta)|^2 d\xi d\eta} \tag{6.39}$$

瞳関数を実関数とすると，これを空間的に $(-\lambda d_i \nu_x, -\lambda d_i \nu_y)$ だけずらしたものともとの瞳関数の重なる部分の面積が OTF を与える。

例えば，前節で用いた正方開口の瞳関数(図 6.9 参照)の場合の光学伝達関数 OTF はつぎのようになる。

$$\tilde{H}(\nu_x, \nu_y) = \begin{cases} (1 - \lambda d_i |\nu_x|/L)(1 - \lambda d_i |\nu_y|/L) & |\nu_x| \leq L/d_i \text{ かつ } |\nu_y| \leq L/d_i \\ 0 & \text{それ以外} \end{cases} \tag{6.40}$$

これを**図 6.11** に示す。遮断周波数 ν_0 は $L/\lambda d_i$ である。

図 6.9 と図 6.11 を比較すると，コヒーレント結像系に比べてインコヒーレント結像系の遮断周波数が 2 倍になっていることがわかる。インコヒーレント結像系のほうが分解能の点で優れているといわれるのはこのためである。しか

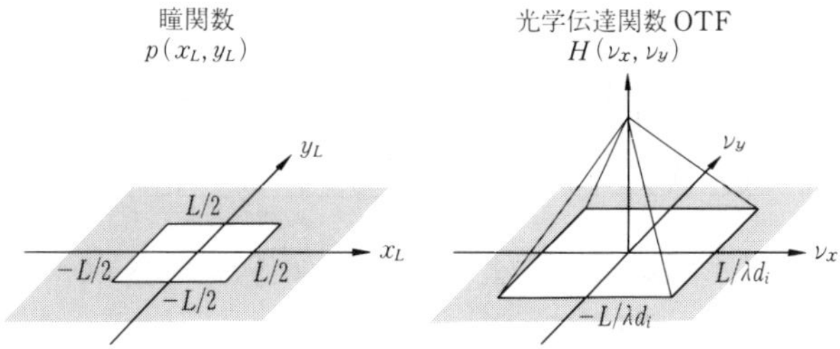

図 **6.11** インコヒーレント光学系の瞳関数と光学伝達関数 **OTF**

し，これは必ずしも正しくない。なぜなら，振幅に対して定義されたコヒーレント伝達関数と強度に対して定義された光学伝達関数を直接比較することはできないからである。例えば，入力画像の振幅分布が $1+\cos(a\pi\nu_x)$ で与えられる場合(図 6.10)，強度分布の空間周波数成分は

$$\tilde{I}_o(\nu_x,\ \nu_y)=\left\{\frac{1}{6}\delta(\nu_x-a)+\frac{2}{3}\delta\left(\nu_x-\frac{a}{2}\right)+\delta(\nu_x)\right.$$
$$\left.+\frac{2}{3}\delta\left(\nu_x+\frac{a}{2}\right)+\frac{1}{6}\delta(\nu_x-a)\right\}\delta(\nu_y) \tag{6.41}$$

となり，入力に含まれている最大空間周波数も 2 倍になる。瞳の大きさに対する出力画像の変化を**図 6.12** に示す。図 6.10 と図 6.12 を比べると，どちらが優れているかはいちがいにはいえない。結局は入力画像に依存するのである。

【コラム 6.1】 コンボリューション演算と相関演算

コンボリューション演算と相関演算についてまとめておく。

$$\text{コンボリューション演算：} f(x)*g(x)=\int_{-\infty}^{\infty}f(\xi)\,g(x-\xi)\,d\xi \tag{6.42}$$

$$\text{相関演算：} f(x)\oplus g(x)=\int_{-\infty}^{\infty}f(\xi)\,g^*(\xi-x)\,d\xi \tag{6.43}$$

フーリエ変換とはつぎの関係がある。

$$\begin{aligned}&\mathcal{F}\{f(x)*g(x)\}=F(\nu)\,G(\nu), \quad \mathcal{F}\{f(x)\,g(x)\}=F(\nu)*G(\nu)\\&\mathcal{F}\{f(x)\oplus g(x)\}=F(\nu)\,G^*(\nu), \quad \mathcal{F}\{f(x)\,g^*(x)\}=F(\nu)\oplus G(\nu)\end{aligned} \tag{6.44}$$

コンボリューション演算と相関演算の関係は次式で表せる。

$$f(x)\oplus g(x)=f(x)*g^*(-x) \tag{6.45}$$

交換則はコンボリューション演算では成り立つが，相関演算では成り立たない。

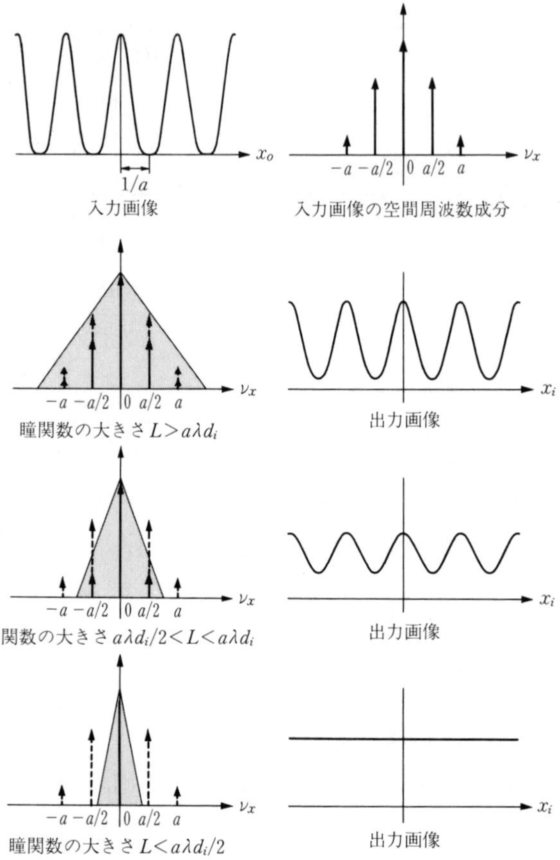

図 **6.12**　インコヒーレント光学系の瞳の大きさと遮断周波数

$$f(x)*g(x)=g(x)*f(x),\quad f(x)\oplus g(x)\neq g(x)\oplus f(x) \tag{6.46}$$

6.6　変調伝達関数

画像の**コントラスト**という観点からインコヒーレント光学系の伝達特性を考える。コントラストはつぎのように定義され，0 から 1 の値を持つ。

$$C=\frac{I_{\max}-I_{\min}}{I_{\max}+I_{\min}} \tag{6.47}$$

$I_{\max}$ は最大強度で $I_{\min}$ は最小強度である。インコヒーレント光学系では，一般にコントラストは低下する。コントラストの低下の度合を空間周波数 $\boldsymbol{\nu}$ の関数として表したのが**変調伝達関数**(modulation transfer function, **MTF**)である。入力画像のコントラストを $C_o(\nu)$ で表し，出力画像のコントラストを $C_i(\boldsymbol{\nu})$ で表すと，変調伝達関数 $M(\boldsymbol{\nu})$ はつぎのように定義される。

$$M(\nu)=\frac{C_i(\nu)}{C_o(\nu)} \tag{6.48}$$

単純化のために入力画像を１次元とし，空間周波数 $\boldsymbol{\nu}$ の周期関数として

$$I_o(x_o)=1+d\cos(2\pi\nu x_o) \tag{6.49}$$

と表す。ただし，$0\leq d\leq 1$ とする。この入力画像のコントラストは $C_o(\nu)=d$ であるので，コントラストが高いほど周期的変化が明瞭になる。インコヒーレント光学系によるコントラスト低下を求めるために，出力画像 I_i を計算する。

$$\begin{aligned}I_i(x_i)&=\int_{-\infty}^{\infty}|h(x_i-x_o)|^2\left(1+\frac{d}{2}e^{i2\pi\nu x_o}+\frac{d}{2}e^{-i2\pi\nu x_o}\right)dx_o\\&=\int_{-\infty}^{\infty}|h(x)|^2dx+\frac{d}{2}e^{i2\pi\nu x_i}\int_{-\infty}^{\infty}|h(x)|^2e^{-i2\pi\nu x}dx\\&\quad+\frac{d}{2}e^{-i2\pi\nu x_i}\int_{-\infty}^{\infty}|h(x)|^2e^{i2\pi\nu x}dx\\&=\int_{-\infty}^{\infty}|h(x)|^2dx+\frac{d}{2}\{(e^{i2\pi\nu x_i}H\oplus H)+(e^{i2\pi\nu x_i}H\oplus H)^*\}\end{aligned} \tag{6.50}$$

ここで，$H\oplus H=|H\oplus H|\exp(i\phi)$ と表す。

$$I_i(x_i)=\int_{-\infty}^{\infty}|h(x)|^2dx+d|H\oplus H|\cos(2\pi\nu x_i+\phi) \tag{6.51}$$

したがって，出力画像のコントラスト C_i はつぎのように表せる。

$$C_i(\nu)=d|H\oplus H|/\int_{-\infty}^{\infty}|h(x)|^2dx \tag{6.52}$$

以上より，変調伝達関数 MTF はつぎのように求まる。

$$M(\nu)=|H\oplus H|/\int_{-\infty}^{\infty}|H(\nu)|^2d\nu \tag{6.53}$$

ここで，パーシバルの理論を用いた。このように，変調伝達関数 MTF は，光学伝達関数 OTF の絶対値を規格化したものであることがわかる。したがって，瞳関数が一辺の長さ L の正方開口の場合の変調伝達関数 MTF は**図 6.13** のようになる。

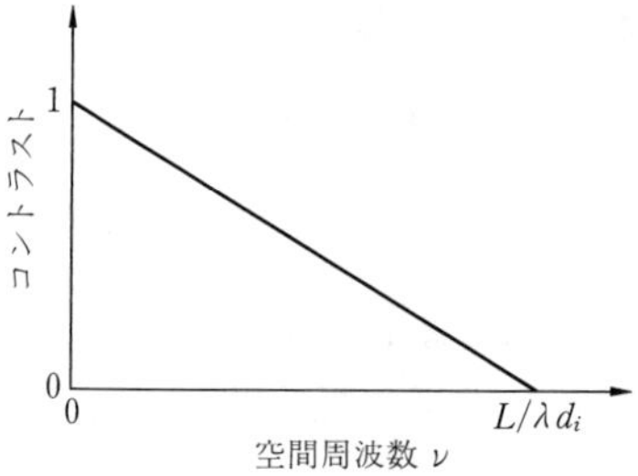

図 6.13　瞳関数の長さ $\boldsymbol{a}$ の矩形開口の場合の変調伝達関数 **MTF**

理論的には MTF は瞳関数から計算できるが，実際に作製した光学系でこれを測定することも重要である。単純な測定方法としては，透過率が周期的に変化するテストチャートを入力画像として用いて，出力画像のコントラストを測定する方法が考えられる。ここでは，入力画像としてエッジを用いる方法について説明する。**図 6.14** に示すように，光学系に次式で表せるエッジを入力する。

$$I_o(x_o) = \begin{cases} I_0, & x_o \leq 0 \\ 0, & x_o > 0 \end{cases} \tag{6.54}$$

この場合の出力画像は式(6.55)のように与えられる。

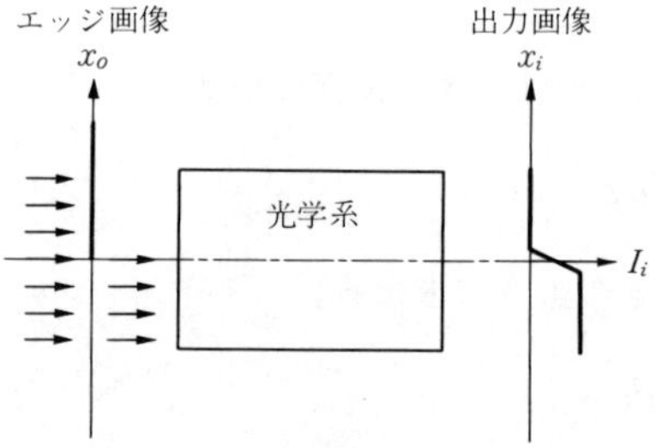

図 6.14　エッジによる **MTF** の測定

$$I_i(x_i)=I_o\int_{-\infty}^{0}|h(x_i-x_o)|^2dx_o=-I_o\int_{-\infty}^{x_i}|h(x)|^2dx \tag{6.55}$$

両辺を x_i で微分するとつぎのようになる。

$$\frac{dI_i(x_i)}{dx_i}=-I_o|h(x_i)|^2 \tag{6.56}$$

さらに，フーリエ変換するとつぎの関係が得られる。

$$|H\oplus H|=-\mathcal{F}\left\{\frac{dI_i(x_i)}{dx_i}\right\}/I_o \tag{6.57}$$

これを規格化すればMTFが求まる。理想的な点入力が実現できれば点応答関数 $|h(x_i)|^2$ を直接測定できるが，これは困難であるので，代わりにエッジを用いて微分することで同様の効果を得ていると考えることができる。

6.7 空間周波数フィルタリング

レンズの焦点面に表れるフーリエ変換像は，画像に含まれている空間周波数成分やその方向性などを表す特徴的なパターンである。このフーリエ変換像に何らかの処理を施すことで，さまざまな画像処理が可能になる。これを，**空間周波数フィルタリング**という。

図6.15に示すコヒーレント光学系を**空間フィルタリング光学系**という。レンズで画像をフーリエ変換し，これを特定の振幅透過率分布を持つ**フィルタ**に透過させ，再びレンズによってフーリエ変換し画像を再構成する。入力画像 $g(x,\ y)$ のフーリエ変換像を $G(\nu_x,\ \nu_y)$ で表し，フィルタの振幅透過率分布を $T(\nu_x,\ \nu_y)$ で表すと，フィルタ透過後の光の分布は $T(\nu_x,\ \nu_y)G(\nu_x,\ \nu_y)$ となる。このフーリエ変換が出力画像 $u(x,\ y)$ になる。

$$u(x,\ y)=\mathcal{F}\{T(\nu_x,\ \nu_y)G(\nu_x,\ \nu_y)\} \tag{6.58}$$

空間フィルタリング光学系を用いると，特定の空間パターンを検出することができる。検出したい画像を $s(x,\ y)$ で表すと，式(6.59)の振幅透過率分布を持つフィルタを用いる。

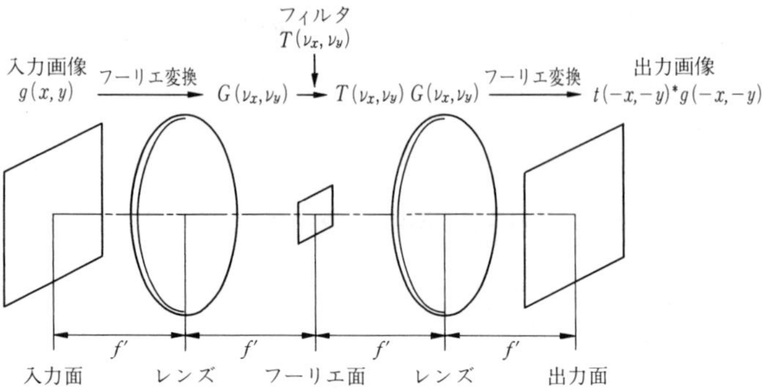

図 **6.15**　空間フィルタリング光学系

$$T(\nu_x,\ \nu_y) = \mathcal{F}\{s(x,\ y)\}^{*} = S(\nu_x,\ \nu_y) \tag{6.59}$$

画像 $g(x,\ y)$ が位置 $(a,\ b)$ に入力されると，つぎのような相関出力が得られる。

$$u(x,\ y) = \int_{-\infty}^{\infty} s(\xi,\ \eta)\, g^{*}(\xi - x - a, \eta - y - b)\, d\xi d\eta \tag{6.60}$$

このように，検出画像 s と入力画像 g の相関出力 $s \oplus g$ が位置 $(-a,\ -b)$ に表れる。入力画像が検出画像と等しい場合は自己相関 $s \oplus s$ の強いピークが表れる。そうでない場合は，相互相関のピークが表れるが，これは自己相関のピークに比べると一般に小さい。以上のことを**図 6.16** に示す。例えば，文章の中から特定の文字を検出するなどの応用が考えられる。このような処理を**マッチドフィルタリング**という。

入力画像 $g(x,\ y)$ のフーリエ変換 $G(\nu_x,\ \nu_y)$ と出力画像 $u(x,\ y)$ のフーリエ変換 $U(\nu_x,\ \nu_y)$ の間には $U(\nu_x,\ \nu_y) = H(\nu_x,\ \nu_y)\,G(\nu_x,\ \nu_y)$ の関係があった。

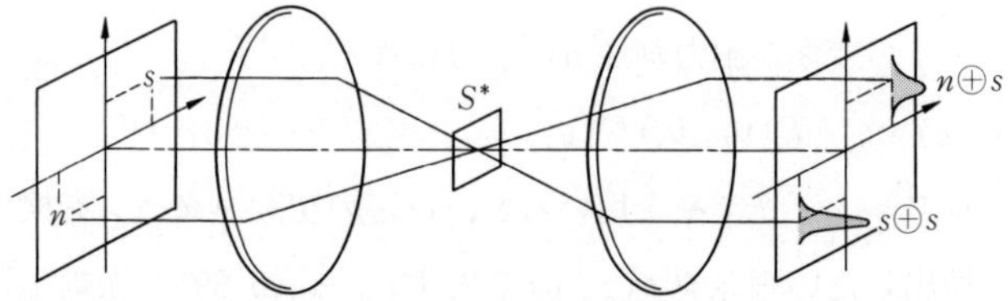

図 **6.16**　マッチドフィルタリング

ここで，$H(\nu_x, \nu_y)$はコヒーレント伝達関数あるいは光学伝達関数で，$H(\nu_x, \nu_y)=1$であれば光学系の伝達による画像の劣化は起こらない。しかし，実際には$H(\nu_x, \nu_y)\neq 1$で出力画像は劣化する。もし，光学系の伝達関数$H(\nu_x, \nu_y)$がわかっていれば，つぎのフィルタを用いて劣化した画像をもとの画像に復元することができる。

$$T(\nu_x, \nu_y)=\frac{1}{H(\nu_x, \nu_y)} \tag{6.61}$$

このようなフィルタを**インバースフィルタ**という。このフィルタは，$H(\nu_x, \nu_y)\simeq 0$となる付近で透過率が無限大に近ずくので扱いが難しい。通常は，ある値以上を一定値とするなどの近似を行う。

入力画像とは無関係に発生するノイズが劣化画像に含まれている場合について考える。ノイズを$n(x, y)$で表すと，劣化画像はつぎのように表される。

$$n(x, y)=h(x, y)*g(x, y)+n(x, y) \tag{6.62}$$

ノイズの増幅を避けるため，ノイズの空間周波数成分が大きい部分ではフィルタの透過率を小さくするようにインバースフィルタを設計する必要がある。そこで，復元画像と原画像との二乗誤差が最小になるように設計したフィルタを**ウイナインバースフィルタ**という。

$$T(\nu_x, \nu_y)=\frac{1}{H(\nu_x, \nu_y)}\,\frac{\Phi_g(\nu_x, \nu_y)/\Phi_n(\nu_x, \nu_y)}{\Phi_g(\nu_x, \nu_y)/\Phi_n(\nu_x, \nu_y)+|H(\nu_x, \nu_y)|^{-2}} \tag{6.63}$$

ただし，$\Phi_g(\nu_x, \nu_y)=\mathcal{F}\{g(x, y)\oplus g(x, y)\}$で$\Phi_n(\nu_x, \nu_y)=\mathcal{F}\{n(x, y)\oplus n(x, y)\}$である。このフィルタは原画像$g$とノイズ$n$の自己相関に関する先見情報を必要とするが，ノイズを一様分布と仮定してその大きさを調節してノイズの増幅の抑制を行うことが多い。

フーリエ変換像では，画像に含まれている低い空間周波数成分は原点付近に集まり，高い空間周波数成分は原点から遠くに分布する。したがって，フィルタの透過率を原点からの距離によって変えると，特定の空間周波数成分を強調したり抑制したりすることができる。画像に含まれる細かいノイズは高周波数

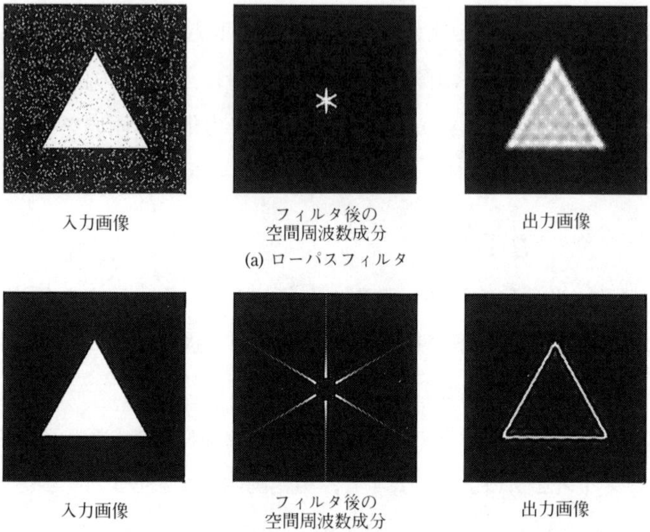

(b) ハイパスフィルタ

図 **6.17**　帯域フィルタリング

成分を多く含むので，**図6.17**(a)に示すように，低周波数成分のみを通すローパス型のフィルタを用いるとノイズが除去できる。また，画像内のエッジ部分では強度が急激に変化し高周波数成分を多く含むので，図(b)に示すように，高周波数成分のみを通すハイパス型のフィルタを用いると，エッジ部分を強調できる。以上のように，画像の特徴を空間周波数で考えて，特定の周波数成分を強調したり抑制したりすることで有益な情報を取り出すことができる。

つぎに，画像の微分を行うフィルタについて説明する。x 軸方向の微分はつぎのように定義される。

$$\frac{\partial g(x,y)}{\partial x}=\lim_{\Delta x\to 0}\frac{g(x+\Delta x,y)-g(x,y)}{\Delta x} \tag{6.64}$$

このフーリエ変換はつぎのように計算できる。

$$\begin{aligned}\mathcal{F}\left\{\frac{\partial g(x,y)}{\partial x}\right\}&=\lim_{\Delta x\to 0}\int_{-\infty}^{\infty}\frac{e^{i2\pi\nu_x\Delta x}-1}{\Delta x}G(\nu_x,\nu_y)\\&=i2\pi\nu_x G(\nu_x,\nu_y)\end{aligned} \tag{6.65}$$

したがって，つぎの振幅透過率を持つフィルタを用いることで画像の微分が行える。

$$T(\nu_x, \nu_y) = i2\pi\nu_x \tag{6.66}$$

6.8 サンプリング定理

前節では光学系を用いた画像処理について説明した。同様のことは電子計算機で行うことも可能である。むしろ，ノイズや精度，処理の柔軟性の点で，電子計算機を用いたほうが有利なことが多い。さて，電子計算機で画像を扱う場合は，画像を空間的に連続的な分布として扱うことはできず，空間的に離散化して扱う必要がある。通常は，縦横に一定の間隔で画像の値をサンプリングする。例えば，画像 $g(x,y)$ を間隔 a でサンプリングする場合を考える。

$$g_s(x, y) = g(x, y)\mathrm{comb}(x/a,\ y/a) \tag{6.67}$$

サンプリング後の画像 g_s の空間周波数分布を計算するとつぎのようになる。

$$G_s(\nu_x,\ \nu_y) = a^2 G(\nu_x,\ \nu_y) * \mathrm{comb}(a\nu_x,\ a\nu_y) \tag{6.68}$$

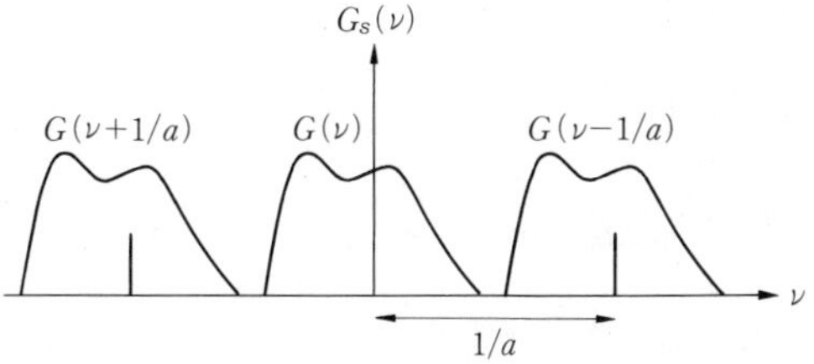

図 6.18　サンプリング画像の空間周波数分布

これは，**図 6.18** に示すように，もともとの画像のフーリエ変換 $G(\nu_x, \nu_y)$ が周期 $1/a$ で並んだ分布になる。画像が $1/2\,a$ より高い空間周波数を含んでいなければ，一周期分を取り出して逆フーリエ変換することで画像を完全に復元できる。しかし，もとの画像がこれより高い空間周波数を含んでいる場合は，隣り合う周期成分間で重なりが生じるので画像を完全に復元できない。以上のことから，画像に含まれている最大空間周波数の 2 倍以上の細かさでサンプリングすれば，画像を完全に復元できることがわかる。これを，**サンプリング定理**という。サンプリング定理を満たさない場合は，もとの画像との違いが生じる。これを**エイリアシング誤差**という。

6.9 角スペクトルによる回折表現

角スペクトルを用いた回折表現について紹介する。ここでは，光が z 軸正方向に伝搬する場合について考える。ある z の値での xy 平面上での波の分布 $u(x,y;z)$ をフーリエ変換を用いてつぎのように表す。

$$u(x,y;z)=\frac{1}{\lambda^2}\iint_{-\infty}^{\infty}U(\alpha/\lambda,\ \beta/\lambda;z)\,e^{i2\pi(x\alpha+y\beta)/\lambda}d\alpha d\beta \tag{6.69}$$

ただし，$U(\alpha/\lambda,\ \beta/\lambda;z)$ は $u(x,y;z)$ のフーリエ変換である。

$$U(\alpha/\lambda,\beta/\lambda;z)=\iint_{-\infty}^{\infty}u(x,y;z)\,e^{-i2\pi(\alpha x+\beta y)/\lambda}dxdy \tag{6.70}$$

また，空間周波数 ν_x と ν_y に対して $\alpha=\nu_x/\lambda$，$\beta=\nu_y/\lambda$ と定義した。1.1.4 項で述べたように，誘電体中では波の分布 $u(x,y;z)$ はヘルムホルツ方程式 $(\nabla^2+k^2)u(x,y;z)=0$ を満たす必要がある。

$$\iint_{-\infty}^{\infty}\left[k^2(1-\alpha^2-\beta^2)\,U(\alpha/\lambda,\ \beta/\lambda;z)\right.$$
$$\left.+\frac{\partial^2U(\alpha/\lambda,\ \beta/\lambda;z)}{\partial z^2}\right]e^{i2\pi(x\alpha+y\beta)/\lambda}d\alpha d\beta=0 \tag{6.71}$$

上式がすべての x と y で成り立つことから，次式を得る。

$$k^2\gamma^2U(\alpha/\lambda,\ \beta/\lambda;z)+\frac{\partial^2U(\alpha/\lambda,\ \beta/\lambda;z)}{\partial z^2}=0 \tag{6.72}$$

ただし，$\gamma^2=1-\alpha^2-\beta^2$ とした。z 軸正方向に伝搬する光を考えているので，この微分方程式の解はつぎのように求まる。

$$U(\alpha/\lambda,\ \beta/\lambda;z)=U(\alpha/\lambda,\ \beta/\lambda;0)\,e^{ik\gamma z} \tag{6.73}$$

ただし，$U(\alpha/\lambda,\ \beta/\lambda;0)$ は $z=0$ での波の分布 $u(x,y;0)$ のフーリエ変換である。上式は，距離 z の回折はコヒーレント伝達関数で $e^{ik\gamma z}$ と表せることを意味している。以上より，つぎの回折式を得る。

$$u(x,y:z)=\frac{1}{\lambda^2}\iint_{-\infty}^{\infty}U(\alpha/\lambda,\ \beta/\lambda;0)\,e^{ik(x\alpha+y\beta+z\gamma)}d\alpha d\beta \tag{6.74}$$

上式は，方向余弦(α,β,γ)で進む平面波の重ね合わせとみなすことができる。このことから，$U(\alpha/\lambda,\ \beta/\lambda;0)$は角スペクトルと呼ばれる。また，上式は，フレネル近似やフラウンホーファー近似とは違い，ヘルムホルツ方程式を厳密に満たしている。

$\alpha^2+\beta^2<1$のときはγの値は実数であるので，これは空間を遠方まで伝わる**伝搬波**である。しかし，$\alpha^2+\beta^2>1$のときはγの値は純虚数となり，z軸方向に急激に減衰する波になる。これは，1.3.4項で学んだエバネッセント波である。

以上のことから，${\nu_x}^2+{\nu_y}^2>\lambda^2$の場合，すなわち，波長$\lambda$より小さい周期を持つ構造は，エバネッセント波を発生させる。光学顕微鏡などでは通常は伝搬波が用いられるので，波長λより小さい構造を知ることはできない。伝搬波のみに関する回折式はつぎのようになる。

$$u(x,y:z)=\frac{1}{\lambda^2}\iint_{\alpha^2+\beta^2<1}U(\alpha/\lambda,\ \beta/\lambda;0)\,e^{ik\sqrt{1-\alpha^2+\beta^2}}e^{ik(x\alpha+y\beta)}d\alpha d\beta \tag{6.75}$$

波長λより小さい構造を知るためには，エバネッセント波を検出する必要がある。エバネッセント波は物体から離れるにつれて急激に減衰するので，先端を尖らせたプローブを物体表面に波長程度まで近ずけて検出する。この原理を用いて，従来の光測定の分解能の限界を越えて物体の微細構造の測定を可能にしたのが，**近接場顕微鏡**である。

演　習　問　題

(1)　コラム6.1のフーリエ変換とコンボリューション演算の関係，およびフーリエ変換と相関演算の関係を導け。

(2)　表6.1のガウス関数，余弦関数，および正弦関数のフーリエ変換を導け。

（3） 画像 $s(x,y)$ を間隔 a ずらして二重露光した場合の画像 $g(x,y)$ からもとの画像を復元するフィルタの振幅透過率分布を求めよ。

$$g(x,y)=s\left(x-\frac{a}{2},\ y\right)+s\left(x+\frac{a}{2},\ y\right)$$

（4） 光の位相のみを変化させる物体は光を吸収しないので，フィルム等でその位相変化を撮影することはできない。しかし，位相変化が小さく，$g(x,y)=\exp\{i\phi(x,y)\}\simeq 1+i\phi(x,y)$ と近似できる場合は，空間フィルタリング光学系を用いて，そのフーリエ面の中心（$\nu_x=0,\ \nu_y=0$）を遮光するフィルタを用いて，位相分布を強度分布に変換することができる。入力画像の位相と出力画像の強度の関係を求めよ。

（5） 前問で，次式で表される振幅透過率分布を有するフィルタを用いる。

$$T(\nu_x,\ \nu_y)=\begin{cases} ae^{i\alpha} & (\nu_x=0,\ \nu_y=0) \\ 1 & (\nu_x=0,\ \nu_y=0\ \text{以外}) \end{cases}$$

入力画像の位相と出力画像の強度の関係を求めよ。また，出力画像のコントラストを最大にするためにはどうすればよいか考えよ。

7 結晶光学

前章までの議論では，光を伝搬する物質は方向によって性質が変わらない，つまり**等方的**であるとしてきた。しかし，結晶は，その方向性のある特徴的な構造からも想像がつくように，光に対する性質が方向によって異なる。このような**異方性**を持つ結晶内での光の振舞いについて述べる。

7.1 結晶内の電磁場

等方的な物質では，誘電率は方向によらず一定なためスカラーとして扱うことができた。しかし，結晶では誘電率は方向によって異なるのでテンソルとして扱う必要がある。したがって，電場 $\boldsymbol{E}$ と電気変位 $\boldsymbol{D}$ はつぎの関係で結ばれる。

$$D_i=\sum_{j=1}^{3}\varepsilon_{ij}E_j \tag{7.1}$$

上式より，結晶内では $\boldsymbol{E}$ と $\boldsymbol{D}$ の方向は必ずしも一致しないことがわかる。透磁率は，結晶内でも等方的であるとしてよいので，今までどおりスカラーとして扱うことができ，磁場 $\boldsymbol{H}$ と磁束密度 $\boldsymbol{B}$ は $\boldsymbol{B}=\mu_0\boldsymbol{H}$ の関係で結ばれる。

結晶内においても 1.1.8 項で導いたエネルギー保存則式(1.55)が成り立つ。式(1.50)を代入して式(7.2)のように表す。

$$\int_S \boldsymbol{S}\cdot\boldsymbol{n}ds+\frac{\partial}{\partial t}\int_V \frac{1}{2}\sum_{i=1}^{3}\sum_{j=1}^{3}\varepsilon_{ij}E_iE_jdv+\frac{\partial}{\partial t}\int_V\frac{1}{2}\sum_{i=1}^{3}\mu_0 H_i^2dv=0 \tag{7.2}$$

ポインティングベクトル $\boldsymbol{S}=\boldsymbol{E}\times\boldsymbol{H}$ にベクトル解析の公式 $\nabla\cdot(\boldsymbol{A}\times\boldsymbol{B})=-\boldsymbol{A}\cdot(\nabla\times\boldsymbol{B})+\boldsymbol{B}\cdot(\nabla\times\boldsymbol{A})$ を適用する。

$$\nabla\cdot\boldsymbol{S}+\boldsymbol{E}\cdot\frac{\partial\boldsymbol{D}}{\partial t}+\boldsymbol{H}\cdot\frac{\partial\boldsymbol{B}}{\partial t}=0$$

$$\nabla\cdot\boldsymbol{S}+\sum_{i=1}^{3}E_i\sum_{j=1}^{3}\varepsilon_{ij}\frac{\partial E_j}{\partial t}+\sum_{i=1}^{3}H_i\mu_0\frac{\partial H_i}{\partial t}=0 \tag{7.3}$$

ただし，$\nabla\times\boldsymbol{H}=\partial\boldsymbol{D}/\partial t$ と $\nabla\times\boldsymbol{E}=-\partial\boldsymbol{B}/\partial t$ の関係を用いた。両辺を体積積分して，ガウスの定理を用いる。

$$\int_S \boldsymbol{S}\cdot\boldsymbol{n}ds+\int_V\sum_{i=1}^{3}\sum_{j=1}^{3}\varepsilon_{ij}E_i\frac{\partial E_j}{\partial t}dv+\int_V\sum_{i=1}^{3}\mu_0 H_i\frac{\partial H_i}{\partial t}dv=0 \tag{7.4}$$

エネルギー保存の式(7.2)と比較すると，つぎの関係が求まる。

$$\varepsilon_{ij}=\varepsilon_{ji} \tag{7.5}$$

すなわち，誘電率テンソル ε_{ij} は対称テンソルであることがわかる。

対称テンソルは，座標軸を適当に選ぶことで対角成分以外をすべて 0 にできる。したがって，$\boldsymbol{D}$ と $\boldsymbol{E}$ はつぎの簡単な関係で結ばれる。

$$\begin{pmatrix} D_1 \\ D_2 \\ D_3 \end{pmatrix}=\begin{pmatrix} \varepsilon_1 & 0 & 0 \\ 0 & \varepsilon_2 & 0 \\ 0 & 0 & \varepsilon_3 \end{pmatrix}\begin{pmatrix} E_1 \\ E_2 \\ E_3 \end{pmatrix} \tag{7.6}$$

$\varepsilon_1, \varepsilon_2, \varepsilon_3$ を**主誘電率**という。

$$D_1=\varepsilon_1E_1, \qquad D_2=\varepsilon_2E_2, \qquad D_3=\varepsilon_3E_3 \tag{7.7}$$

この関係を満たす座標系を**主軸座標**といい，座標軸を**主座標軸**という。

三つの主誘電率の大小関係によって結晶はつぎの 3 種類に分類される。

〔1〕 **等方性結晶**　　$\varepsilon_1=\varepsilon_2=\varepsilon_3$ の結晶。等方性の結晶で，本章以前の議論が成り立つ。結晶学的には，立方晶系に属する。

〔2〕 **単 軸 結 晶**　　三つの主誘電率のうち二つが等しい結晶。主座標軸に対する回転対称性から，$\varepsilon_1=\varepsilon_2<\varepsilon_3$ の**正結晶**と $\varepsilon_1=\varepsilon_2>\varepsilon_3$ の**負結晶**の二つに分類できる。結晶学的には，正方晶系，三方晶系，六方晶系に属する。

〔3〕 **二軸結晶**　三つの主誘電率がすべて異なる結晶。結晶学的には，単斜晶系，三斜晶系，斜方晶系に属する。

代表的な結晶の分類表を**表 7.1** に示す。

表 7.1　結晶の光学的分類

<table>
<tr><th></th><th>軸　性</th><th>結晶系</th><th>結晶軸</th><th>特　徴</th></tr>
<tr><td>光学的等方体</td><td>軸性なし</td><td>立方晶系</td><td>$a=b=c$
$\alpha=\beta=\gamma$</td><td>等方性</td></tr>
<tr><td rowspan="6">光学的異方体</td><td rowspan="3">単軸性
$\varepsilon_1=\varepsilon_2\neq\varepsilon_3$
・光軸が 1 本で結晶軸と一致する。
・常光線と異常光線に分かれる。</td><td>正方晶系
（ジルコン，錫石など）</td><td>$a=b\neq c$
$\alpha=\beta=\gamma=90^\circ$</td><td>$c:a$</td></tr>
<tr><td>三方晶系
（石英，コランダムなど）</td><td>$a=b=c$
$\alpha=\beta=\gamma\neq 90^\circ$</td><td>$d$</td></tr>
<tr><td>六方晶系
（方解石，電気石など）</td><td>$a=b\neq c$
$\alpha=\beta=90^\circ$
$\gamma=120^\circ$</td><td>$c:a$</td></tr>
<tr><td rowspan="3">二軸性
$\varepsilon_1\neq\varepsilon_2\neq\varepsilon_3$
・光軸は 2 本
・異常光のみ存在する。</td><td>斜方晶系
（紅柱石など）</td><td>$a\neq b\neq c$
$\alpha=\beta=\gamma=90^\circ$</td><td>$a:b$
$b:c$</td></tr>
<tr><td>単斜晶系
（正長石，せっこうなど）</td><td>$a\neq b\neq c$
$\alpha=\gamma=90^\circ\neq\beta$</td><td>$a:b:c$
β</td></tr>
<tr><td>三斜晶系
（灰長石など）</td><td>$a\neq b\neq c$
$\alpha\neq\beta\neq\gamma$</td><td>$a:b$
$b:c$
α, β, γ</td></tr>
</table>

（a, b, c は軸の長さ，α, β, γ は軸の角度を表す）

1.1.7 項では等方的な媒質中での電磁波の振動方向と進行方向の関係について調べた。最初にも述べたが，結晶内では $\boldsymbol{E}$ と $\boldsymbol{D}$ の方向は必ずしも一致しない。しかし，この点を除けば，1.1.7 項の議論は結晶内でも成り立つ。したがって，$\boldsymbol{D}$ と $\boldsymbol{H}$ および $\boldsymbol{B}$ は，波数ベクトル $\boldsymbol{k}$ に垂直である。$\boldsymbol{H}$ と $\boldsymbol{B}$ は同一方向で，$\boldsymbol{D}$ と $\boldsymbol{E}$ の両方に垂直である。しかし，光のエネルギーの伝搬を表すポインティングベクトル $\boldsymbol{S}=\boldsymbol{E}\times\boldsymbol{H}$ の方向は，**図 7.1** に示すように，等位相面の進行方向を表す $\boldsymbol{k}$ の方向とは必ずしも一致しない。

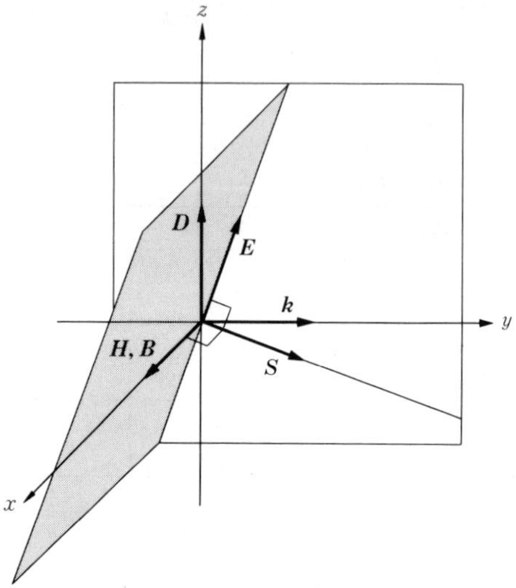

図 7.1　結晶内の電磁場の方向

7.2　フレネルの方程式

結晶中を伝搬する平面波の位相速度について調べる。結晶光学では，これを**法線速度**と呼ぶ。波数ベクトル $\boldsymbol{k}$ の単位ベクトルを $\boldsymbol{\kappa}$ で表し，$\boldsymbol{k}=k\boldsymbol{\kappa}=(\omega/v_n)\boldsymbol{\kappa}$ と表したときの v_n が求める法線速度である。$\boldsymbol{E}, \boldsymbol{H}, \boldsymbol{D}$ が時間的変動を含まない電磁波の空間的変動を表すとすると，1.1.7 項を参照して

$$\boldsymbol{\kappa}\times\boldsymbol{E}=\mu_0 v_n\boldsymbol{H}, \qquad \boldsymbol{\kappa}\times\boldsymbol{H}=-v_n\boldsymbol{D} \tag{7.8}$$

である。第 1 式の両辺に $\boldsymbol{\kappa}\times$ を作用させて，左辺にベクトル解析の公式 $\boldsymbol{A}\times\boldsymbol{B}\times\boldsymbol{C}=(\boldsymbol{A}\cdot\boldsymbol{C})\boldsymbol{B}-(\boldsymbol{A}\cdot\boldsymbol{B})\boldsymbol{C}$ を用い，右辺に第 2 式を代入する。

$$\boldsymbol{\kappa}(\boldsymbol{\kappa}\cdot\boldsymbol{E})-\boldsymbol{E}=-\mu_0 v_n{}^2\boldsymbol{D}$$

$$\boldsymbol{D}=\frac{1}{\mu_0 v_n{}^2}\{\boldsymbol{E}-\boldsymbol{\kappa}(\boldsymbol{\kappa}\cdot\boldsymbol{E})\}=\frac{1}{\mu_0 v_n{}^2}\boldsymbol{E}_\kappa \tag{7.9}$$

ここで，$\boldsymbol{E}-\boldsymbol{\kappa}(\boldsymbol{\kappa}\cdot\boldsymbol{E})$ は $\boldsymbol{E}$ の $\boldsymbol{\kappa}$ に垂直な成分で，これを $\boldsymbol{E}_\kappa$ と表した。$i=1, 2, 3$ として成分表示する。ただし，$E_i=D_i/\varepsilon_i$ の関係を用いる。

$$v_n{}^2 D_i = \frac{D_i}{\varepsilon_i \mu_0} - \frac{\kappa_i}{\mu_0}(\boldsymbol{\kappa}\cdot\boldsymbol{E}) \tag{7.10}$$

さらに，主座標軸方向の法線速度 $v_i = 1/\sqrt{\varepsilon_i \mu_0}$ を用いると次式を得る。

$$D_i = \frac{\boldsymbol{\kappa}\cdot\boldsymbol{E}}{\mu_0}\frac{\kappa_i}{v_i{}^2 - v_n{}^2} \tag{7.11}$$

最後に，$\boldsymbol{D}\cdot\boldsymbol{k} = k\boldsymbol{D}\cdot\boldsymbol{\kappa} = 0$ の関係を用いると次式が導ける。

$$\sum_{i=1}^{3}\frac{\kappa_i{}^2}{v_i{}^2 - v_n{}^2} = 0 \tag{7.12}$$

これを，**フレネルの法線方程式**という。等位相面の進む方向 $\boldsymbol{\kappa}$ を与えれば，その等位相面の法線速度 v_n が求まる。ただし，$v_n{}^2$ に関する 2 次方程式であるから，$v_n{}^2$ が二つ求まる。$v_n > 0$ とすると，v_n が二つ存在することになる。つまり，異なる法線速度で伝わる二つの等位相面が存在することを意味する。

二つの法線速度 v_{n1} と v_{n2} に対応する二つの電気変位を $\boldsymbol{D}_1$ と $\boldsymbol{D}_2$ で表す。

$$D_{1i} = \frac{\boldsymbol{\kappa}\cdot\boldsymbol{E}_1}{\mu_0}\frac{\kappa_i}{v_i{}^2 - v_{n1}{}^2}, \quad D_{2i} = \frac{\boldsymbol{\kappa}\cdot\boldsymbol{E}_2}{\mu_0}\frac{\kappa_i}{v_i{}^2 - v_{n2}{}^2} \tag{7.13}$$

$\boldsymbol{D}_1$ と $\boldsymbol{D}_2$ のスカラー積を計算するとつぎのようになる。

$$\boldsymbol{D}_1\cdot\boldsymbol{D}_2 = \frac{(\boldsymbol{\kappa}\cdot\boldsymbol{E}_1)(\boldsymbol{\kappa}\cdot\boldsymbol{E}_2)}{\mu_0{}^2(v_{n1}{}^2 - v_{n2}{}^2)}\left(\sum_{i=1}^{3}\frac{\kappa_i{}^2}{v_i{}^2 - v_{n1}{}^2} - \sum_{i=1}^{3}\frac{\kappa_i{}^2}{v_i{}^2 - v_{n2}{}^2}\right) = 0 \tag{7.14}$$

ただし，式(7.12)を用いた。このように，$\boldsymbol{D}_1$ と $\boldsymbol{D}_2$ は振動面が直交している。つまり，異方性の結晶内では異なる法線速度で進む二つの光が存在しその偏光方向は互いに直交している。

つぎに，エネルギーの伝搬について考える。エネルギーの流れはポインティングベクトル $\boldsymbol{S}$ で表され，幾何光学の光線に対応する。この速度を**光線速度**といい v_r で表す。$\boldsymbol{S}$ の単位ベクトルを $\boldsymbol{s}$ で表す。**図 7.2** に示すように，等位相面の伝搬方向 $\boldsymbol{\kappa}$ と光線の方向 $\boldsymbol{s}$ のなす角を α で表すと，$v_r \cos\alpha = v_n$ である。法線速度 v_n と光線速度 v_r に対する屈折率をそれぞれ n と n_r で表すと，$v_n = c/n$，$v_r = c/n_r$ であるから，$n_r = n\cos\alpha$ である。また，図 7.1 より $\boldsymbol{D}$ と $\boldsymbol{E}$ のなす角は α であるから，$\boldsymbol{E}\cdot\boldsymbol{D} = ED\cos\alpha$ である。したがって，式(7.15)のような関係が導ける。

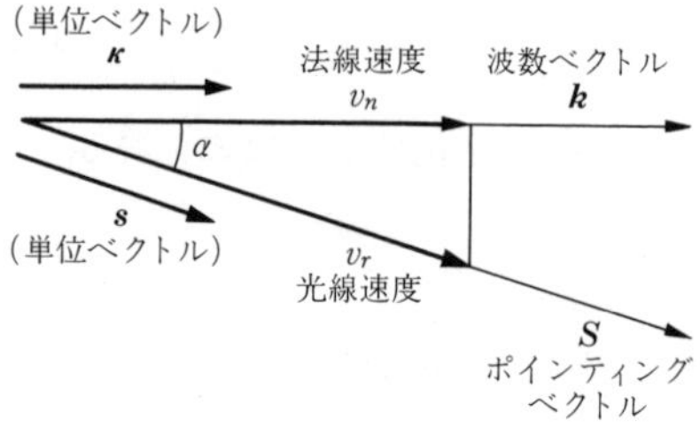

図 7.2 法線速度と光線速度の関係

$$n_r = \frac{n\boldsymbol{E}\cdot\boldsymbol{D}}{ED} \tag{7.15}$$

$\boldsymbol{E}_\kappa$ は $\boldsymbol{E}$ の $\boldsymbol{\kappa}$ に垂直な成分であるので，図7.1より $\boldsymbol{E}$ の $\boldsymbol{D}$ への射影を用いて，$\boldsymbol{E}_\kappa = (\boldsymbol{E}\cdot\boldsymbol{D})\boldsymbol{D}/D^2$ と表せる。これと式(7.9)より，$n^2 = \mu_0 c^2 D^2/\boldsymbol{E}\cdot\boldsymbol{D}$ を得る。さらに，式(7.15)と組み合わせると次式を得る。

$$n_r{}^2 = \frac{\mu_0 c^2 \boldsymbol{E}\cdot\boldsymbol{D}}{E^2} \tag{7.16}$$

$\boldsymbol{D}$ の $\boldsymbol{s}$ に垂直な成分 $\boldsymbol{D}_s$ は $\boldsymbol{D} - \boldsymbol{s}(\boldsymbol{D}\cdot\boldsymbol{s})$ と表せるが，これは $\boldsymbol{D}$ の $\boldsymbol{E}$ への射影であるから $\boldsymbol{D}_s = (\boldsymbol{D}\cdot\boldsymbol{E})\boldsymbol{E}/E^2$ とも表せる。以上より，つぎの関係を得る。

$$\boldsymbol{E} = \mu_0 v_r{}^2\{\boldsymbol{D} - \boldsymbol{s}(\boldsymbol{D}\cdot\boldsymbol{s})\} \tag{7.17}$$

これは，フレネルの法線方程式の導出に用いた式(7.9)と似た形をしている。これをもとに，法線速度の場合と同様にしてつぎの光線速度に関する方程式を導くことができる。

$$\sum_{i=1}^{3} \frac{s_i{}^2 v_i{}^2}{v_r{}^2 - v_i{}^2} = 0 \tag{7.18}$$

光線の進行方向 $\boldsymbol{s}$ を決めると，上式より光線速度 v_r が求まる。法線速度と同様に二つの光線速度 v_r が存在する。

7.3 結晶内の光の伝搬

フレネルの法線方程式を展開して表す。

$$\frac{\kappa_1{}^2}{v_1{}^2-v_n{}^2}+\frac{\kappa_2{}^2}{v_2{}^2-v_n{}^2}+\frac{\kappa_3{}^2}{v_3{}^2-v_n{}^2}=0 \tag{7.19}$$

等位相面の進行方向 $\boldsymbol{\kappa}$ が yz 面($\kappa_1=0$)，zx 面($\kappa_2=0$)，および xy 面($\kappa_3=0$)上にある場合，二つの法線速度 v_{n1} と v_{n2} はつぎのように求まる。

$$yz\text{ 面}: v_{n1}=v_1, \qquad v_{n2}=\sqrt{\kappa_2{}^2v_3{}^2+\kappa_3{}^2v_2{}^2} \tag{7.20}$$

$$zx\text{ 面}: v_{n1}=v_2, \qquad v_{n2}=\sqrt{\kappa_3{}^2v_1{}^2+\kappa_1{}^2v_3{}^2} \tag{7.21}$$

$$xy\text{ 面}: v_{n1}=v_3, \qquad v_{n2}=\sqrt{\kappa_1{}^2v_2{}^2+\kappa_2{}^2v_1{}^2} \tag{7.22}$$

長さが v_{n1} と v_{n2} で方向が $\boldsymbol{\kappa}$ の二つのベクトルを考え，その軌跡を $\boldsymbol{\kappa}$ について描くと**図 7.3** のようになる。一方が円で，他方は楕円に近い卵形になる。特に，二つの速度が一致する等位相面の伝搬方向を**光学軸**という。法線速度を 3

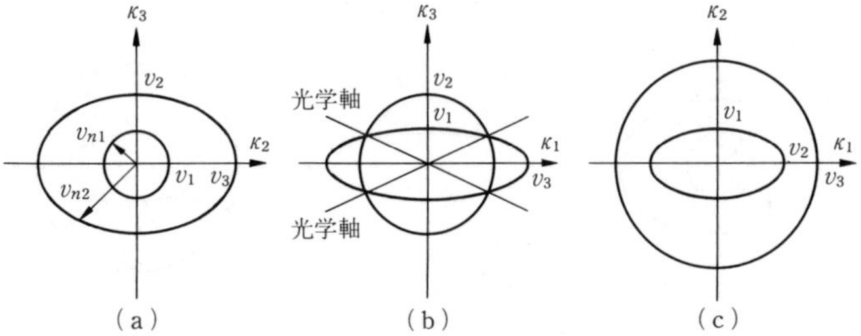

図 7.3　法 線 速 度

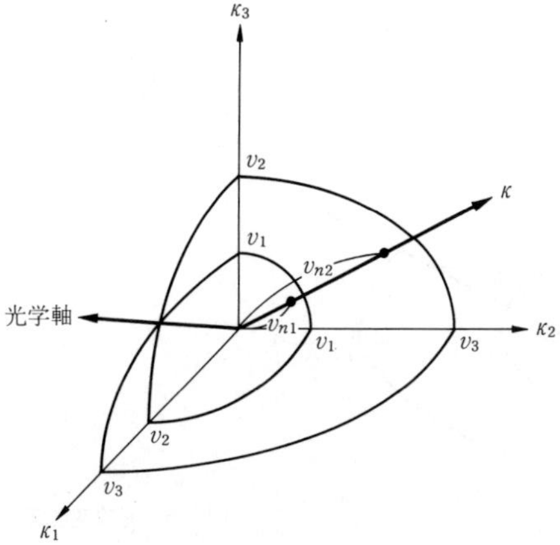

図 7.4　法線速度面

次元表示すると**図 7.4** のようになり，二重の**法線速度面**が形成される。

同様にして，光線速度 v_r が光線方向ベクトル $\boldsymbol{s}$ に対して形づくる**光線速度面**を求める。

$$\frac{s_1^2 v_1^2}{v_1^2 - v_r^2} + \frac{s_2^2 v_2^2}{v_2^2 - v_r^2} + \frac{s_3^2 v_3^2}{v_3^2 - v_r^2} = 0 \qquad (7.23)$$

$$yz \text{ 面}(s_x=0)\text{：} v_{r1}=v_1, \qquad \frac{(v_{r2}s_2)^2}{v_3^2} + \frac{(v_{r2}s_3)^2}{v_2^2} = 1 \qquad (7.24)$$

$$zx \text{ 面}(s_y=0)\text{：} v_{r1}=v_2, \qquad \frac{(v_{r2}s_3)^2}{v_1^2} + \frac{(v_{r2}s_1)^2}{v_3^2} = 1 \qquad (7.25)$$

$$xy \text{ 面}(s_z=0)\text{：} v_{r1}=v_3, \qquad \frac{(v_{r2}s_1)^2}{v_2^2} + \frac{(v_{r2}s_2)^2}{v_1^2} = 1 \qquad (7.26)$$

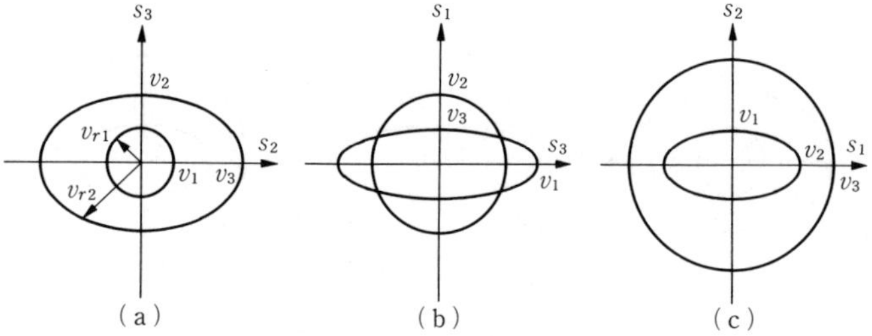

図 7.5　光 線 速 度

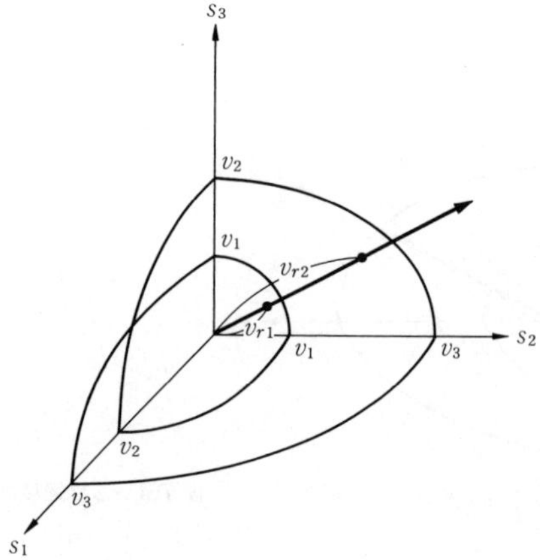

図 7.6　光線速度面

これらを**図 7.5** に示す。v_{r1} は円を描き，v_{r2} は楕円を描く。v_{r2} が楕円を描く点が，法線速度面の違いである。3 次元表示したものを**図 7.6** に示す。

ここで，次式で表される**屈折率楕円体**と呼ばれる曲面について考える。ただし，**主屈折率**を $n_i=\sqrt{\varepsilon_i/\varepsilon_0}$ と定義した。

$$\frac{x^2}{{n_1}^2}+\frac{y^2}{{n_2}^2}+\frac{z^2}{{n_3}^2}=1 \tag{7.27}$$

これを，**図 7.7** に示す。原点を通り等位相面の進行方向 $\boldsymbol{\kappa}$ に垂直な平面で切り取って得られる楕円の長軸と短軸の方向が二つの電気変位 $\boldsymbol{D}_1$ と $\boldsymbol{D}_2$ の振動方向を与える。また，長軸と短軸の長さが $\boldsymbol{D}_1$ と $\boldsymbol{D}_2$ に対する屈折率を与える。

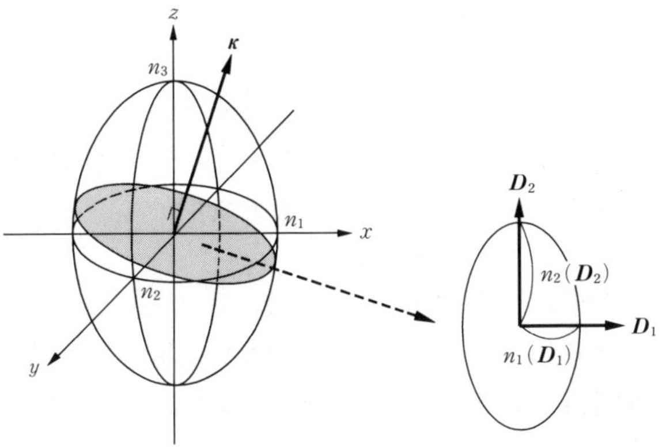

図 7.7　屈折率楕円体

つぎに，結晶表面での光の屈折について考える。結晶は空気中に置かれているとして，空気中での入射光の単位波数ベクトルを $\boldsymbol{\kappa}_0$ で，屈折後の結晶内の単位波数ベクトルを $\boldsymbol{\kappa}$ で表す。1 章で導いた境界条件より，次式を得る。

$$\left(\frac{\boldsymbol{\kappa}_0}{c}-\frac{\boldsymbol{\kappa}}{v_n}\right)\times\boldsymbol{n}=0 \tag{7.28}$$

ただし，$\boldsymbol{n}$ は結晶表面の法線ベクトルである。上式より，$\boldsymbol{\kappa}_0/c-\boldsymbol{\kappa}/v_n$ が結晶表面に垂直である必要がある。そこで，**図 7.8** に示すように，法線速度 v_n の逆数をプロットする。これを，**逆法線速度面**という。二つの法線速度面に対応

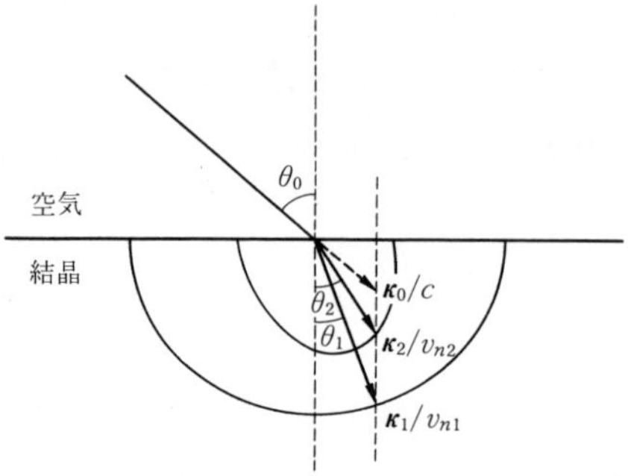

図 7.8　逆法線速度面と結晶での屈折

して，二つの逆法線速度面が存在する。図は結晶の主座標軸が結晶表面に対して傾いている場合を示している。$\boldsymbol{\kappa}_0/c-\boldsymbol{\kappa}/v_n$ が結晶表面に垂直であることから，$\boldsymbol{\kappa}$ の方向が決まる。二つの逆法線速度面に対応して，二つの屈折方向が得られる。このように，結晶に入射する光は偏光によって屈折角が異なる。これを**複屈折**という。結晶への入射角を θ_0 で表し，二つの位相速度 v_{n1} と v_{n2} に対応する屈折角を θ_1 と θ_2 で表すとつぎの関係が成り立つ。

$$\frac{\sin\theta_0}{\sin\theta_1}=\frac{c}{v_{n1}},\qquad \frac{\sin\theta_0}{\sin\theta_2}=\frac{c}{v_{n2}} \tag{7.29}$$

v_{n2} が角度 θ_2 の関数であることに注意してほしい。複屈折現象は，**図 7.9** に示すように，法線速度面にホイヘンスの原理を用いて説明することもできる。

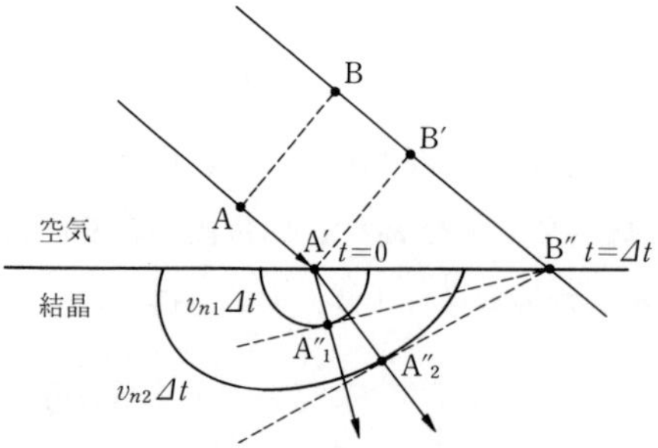

図 7.9　ホイヘンスの原理による複屈折現象の説明

7.4　単軸結晶内の光の伝搬

単軸結晶は光学実験でよく使われる結晶で方解石や水晶などが有名である。

ここでは正結晶を例に考える。この場合，主誘電率を $\varepsilon_1=\varepsilon_2<\varepsilon_3$ とすると，主座標軸方向の法線速度は $v_1=v_2>v_3$ である。$v_o=v_1=v_2$, $v_e=v_3$ と表すと，法線速度面は**図 7.10** のようになる。光学軸が一つしか存在しないことが単軸結晶と呼ばれる理由である。法線速度面の一つは球面で，その法線速度 v_o は方向によらず一定である。主屈折率は $n_1=n_2<n_3$ で，$n_o=n_1=n_2$, $n_e=n_3$ と表した。屈折率楕円体を原点を含む平面で切り取って得られる楕円の短軸の長さは，切り取る角度によらず一定値 n_o である。

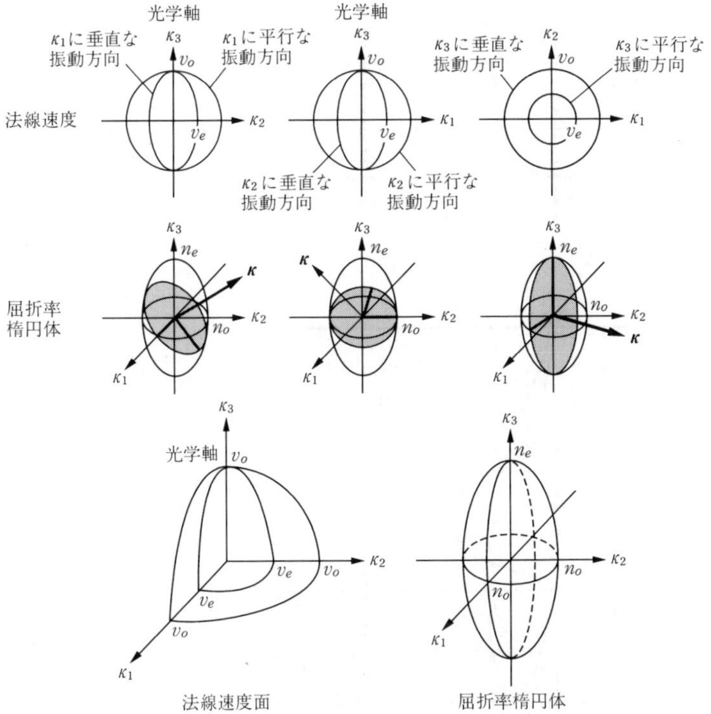

図 7.10　正　結　晶

単軸結晶では，一方の法線速度面は球面になる。これに対応する法線速度と屈折率は一定値で v_o と n_o であるので，屈折の法則が成り立つ。このような光を**常光線**という。他方の法線速度面は球面ではないから，法線速度と屈折率は等位相面の進む方向 $\boldsymbol{\kappa}$ によって異なり，屈折の法則は成り立たない。このような光を**異常光線**という。常光線と異常光線の偏光方向は互いに直交している。

等位相面の進行方向 $\boldsymbol{\kappa}$ が光学軸と平行な場合は，常光線と異常光線の区別はなくなる。$\boldsymbol{\kappa}$ と光学軸が直交している場合は，光学軸に垂直な振動面を持つ常光線の法線速度は v_o で対応する屈折率は n_o，光学軸に平行な振動面を持つ異常光線の法線速度は v_e で対応する屈折率は n_e である。

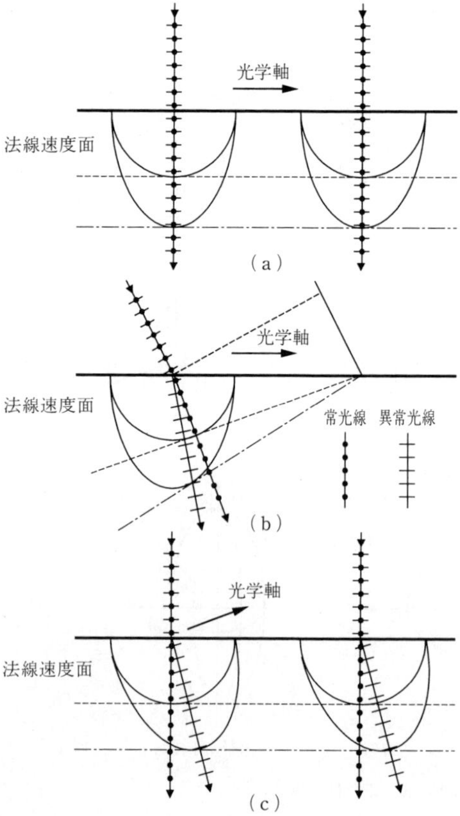

図 7.11　単軸結晶表面での屈折

単軸結晶表面での光の屈折の例を**図 7.11** に示す。図(a)は光学軸と結晶表面が平行な場合で，光が垂直入射すると常光線と異常光線は同じ方向に進む。図(b)は斜入射の場合で，常光線と異常光線の進む方向が異なる。図(c)は結晶表面が光学軸に対して傾いている場合で，光が垂直入射した場合でも異常光線は方向を変えるという特徴的な振舞いを示す。

7.5 偏　光　素　子

結晶の持つ異方性を用いて偏光を操る偏光素子を作製できる。ここでは，特定方向の偏光成分を取り出す**偏光子**と，偏光状態を変化させる**波長板**について説明する。

7.5.1 偏　　光　　子

図 7.12(a)に示すように，単軸結晶で作った二つのプリズムを光学軸が直交するように組み合わせたものを**ウォラストンプリズム**という。x 軸方向の偏光に対しては，一つめのプリズムの屈折率は n_e で，二つめのプリズムの屈折率は n_o である。y 軸方向の偏光に対しては，一つめのプリズムの屈折率は n_o で，二つめのプリズムの屈折率は n_e である。したがって，プリズムの結合面での屈折角が偏光方向によって異なり，直交する偏光を分離できる。

図(b)に示すように，一つめのプリズムの光学軸を入射光線に平行にしたのが**ロッションプリズム**である。x 軸方向の偏光に対する屈折率が両方のプリズムで等しく n_o であるので，この偏光成分は境界面で直進する。このようにロッションプリズムでは光の進行方向がずれないので扱いやすいが，ウォラストンプリズムに比べると偏光の分離角は小さい。

図 7.13(a)のように方解石を研いて，カナダバルサムという透明な接着剤で張り付けたものが**ニコルプリズム**である。ニコルプリズムでは，紙面に平行な偏光は進行方向を変えずに直進する。紙面に垂直な偏光は方解石に入射する

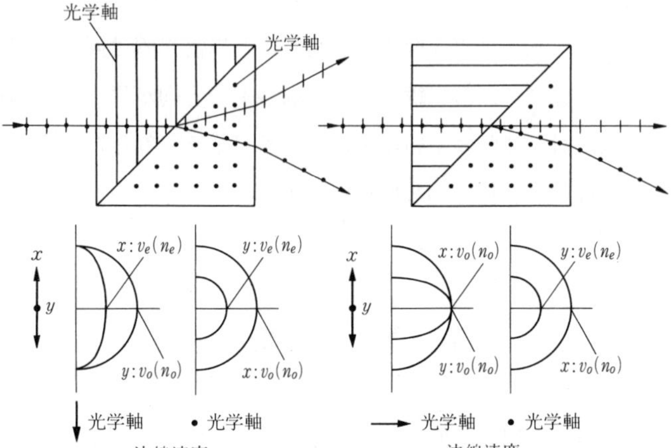

（a） ウォラストンプリズム　（b） ロッションプリズム

図 **7.12**　ウォラストンプリズムとロッションプリズム

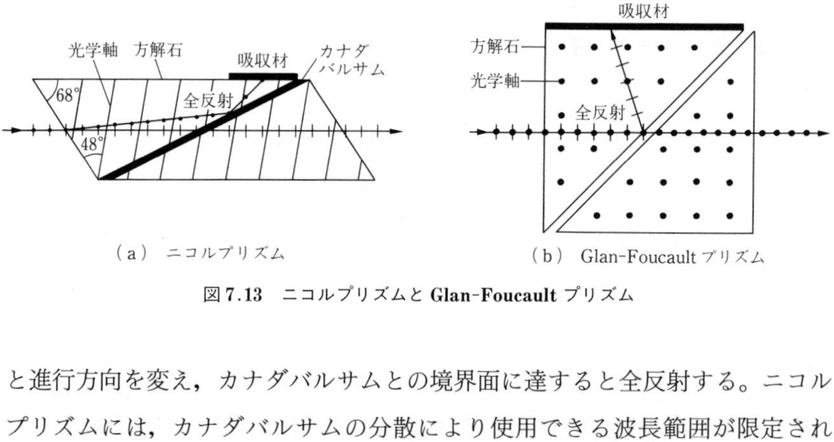

（a） ニコルプリズム　（b） Glan-Foucault プリズム

図 **7.13**　ニコルプリズムと **Glan-Foucault** プリズム

と進行方向を変え，カナダバルサムとの境界面に達すると全反射する。ニコルプリズムには，カナダバルサムの分散により使用できる波長範囲が限定される，全反射を用いるため入射角の許容範囲が狭いなどの問題点がある。

全反射を起す物質として分散の小さな空気を用いたのが図（b）に示す **Glan-Foucault プリズム**である。これは，使用できる波長範囲は広くなるが，入射角の許容範囲は逆に小さくなる。空気の代わりにカナダバルサムを全反射材料に用いたのが **Glan-Thompson プリズム**である。入射角の許容範囲は広くなるが，使用できる波長範囲は狭くなる。

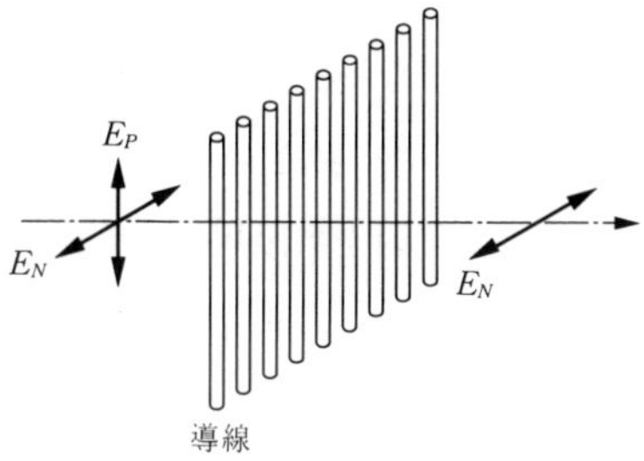

図 7.14 ワイヤグリッドの偏光特性

図 7.14 に示すように，導線を一方向に整列させたワイヤグリッドを考える。これに電磁波が入射すると，導線と平行に振動する電場 E_P は導線内の自由電子の移動にエネルギーが使われて減衰する。これに対して，導線と垂直に振動する電場 E_N はほとんど減衰されずに透過する。したがって，導線と垂直な電場の振動成分を取り出すことができる。ただし，ワイヤグリッドは導線の間隔をあまり小さくできないので，マイクロ波の領域での偏光子として用いられる。この原理を光の領域で用いたのが**ポラロイド**である。ポリビニルアルコールの高分子を一方向に整列させ，これにヨウ素原子を拡散させたものである。ヨウ素原子は高分子にそって分布し，ヨウ素原子の自由電子は高分子方向にしか移動できなくなるので，光の領域での偏光子として機能する。ポラロイドは，波長依存性が小さく入射角の許容範囲も大きいが，偏光の分離特性はあまりよくない。

ブルースター角を用いると入射面に平行な振動成分の反射をなくし，垂直な

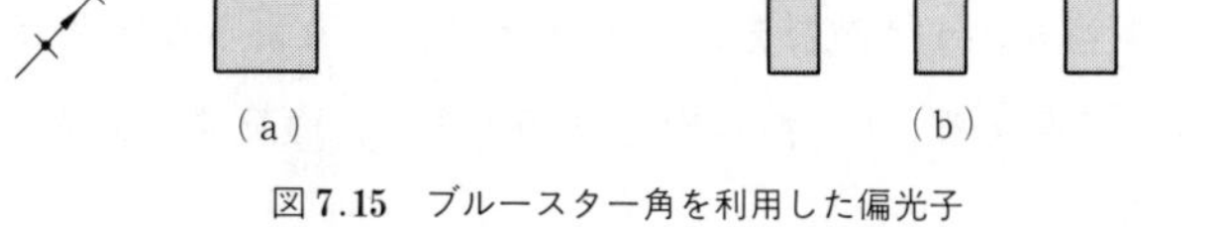

(a)　(b)

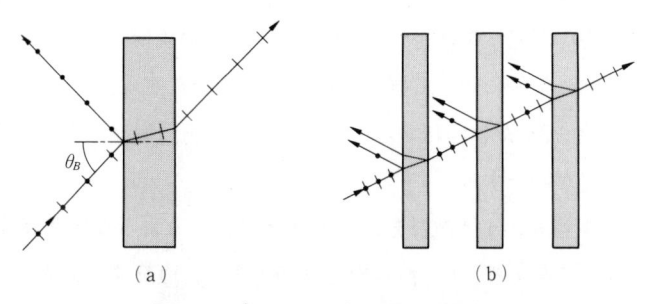

図 7.15 ブルースター角を利用した偏光子

成分のみを反射できることを1.3.3項で学んだ。したがって，**図7.15**(a)に示すようにブルースター角を用いて入射面に平行な偏光と垂直な偏光に分離できる。ただし，入射角をブルースター角に完全に一致させることは難しいので，図(b)に示すようにブルースター角による反射を数段用いて偏光の分離特性を改善することが行われる。このタイプの偏光子は，レーザの共振器など固定して動かさない箇所に用いられることが多い。

7.5.2 波　長　板

結晶表面と光学軸が平行な単軸結晶に光が垂直入射すると，光学軸に平行な偏光成分に対する屈折率は n_e で，直交する偏光成分に対する屈折率は n_o である。したがって，結晶通過後の二つの偏光成分の位相差 δ は，結晶の厚さを d として次式で与えられる。

$$\delta=\frac{2\pi}{\lambda}(n_e-n_o)d \tag{7.30}$$

位相差 δ が半波長分，つまり π になるような厚さ d を持つ結晶板を**半波長板**という。**図7.16**(a)に示すように，光学軸に対して角度 θ だけ傾いた直線偏光が入射する場合，入射電場は

$$E_x=E_0\sin\theta\cos\omega t, \qquad E_y=E_0\cos\theta\cos\omega t \tag{7.31}$$

と表せる。結晶板透過後に，二つの電場成分には位相差 π が発生するので

$$E_x'=E_0'\sin\theta\cos(\omega t+\pi)=E_0'\sin(-\theta)\cos\omega t$$

$$E_y'=E_0'\cos\theta\cos\omega t=E_0'\cos(-\theta)\cos\omega t \tag{7.32}$$

となり，偏光方向が光学軸に対して角度 $-\theta$ 傾いた直線偏光になる。このように，半波長板の光学軸に対して振動面が角度 θ 傾いた直線偏光が入射すると，偏光方向が角度 -2θ だけ回転することがわかる。楕円偏光を入射した場合も同様に楕円偏光が回転する。

つぎに，位相差 δ が1/4波長分，つまり $\pi/2$ になるような厚さ d を持つ**1/4波長板**について考える。1/4波長板を透過すると，直交する偏光成分には位相差 $\pi/2$ が発生する。

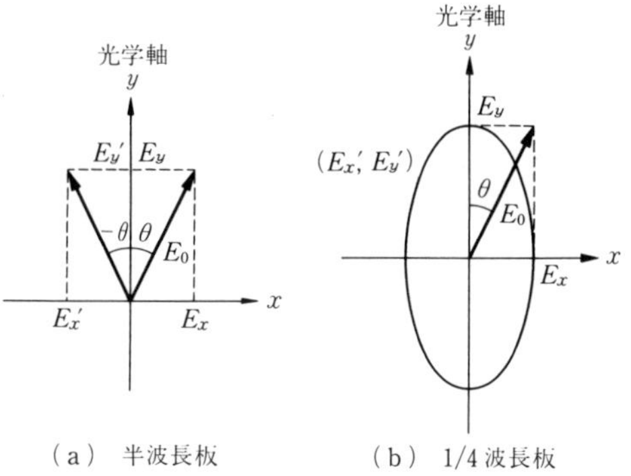

図 7.16 波長板による偏光操作

$$E_x' = E_0' \sin\theta \cos(\omega t + \pi/2) = -E_0' \sin\theta \sin\omega t$$

$$E_y' = E_0' \cos\theta \cos\omega t \tag{7.33}$$

$(E_x'/\sin\theta)^2 + (E_y'/\cos\theta)^2 = E_0'^2$ であるから，楕円偏光に変換されることがわかる。特に，$\theta = \pi/4$ の場合は円偏光になる。以上のことを図(b)に示す。1/4 波長板は，逆に楕円偏光や円偏光を直線偏光に変えることもできる。

半波長板や 1/4 波長板は，式(7.30)からわかるように，波長依存性が大きい。この問題を解決したのが，**図 7.17** に示す**ソレイユ-バビネ補償板**である。これは，波長板の長さが可変になっていて，位相差を任意に変えることができる。

$$\delta = \frac{2\pi}{\lambda}\{(n_e - n_o)d_1 - (n_e - n_o)d_2\} = \frac{2\pi}{\lambda}(n_e - n_o)(d_1 - d_2) \tag{7.34}$$

光学軸が直交した結晶を付加するのは，位相差ゼロを実現できるようにするた

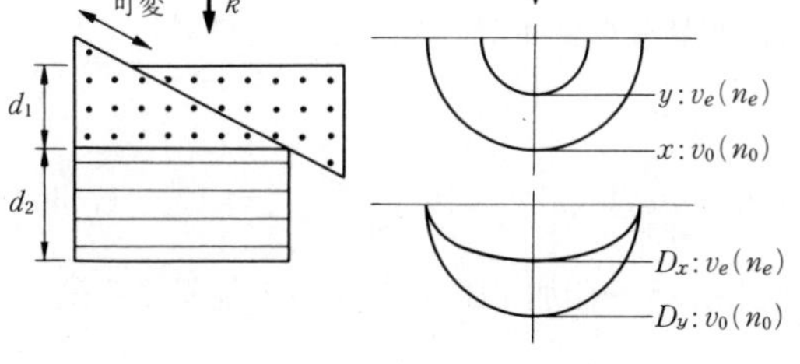

図 7.17 ソレイユ-バビネ補償板

めである。

7.5.3 液　　晶

液晶分子は光学的には単軸結晶として扱うことができ，複屈折性を示す。代表的な液晶分子としてネマティック液晶の屈折率楕円体を**図7.18**(a)に示す。

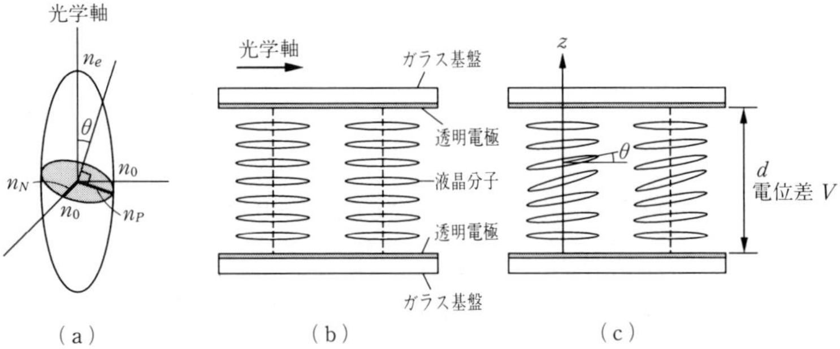

図7.18　液晶分子と液晶セル

図(b)に示すように，液晶分子を透明電極をつけたセルの中に入れて，その光学軸が透明電極に対して平行になるように配向させる。透明電極に電圧を印加すると，図(c)に示すように発生した電場の影響で液晶分子は傾く。透明電極に近い液晶分子は電極からの応力を受けているので傾きは小さく，セルの中心部の液晶分子ほど大きく傾く。液晶分子の傾きを θ とすると，図(a)より紙面に対して垂直な偏光に対する屈折率は $n_N=n_0$ で一定であるが，平行な偏光に対する屈折率 n_P は印加電圧 V と厚さ方向の距離 z の関数になる。

$$n_P(z, V)=\frac{n_o n_e}{\sqrt{n_o{}^2\cos^2\theta(z, V)+n_e{}^2\sin^2\theta(z, V)}} \tag{7.35}$$

透明電極の間隔を d とすると，液晶セル全体が直交する偏光に対して与える位相差 δ は

$$\delta(V)=\frac{2\pi}{\lambda}\int_0^d\{n_P(z, V)-n_N\}dz \tag{7.36}$$

で与えられる。このように，位相差 δ を印加電圧 V によって制御できる。

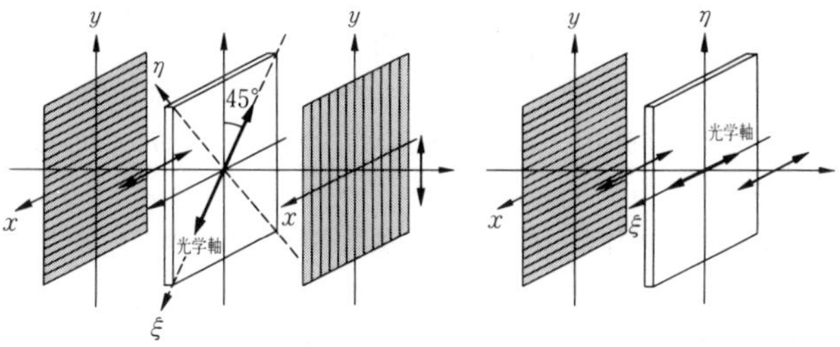

（a） 振幅変調　　（b） 位相変調

図 7.19 液晶による振幅変調と位相変調

図 7.19（a）に示すように，透過する偏光方向を直交させて配置した二つの偏光子の間に光学軸が 45 度をなすように液晶セルを配置する。最初の偏光子によって，x 軸方向の偏光成分のみになり，これを $E_x = E_0 \cos \omega t$ と表す。液晶の光学軸方向を ξ 軸で，それと直交する方向を η 軸で表すと，電場は

$$E_\xi = \frac{E_0}{\sqrt{2}} \cos \omega t, \qquad E_\eta = \frac{E_0}{\sqrt{2}} \cos \omega t \tag{7.37}$$

と表せる。液晶セルにより二つの電場成分間に位相差 δ が発生する。

$$E_\xi' = \frac{E_0'}{\sqrt{2}} \cos(\omega t + \delta), \quad E_\eta' = \frac{E_0'}{\sqrt{2}} \cos \omega t \tag{7.38}$$

第二の偏光子は y 軸方向の偏光のみを透過するので

$$E_y' = -\frac{E_\xi'}{\sqrt{2}} + \frac{E_\eta'}{\sqrt{2}} = E_0' \sin\left(\frac{\delta}{2}\right) \sin\left(\omega t + \frac{\delta}{2}\right) \tag{7.39}$$

となり，印加電圧 V により位相差 δ を変えることで透過光の振幅を制御できることがわかる。

また，図（b）に示すように入射光の偏光方向と光学軸の方向を一致させると，液晶セルを透過した光の位相を印加電圧によって制御できる。

$$E_x' = E_0' \cos(\omega t + \delta) \tag{7.40}$$

ディスプレイなどに使われている液晶パネルは，液晶分子の軸が液晶セルの深さ方向に回転するツイスト構造を持っているものが多く，この場合の解析はかなり複雑である。

演　習　問　題

(1)　法線速度の場合と同様にして，光線速度についても式(7.17)から光線速度の方程式(7.18)を導け。

(2)　7.3節で屈折率楕円体が $\boldsymbol{D}_1$ と $\boldsymbol{D}_2$ の振動方向と屈折率を与えると述べたが，このことを示せ。

(3)　単軸結晶の異常光線について，波数ベクトル $\boldsymbol{k}$ とポインティングベクトル $\boldsymbol{S}$ のなす角 α を求めよ。

(4)　**図7.20** に示すように，4.4節で学んだ薄膜での多光束干渉を用いて偏光子を作ることができる。この原理を考察せよ。

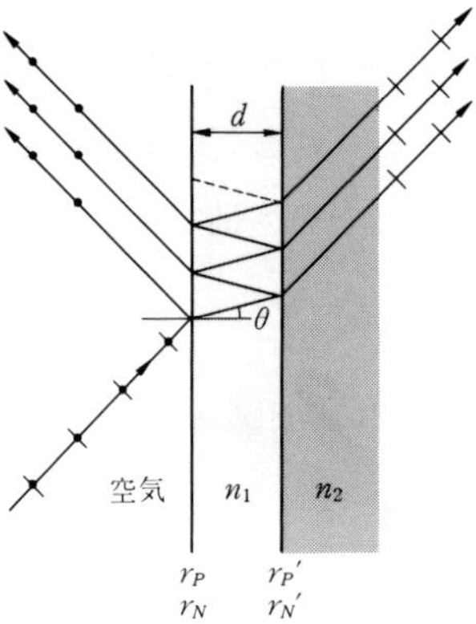

図7.20　干渉を利用した偏光子

8 光ファイバ

現在，大容量で高速な情報伝達に光通信は不可欠なものになっている。光通信で，光信号の伝達を担う媒体が**光ファイバ**である。また，光ファイバは内視鏡にも応用され以前の光学装置では不可能であった箇所の観察を可能にするなど，その応用範囲は工学・医学など多岐にわたっている。

8.1　幾何光学的解釈

光ファイバは，光の伝送に1.3.4項で学んだ全反射を用いる。全反射を用いると，光を損失なく伝えることができる。光ファイバは，**図8.1**(a)に示すように，高い屈折率 n_1 を持つ**コア**を低い屈折率 n_2 を持つ**クラッド**が取り囲んだ同心円状の構造を持つ。光線はコアとクラッドの境界面で全反射しながらコア内をジグザグの経路で進む。ここでは，光ファイバ内の光の伝搬を幾何光学的立場から調べる。

図(b)に示すように，空気中を進む光線が光ファイバ端面に角度 θ で入射し，屈折した後にコア内を角度 θ' で進行するとする。コア内の光線がコアとクラッドの境界面で全反射するための条件を次式に示す。

$$n_1 \sin\left(\frac{\pi}{2} - \theta'\right) \geq n_2 \tag{8.1}$$

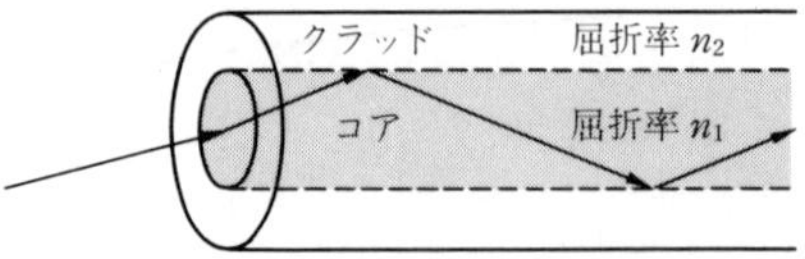

（a） 光ファイバの構造

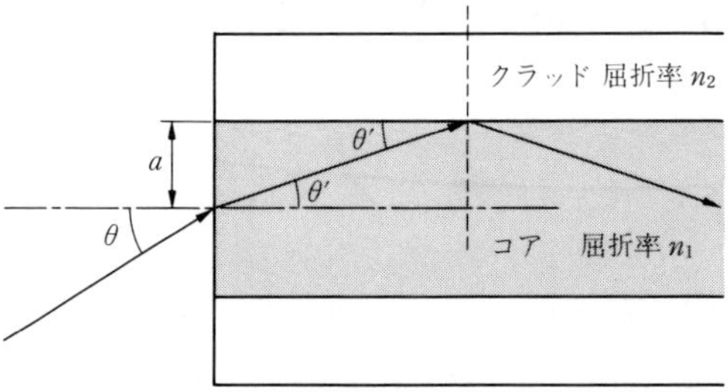

（b） 幾何光学的解釈

図 8.1 光ファイバの構造と光線の伝搬

光ファイバ端面での屈折の式 $\sin\theta = n_1 \sin\theta'$ を用いると次式を得る。

$$\sin\theta \leq \sqrt{n_1{}^2 - n_2{}^2} \tag{8.2}$$

このように，入射角 θ には最大値 θ_m が存在し，$\theta_m = \sin^{-1}\sqrt{n_1{}^2 - n_2{}^2}$ である。最大入射角 θ_m より小さい入射角を持つ光線がファイバに入射でき，この範囲を幾何光学の 3.4.1 項で定義した開口数 N.A. にならいつぎのように表す。

$$\mathrm{N.A.} = \sin\theta_m = \sqrt{n_1{}^2 - n_2{}^2} \tag{8.3}$$

つぎに，コア内の光線の経路について考える。実は，光線はコア内で任意のじぐざぐの経路をとれるわけではない。**図 8.2** にコア内の光線と等位相面の様

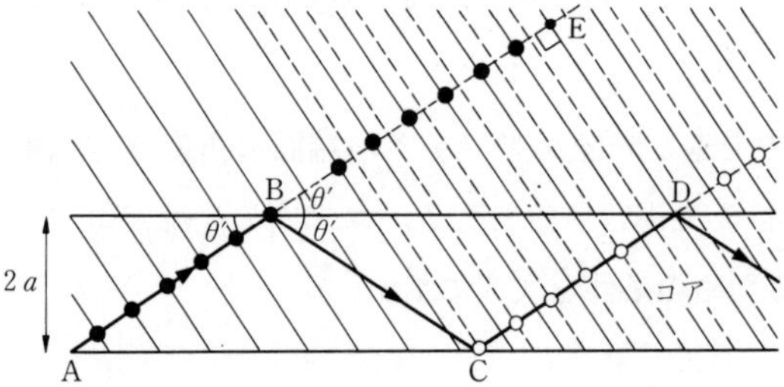

図 8.2　光ファイバ内の光線経路の量子化

子を示す。光線 AB と光線 CD の等位相面が一致する場合は，光線は互いに強め合いコア内に定在波が発生する。一致しない場合は，光線は互いに弱め合う。そこで，光線が強め合うための光線の角度 θ' を求める。そのために，光線 CD が点 D で作る等位相面と光線 AB が点 D で作る等位相面の光路差を考える。光線 AB の延長線上に D から下ろした垂線の足を E とすると，光路差は $n_1(\mathrm{BC}+\mathrm{CD}-\mathrm{BE})$ である。コアの半径を a で表すと，光路差は $4n_1a/\sin\theta'$ となる。1.3.4 項で学んだ全反射による位相ずれを $\Phi(\theta')$ で表すと，位相差 δ はつぎのようになる。

$$\delta=4n_1k_0a/\sin\theta'+2\Phi(\theta') \tag{8.4}$$

これが 2π の整数倍のときに強め合いが生じる。

$$4n_1k_0a/\sin\theta'+2\Phi(\theta')=2N\pi \tag{8.5}$$

ただし，N は整数である。上式を満たす角度 θ' の光線のみがコア内に存在できるので，光線の角度 θ' は整数 N により量子化される。これを θ'_N で表す。この量子化された角度で伝搬する光線が光ファイバ内で作る分布を**モード**という。光線の角度 θ'_N は全反射を起こす範囲にある必要があるので，式(8.2)より，N はつぎのように制限される。

$$N\leq\frac{4a}{\lambda_0}\sqrt{{n_1}^2-{n_2}^2}+\frac{\Phi}{\pi} \tag{8.6}$$

このように，ファイバ内に存在できるモードの数は有限である。

コア内の光線の波数 n_1k_0 の z 方向成分を β_N で，x 方向成分を γ_N で表す。

$$\beta_N=n_1k_0\cos\theta'_N,\qquad \gamma_N=n_1k_0\sin\theta'_N \tag{8.7}$$

全反射の条件式(8.1)より $n_2/n_1\leq\cos\theta'_N\leq 1$ であるから，つぎの関係を得る。

$$n_2k_0\leq\beta_N\leq n_1k_0 \tag{8.8}$$

このように，波数の z 方向成分 β_N にも制限がある。これを**遮断条件**という。

波数の z 方向成分 β_N はモードによりその値が異なるから，モードによってファイバ内を伝わる速度が異なる。すなわち，ファイバにはモードによる分散が存在する。例えば，ファイバにパルス光を入射すると，モードの速度の違いによりパルス幅が広がり，単位時間当りにファイバに送り込めるパルス数が制限される。このことは，ファイバによる伝送距離が長くなるほど顕著になる。このようなモード間分散を解決するために，いくつかの光ファイバが考案されている。その一つが，**図 8.3**(a)に示す**グレーデッド形光ファイバ**で，コアの屈折率が中心からの距離の関数で変化する。このファイバはレンズのような効果を持ち，光線がファイバ内をうねるように進み，モード間分散が軽減される。これに対して，いままで扱ってきた図(b)に示すコア内の屈折率が均一なファイバを**ステップ形光ファイバ**という。この形のファイバでも，図(c)に示すようにコア径を小さくすると，一つのモードしか伝搬できなくなる。このようなファイバを**単一モード光ファイバ**という。

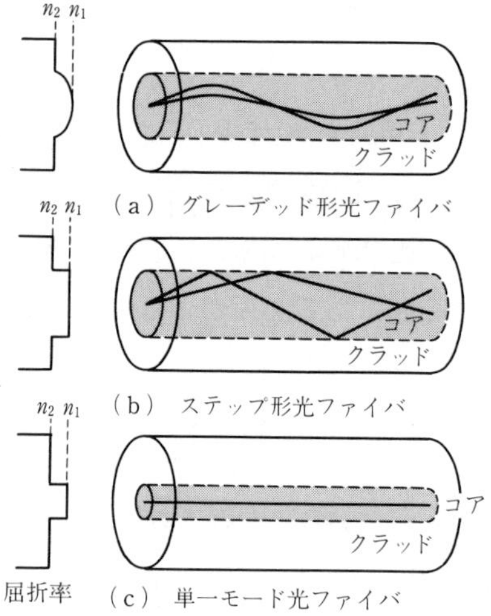

図 8.3　代表的な光ファイバの形

8.2　光ファイバによる画像伝送

光ファイバを，**図 8.4** に示すように稠密に束ねると，このファイバ束の一方の端面に入射した光学像を他方の端面に伝送できる。すなわち，それぞれの光ファイバに入射する光束は，他の隣接する光ファイバに漏れることなく全反射を繰り返しながら進行するので，一方の端面に入射する光の強度分布と相似の

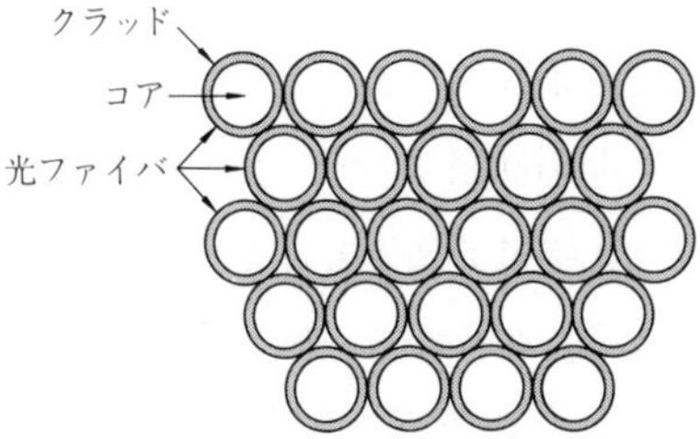

図8.4　ファイバ束の例

ものが他方の端面で観測される。したがって，個々の光ファイバの直径が小さいものほど一般に像の伝達特性は良好であり，また個々の光ファイバのコアとクラッドの屈折率の差で，この光学系の開口数が決定される。このファイバ束の光学系はつぎのように大別できる。

（i）　フレキシブルな長いファイバ束

両端面の光ファイバの配列を同一にして固定し，途中はフレキシブルにしてある。したがって，一方の端面にできた像を任意の場所で他方の端面から観測できる。ファイバスコープと呼ばれて，内視鏡等に応用される。

（ii）　板状あるいは棒状のファイバ束

個々の光ファイバは隙間のないように稠密に熔着されている。両端面のファイバ配列は同じで，特性のよいブラウン管のフェイスプレートとして，あるいは両端面の光ファイバの直径を変えて像の拡大・縮小等にも応用できる。

以上のようなファイバ光学系の性能は，個々の光ファイバの材料，形状，大きさ等の幾何学的構造，およびそれらの配列等によって決定される。

ファイバ束の一方の端面に光学像を入射したとき，他方の端面で観測される像の良さは，個々の光ファイバの大きさに強く影響される。個々の光ファイバ内で光線は多数の反射を行って進行するので，ある光ファイバに入射する光束の強度は，その光ファイバの他方の端面では積分された形で一様な明るさになる傾向を持つ。そこで，光学像の強度分布はファイバ束の出射端面では，各光ファイバの間隔を標本間隔とした不連続な強度分布に変換される。したがって，ファイバ束の光学系の分解能は，各光ファイバの大きさ，光ファイバの配列構造，および各光ファイバ間の光の絶縁性によって決まる。稠密に光ファイバが配列している場合は，この標本間隔は個々の光ファイバの直径によってほとんど決定できるので，このような光学系を通過できる画像の空間周波数の帯域幅は，大体その直径によって決まる。すなわち，個々の光ファイバの直径を D とすると，空間周波数を ν として，その点応答関数 $R(\nu)$ は

$$R(\nu)=\frac{2J_1(\pi D\nu)}{\pi D\nu} \tag{8.9}$$

で与えられる。ただし，この点像応答関数が得られるのは，ファイバ束を動かして画像の走査を行う場合である。ファイバ束を動かさずに像を伝送する場合には分解能は低下するように見える。しかし，同じ直径の光ファイバを束ねた場合は，多くは稠密六方晶形の構造になる。したがって，最大分解能としては，空間周波数で $1.74/D \sim 2/D$ 程度が可能であるといわれている。

上の事柄は光ファイバ間に光の漏れがない場合である。もし光ファイバ間で光の漏れがあるときは，当然コントラストと分解能が低下する。クラッドの厚さが薄すぎる場合には，いわゆる妨害全反射が起こるため，隣接する光ファイバ間で光が漏れる。この光の漏れの大きさはクラッドの厚さ，屈折率，入射角，波長および偏光度等に依存するが，薄膜の研究から，使用波長を λ として，大体 $\lambda/4 \sim \lambda/2$ 以上のクラッドの厚さがあればほとんど無視できると考えられている。

フレキシブルないわゆるファイバスコープの応用例として内視鏡を**図 8.5** に示す。対物レンズの像面にファイバ束の一方の端面を置き，任意の場所で他方の端面を接眼レンズで観測できる。一方，照明系が必要な場合は同じくファイ

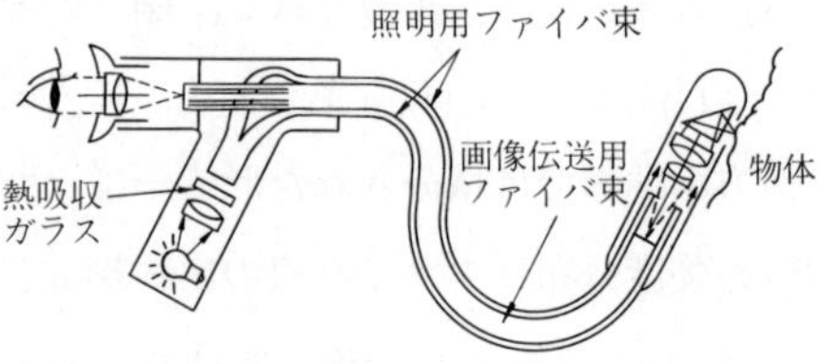

図 8.5　内視鏡の構造

バ束を用いて，**図 8.5** のように取り付けることができる。

8.3 電磁気学的解釈

光ファイバのコア径が小さくなると，光の波としての性質が顕著になり電磁気学的扱いが必要になる。

光の伝搬はヘルムホルツ方程式で表されることを 1.1.4 項で学んだ。

$$\nabla^2 \boldsymbol{E} + k^2 \frac{\partial^2 \boldsymbol{E}}{\partial t^2} = 0, \qquad \nabla^2 \boldsymbol{H} + k^2 \frac{\partial^2 \boldsymbol{H}}{\partial t^2} = 0 \tag{8.10}$$

光ファイバは円筒形であるので，**図 8.6** に示す円筒座標系 $(z,\ \rho,\ \varphi)$ を用いて表すと便利である。付録 B を参照して電場に関するヘルムホルツ方程式を書き直すとつぎのようになる。

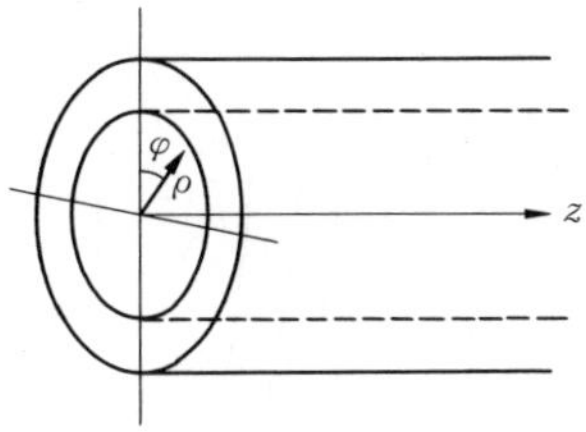

図 8.6　ファイバの円筒座標

$$\frac{1}{\rho}\frac{\partial}{\partial \rho}\left(\rho \frac{\partial \boldsymbol{E}}{\partial \rho}\right) + \frac{1}{\rho^2}\frac{\partial^2 \boldsymbol{E}}{\partial \varphi^2} + \frac{\partial^2 \boldsymbol{E}}{\partial z^2} + k^2 \boldsymbol{E} = 0 \tag{8.11}$$

まず，電場の z 方向成分 E_z を，変数分離法によって求める。電場の波数の z 方向成分を β で表す。光ファイバは z 軸に対して回転対称であるから，φ が 2π 変化するともとに戻る周期関数である。そこで，E_z をつぎのように表す。

$$E_z(z, \rho, \varphi) = R(\rho) \begin{Bmatrix} \cos(l\varphi) \\ \sin(l\varphi) \end{Bmatrix} e^{-i(\omega t - \beta z)} \tag{8.12}$$

ただし，l は整数で，中カッコ内の上下は独立な二つの解を表す。これを，式

(8.11) に代入するとつぎのようにベッセル関数の微分方程式の形になる。

$$\frac{\partial^2 R}{\partial \rho^2}+\frac{1}{\rho}\frac{\partial R}{\partial \rho}+\left\{(k^2-\beta^2)-\frac{l^2}{\rho^2}\right\}R=0 \tag{8.13}$$

ここで，ステップ形光ファイバを考え，コアの屈折率が n_1 で半径が a，クラッドの屈折率が n_2 とする。コアの中心 $(r=0)$ で関数 R は有限で，クラッドの遠方 $(r\to\infty)$ で関数 R は 0 に近づくと仮定すると，式 (8.13) の解は

$$R(\rho)=AJ_l(u\rho),\qquad u=\sqrt{{n_1}^2{k_0}^2-\beta^2},\quad (\rho\le a)$$
$$R(\rho)=BK_l(w\rho),\qquad w=\sqrt{\beta^2-{n_2}^2{k_0}^2},\quad (\rho\ge a) \tag{8.14}$$

と与えられる。J_l は第 1 種ベッセル関数で，K_l は第 2 種変形ベッセル関数である。さらに，係数 u と w は実数であることから，β の値は $n_2k_0\le\beta\le n_1k_0$ で制限される。これは，8.1 節で求めた遮断条件式 (8.8) と一致する。第 1 種ベッセル関数と第 2 種変形ベッセル関数の概形を**図 8.7** に示す。ρ 方向の電磁波の分布は，コア内では図 (a) のようになり，クラッド内では図 (b) のようになる。

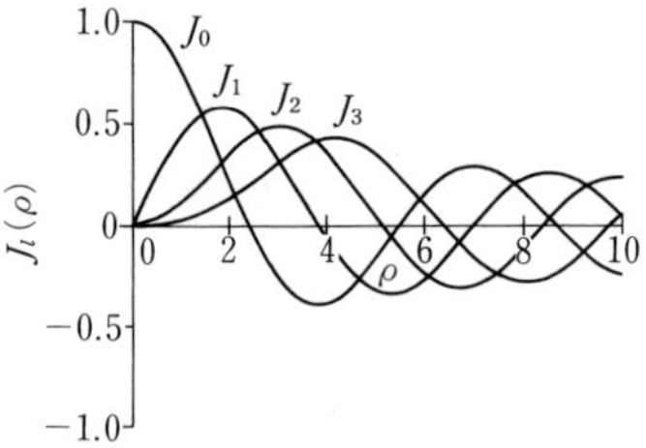

（a） 第 1 種ベッセル関数

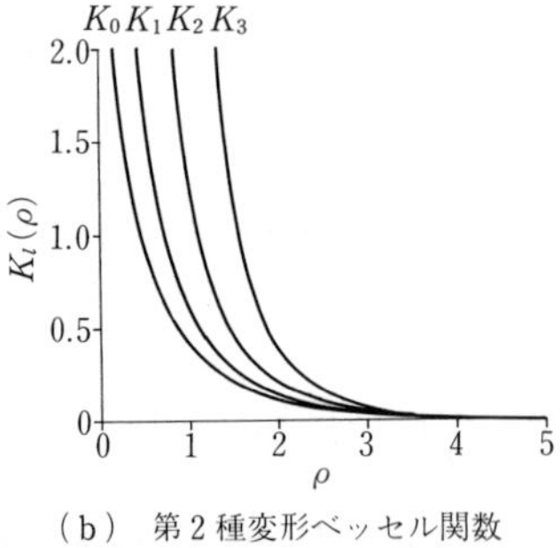

（b） 第 2 種変形ベッセル関数

図 8.7　ベッセル関数

以上より，ステップ形光ファイバでの z 方向の電場 E_z は

$$E_z(z,\rho,\varphi)=AJ_l(u\rho)\begin{Bmatrix}\cos(l\varphi)\\ \sin(l\varphi)\end{Bmatrix}e^{-i(\omega t-\beta z)}\quad(\rho\le a)$$
$$E_z(z,\rho,\varphi)=BK_l(w\rho)\begin{Bmatrix}\cos(l\varphi)\\ \sin(l\varphi)\end{Bmatrix}e^{-i(\omega t-\beta z)}\quad(\rho\ge a) \tag{8.15}$$

と求まる。同様にして磁場の z 方向成分 H_z を求めると，つぎにようになる。

$$H_z(z,\rho,\varphi)=CJ_l(u\rho)\begin{Bmatrix}-\sin(l\varphi)\\ \cos(l\varphi)\end{Bmatrix}e^{-i(\omega t-\beta z)} \quad (\rho\leq a)$$

$$H_z(z,\rho,\varphi)=DK_l(w\rho)\begin{Bmatrix}-\sin(l\varphi)\\ \cos(l\varphi)\end{Bmatrix}e^{-i(\omega t-\beta z)} \quad (\rho\geq a) \tag{8.16}$$

ここで，電場を $\boldsymbol{E}=\boldsymbol{E}(\boldsymbol{r})e^{-i(\omega t-\beta z)}$ で，磁場を $\boldsymbol{H}=\boldsymbol{H}(\boldsymbol{r})e^{-i(\omega t-\beta z)}$ で表すと，マクスウェル方程式より $\nabla\times\boldsymbol{E}=i\omega\mu\boldsymbol{H}$，$\nabla\times\boldsymbol{H}=-i\omega\varepsilon\boldsymbol{E}$ である。さらに，付録 B を参照すると，円筒座標系の各成分は次式より計算できる。

$$E_\rho=\frac{i}{n^2k_0{}^2-\beta^2}\left(\beta\frac{\partial E_z}{\partial\rho}+\frac{\omega\mu}{\rho}\frac{\partial H_z}{\partial\varphi}\right)$$

$$E_\varphi=\frac{i}{n^2k_0{}^2-\beta^2}\left(\frac{\beta}{\rho}\frac{\partial E_z}{\partial\varphi}-\omega\mu\frac{\partial H_z}{\partial\rho}\right)$$

$$H_\rho=\frac{i}{n^2k_0{}^2-\beta^2}\left(\beta\frac{\partial H_z}{\partial\rho}-\frac{\omega\varepsilon}{\rho}\frac{\partial E_z}{\partial\varphi}\right)$$

$$H_\varphi=\frac{i}{n^2k_0{}^2-\beta^2}\left(\frac{\beta}{\rho}\frac{\partial H_z}{\partial\varphi}+\omega\varepsilon\frac{\partial E_z}{\partial\rho}\right) \tag{8.17}$$

つぎに，ステップ形ファイバの境界条件を適用する。コアとクラッドの境界 $(\rho=a)$ で電場と磁場の接線方向成分（z 成分と φ 成分）は連続である。

$$E_z(z,\rho\to a-,\ \varphi)=E_z(z,\rho\to a+,\ \varphi),$$
$$H_z(z,\rho\to a-,\ \varphi)=H_z(z,\rho\to a+,\ \varphi)$$
$$E_\varphi(z,\rho\to a-,\ \varphi)=E_\varphi(z,\rho\to a+,\ \varphi),$$
$$H_\varphi(z,\rho\to a-,\ \varphi)=H_\varphi(z,\rho\to a+,\ \varphi) \tag{8.18}$$

したがって，つぎの関係を得る。

$$AJ_l(ua)=BK_l(wa)$$

$$CJ_l(ua)=DK_l(wa)$$

$$\frac{\beta l}{u^2a}J_l(ua)A-\frac{\omega\mu}{u}J_l'(ua)C$$
$$=-\frac{\beta l}{w^2a}K_l(wa)B+\frac{\omega\mu}{w}K_l'(wa)D$$

$$\frac{\omega\varepsilon}{u}J_l'(ua)A-\frac{\beta l}{u^2 a}J_l(ua)C$$

$$=-\frac{\omega\varepsilon}{w}K_l'(wa)B+\frac{\beta l}{w^2 a}K_l(wa)D \tag{8.19}$$

以上の関係を行列で表すとつぎのようになる。

$$\begin{pmatrix} J_l(ua) & -K_l(wa) & 0 & 0 \\ 0 & 0 & J_l(ua) & -K_l(wa) \\ \dfrac{\beta l J_l(ua)}{u^2 a} & \dfrac{\beta l K_l(ua)}{w^2 a} & -\dfrac{\omega\mu J_l'(ua)}{u} & -\dfrac{\omega\mu K_l'(ua)}{w} \\ \dfrac{\omega\varepsilon J_l'(ua)}{u} & \dfrac{\omega\varepsilon K_l'(ua)}{w} & -\dfrac{\beta l J_l(ua)}{u^2 a} & -\dfrac{\beta l K_l(ua)}{w^2 a} \end{pmatrix}\begin{pmatrix} A \\ B \\ C \\ D \end{pmatrix}=0 \tag{8.20}$$

(A, B, C, D)の要素がすべて 0 以外の解が存在するためには，左辺の 4×4 行列の行列式が 0 である必要がある。したがって，つぎの固有方程式を得る。

$$\left\{\frac{J_l'(ua)}{uJ_l(ua)}+\frac{K_l'(wa)}{wK_l(wa)}\right\}\left\{\frac{n_1^2}{n_2^2}\frac{J_l'(ua)}{uJ_l(ua)}+\frac{K_l'(wa)}{wK_l(wa)}\right\}$$

$$=\frac{l^2}{a^2}\left(\frac{1}{u^2}+\frac{1}{w^2}\right)\left(\frac{n_1^2}{n_2^2}\frac{1}{u^2}+\frac{1}{w^2}\right) \tag{8.21}$$

u と w は β の関数であるから，l を決めれば上式より β が求まる。すなわち，l を決めると u と w が求まり，ファイバ内の電場 E_z は，φ 方向には周期 l の三角関数で，ρ 方向にはベッセル関数 $J_l(u\rho)$ と $K_l(w\rho)$ で表される。

ここで，n_1 と n_2 の屈折率差が小さく $n_1 \simeq n_2$ として式(8.21)を近似する。

$$J_l'(ua)/uJ_l(ua)+K_l'(wa)/wK_l(wa)$$

$$=\pm(l/a)(1/u^2+1/w^2) \tag{8.22}$$

これを**弱導波近似**という。

固有方程式(8.22)の右辺の符号が正の場合を **EH モード**といい，負の場合を **HE モード**という。固有方程式の解を小さい順に記号 m で表して，それぞれの固有値に対応するモードを EH_{lm} モード，HE_{lm} モードと呼ぶ。

ここでは，最も簡単な $l=0$ の場合について考える。

$$J_0'(ua)/uJ_0(ua)+K_0'(wa)/wK_0(wa)=0 \tag{8.23}$$

このとき，式(8.15)と式(8.16)の独立な二つの解に対応して，電場と磁場の組み合わせが二組存在する。これらは，式(8.17)を用いてつぎのようになる。

$$E_z=0,\quad E_\rho=0,\quad E_\varphi\neq0,\quad H_z\neq0,\quad H_\rho\neq0,\quad H_\varphi=0 \tag{8.24}$$

$$E_z\neq0,\quad E_\rho\neq0,\quad E_\varphi=0,\quad H_z=0,\quad H_\rho=0,\quad H_\varphi\neq0 \tag{8.25}$$

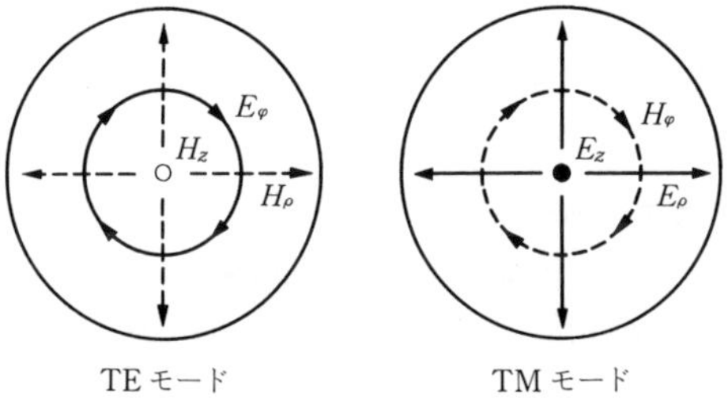

図 8.8　**TE** モードと **TM** モード

式(8.24)の場合は，電場の進行方向成分 E_z が 0 で，電場は進行方向と垂直な面内にあるので，**TE モード**（transverse electric mode）と呼ばれる。また，式(8.25)の場合は，磁場の進行方向成分 H_z が 0 で，磁場は進行方向と垂直な面内にあるので，**TM モード**（transverse magnetic mode）と呼ばれる。それぞれの場合で，電場と磁場の方向を**図 8.8** に示す。式(8.23)を解くと固有値 β がいくつか求まり，その数だけ TE モードと TM モードが存在することになる。これらの固有値を小さい順に並べて記号 m で表して，TE_{0m} モードあるいは TM_{0m} モードと呼ぶ。

演　習　問　題

（1）　ステップ形光ファイバで，コアの屈折率を 1.6，クラッドの屈折率を 1.5 としたとき，この光ファイバに入射できる光線の最大入射角を求めよ。また，この光ファイバの N.A. を求めよ。

（2）　**図 8.9** に示すように，ステップ形光ファイバ(半径 a，コアの屈折率 n_1，クラッドの屈折率 n_2)を曲げた場合について考える。このとき，光線が全反射するための曲げの曲率半径 R について，その最大値を求めよ。ただし，光線としては，図に示すように左から右へ進む平行光線を考える。

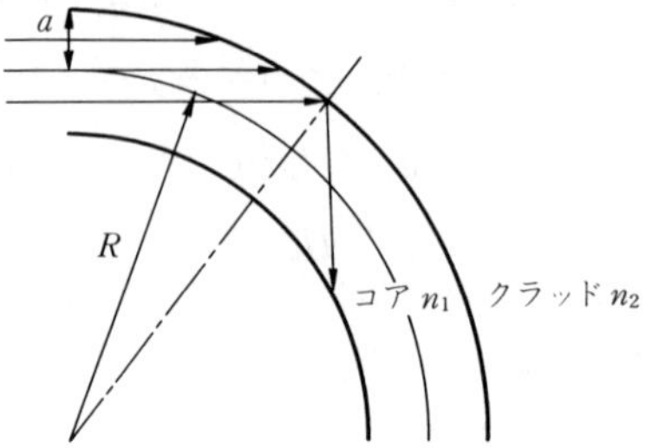

図 8.9 光ファイバの曲げと光線経過

（3） **図 8.10** に示す**平板導波路（スラブ導波路）**は，屈折率 n_1 で厚さ a の誘電体平板を，それより小さい屈折率 n_2 の誘電体ではさんだ三層構造を持つ。z 軸正方向に進む波を仮定して，電場を $\boldsymbol{E}(y)e^{-i(\omega t-\beta z)}$ で，磁場を $\boldsymbol{H}(y)e^{-i(\omega t-\beta z)}$ で表す。

（a） マクスウェル方程式より，(E_x, H_y, H_z) と (E_y, E_z, H_x) の組で独立に成り立つ関係を求めよ。それぞれの組が TE モードと TM モードに対応する。

（b） TE モードについて波動方程式を求め，境界面 $y=0$ と $y=a$ での電場と磁場の接線成分の連続性を考慮して解を求めよ。

（c） TE モードで一つのモードしか存在しないための条件を求めよ。この条件を満たす波長を**カットオフ波長**という。

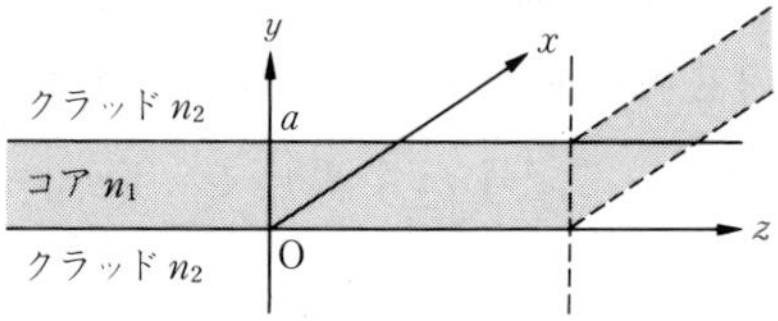

図 8.10 平板導波路（スラブ導波路）

9 光の量子論

これまではマクスウェル方程式の解としての，光の波動論を中心に述べてきた。しかし，光と物質の相互作用，光の吸収と放射などの実験事実を説明する課題に対しては適切な解答が得られなかった。これらの問題は，1900年のプランクの作用量子仮説やアインシュタインの相対性理論あるいは光電効果などの先見的な理論構成から，量子力学構築により，現代物理学への発展となった。1956年には天体観測のために強度干渉計の実験がハンブリ・ブラウンとツゥイスにより行われ，光の強度ゆらぎの相関についての問題が提起された。さらに1960年のレーザ発明後，エネルギー粒子としての光を対象にして光(量子)エレクトロニクスの技術が急速に発展してきた。光と物質の相互作用，レーザの理論他量子光学の重要な課題については専門書に譲ることにして，本章ではその量子光学への入門としての基礎的考え方を述べることにする。

9.1 光波と光子

9.1.1 シュレーディンガー方程式

エネルギー W が一定の電子波において，波動性と粒子性をつなぐものはアインシュタイン-ドブロイ関係式

$$W = \hbar\omega, \qquad p = \hbar k = \frac{h}{\lambda} \tag{9.1}$$

である。ここで，$\hbar = h/2\pi = 1.055\times10^{-34}\,\mathrm{Js}$（$\hbar$ はディラックのエイチあるいはエイチバーと呼ばれる。h は**プランクの定数**あるいは**作用量子**）である。この電子波を示す波動関数を式(1.8)のように

$$\phi(\boldsymbol{r}, t) = A(\boldsymbol{r})\, e^{-i\omega t} \tag{9.2}$$

とすれば

$$i\hbar\frac{\partial\phi(\boldsymbol{r}, t)}{\partial t} = W\phi(\boldsymbol{r}, t) \tag{9.3}$$

である。さらに位相速度 $v(\boldsymbol{r}) = \omega\lambda(\boldsymbol{r})/2\pi$，および $p = 2\pi\hbar/\lambda(\boldsymbol{r})$ を用いて

$$\frac{1}{v^2}\frac{\partial^2\phi}{\partial t^2} = -\frac{\omega^2}{v^2}\phi = -\frac{4\pi^2}{\lambda^2}\phi = -\frac{p^2}{\hbar^2}\phi \tag{9.4}$$

一方，質点系力学の法則から空間座標 $\boldsymbol{r}$ におけるポテンシャルエネルギー $V(\boldsymbol{r})$，および運動量 p との間には

$$\frac{p^2}{2m} + V(\boldsymbol{r}) = W \tag{9.5}$$

なる関係がある。これらを波動方程式(1.21)に代入して

$$-\frac{\hbar^2}{2m}\nabla^2\phi + V(\boldsymbol{r})\,\phi = W\phi \tag{9.6}$$

が得られる。この式(9.6)を定常状態における**シュレーディンガー方程式**と呼ぶ。波動関数が無限遠では 0 になる条件でこの微分方程式を解き，水素原子の定常状態のエネルギーを求めたことは有名である。

ここでいくぶん量子力学的記述法と解釈について示す必要がある。まず形式的に，古典力学系の法則 式(9.5)において，運動量 p を $(-i\hbar\nabla)$ に置換して右から $\phi(\boldsymbol{r}, t)$ を掛けたものが，式(9.6)に一致することがわかる。したがって運動量 p は $(-i\hbar\nabla)$ なる**演算子**として波動関数 $\phi(\boldsymbol{r}, t)$ に作用するものと考える。演算子とは，数学的にはある関数に作用してそれを他の関数に変換する働きを持つが，量子（波動）力学においては，物理量が**波動関数**に作用する演算子で表されることになる。以後，演算子を示すために，記号の上にハット＾（キャロッ

ト)をつける。

式(9.6)の左辺は，エネルギーに対応する演算子 $\hat{\mathscr{H}}$(**ハミルトニアン**)で

$$\hat{\mathscr{H}}=\frac{-\hbar^2}{2m}\nabla^2+V(\boldsymbol{r}) \tag{9.7}$$

と置き換えられるので

$$\hat{\mathscr{H}}\phi=W\phi \tag{9.8}$$

さらに式(9.3)で，$i\hbar(\partial/\partial t)$はエネルギーを与える演算子であるので

$$\hat{\mathscr{H}}\phi=i\hbar\frac{\partial\phi}{\partial t} \tag{9.9}$$

を得る。これを時間に依存する場合のシュレーディンガー方程式という。なお，式(9.8)の形の方程式は一般に固有値方程式と呼ばれて，与えられた境界条件下でこれを満足する関数 ϕ を演算子の**固有関数**，右辺の定数 W はその**固有値**という。

【コラム 9.1】　確率解釈

波動関数は空間に分布しているのに対して，電子はどこかに局在すると考えられる。この矛盾を正当化するために，ボルンは，$|\phi(\boldsymbol{r},t)|^2$ は時刻 t に電子が座標 $\boldsymbol{r}$ に見出される確率に比例すると考えた。この確率の概念は量子論では非常に重要である。例えば，電子の位置を測定する場合にどの位置で観測されるかは単に確率的に予測されるだけである。シュレーディンガー方程式では，初期状態からは因果的な時間発展しか与えない。そこで，もし電子がある位置に観測されたとすると，その瞬間に波動関数もその点に集中するとみなす。これを**波動関数(状態)の収縮**と呼ぶ。これは古典論と決定的に異なる量子力学の考え方であって，電子や光子などミクロの世界で現れる粒子性と波動性の共有から生じるものである。もう少し補足すると，電子が観測される位置は一定ではなく，その取りうる位置と観測される確率のみ与えられるということであり，古典的な意味での厳密な因果律は成立せず，確率的かつ統計的な因果律が成立するものと考えるのが，基本的な量子力学の性格である。ただし，数多くの測定の結果の平均値を確率的に期待値として理解すれば古典論に一致する。これをエーレンフェストの定理という。例えば，位置と運動量の期待値をそれぞれ $<\boldsymbol{r}>$, $<\boldsymbol{p}>$ とすれば $d<\boldsymbol{r}>/dt=<\boldsymbol{p}>/m$ を満足する。

9.1.2 量子力学の解釈と表示法

原子核を中心に電子が円運動するとき，その運動量が $\hbar$ の整数倍であるような軌道のみが安定に存在できる(定常状態)として，これを**ボーアの量子条件**とした。これらの安定な軌道間の遷移によって光の吸収や放射が生じるとし，二つの定常状態のエネルギー W_1，W_2 と光子のエネルギー $\hbar\omega$ との間に

$$|W_2 - W_1| = \hbar\omega \tag{9.10}$$

なる関係(ボーアの振動数条件)のあることを示した。さらにドブロイはこの安定状態では，軌道の 1 周期分の長さが波長の整数倍(この整数を**量子数**と呼ぶ)のときのみ干渉により存続できると考え，いわゆる物質波仮説を提出した。つまり，運動量 p を持つ物質粒子は同時に波長 $\lambda = h/p$ を有する波動であるとした。この λ を**ドブロイ波長**と呼ぶ。ミクロの世界では，これらの関係はあらゆる物質，そして光に対しても成立する普遍的なものである。シュレーディンガーはこれら電子波の解釈から，1926 年に波動力学として式(9.9)の方程式に到達したものである。一方，ハイゼンベルグは粒子の位置や運動量が行列で表せるとして**行列力学**を構築した。そのなかで重要な一つは，例えば位置および運動量を表す行列をそれぞれ $\hat{q}$ と $\hat{p}$ としたとき，交換積[,]を用いれば

$$[\hat{q}, \hat{p}] = \hat{q}\hat{p} - \hat{p}\hat{q} = i\hbar \tag{9.11}$$

なる関係を明らかにしたことである。これを**ハイゼンベルグの交換関係**と呼ぶ。微分形式で表現されたシュレーディンガーの**波動力学**とハイゼンベルグの行列力学は，実は数学的にも物理的にも同等であることが証明されており，一般に一つにして**量子力学**といわれ発展してきた。

以上は発展の歴史をたどって，電子波について述べてきたが，以後は波動関数はすべての物理的状態(光の状態)を示すとして，**状態関数**と呼ぶ。状態関数はデラックに従い $|\phi\rangle$ と書き，その複素共役関数 ϕ^* で表される状態は $\langle\phi|$ で表示する。読み方は，$\langle$ はブラ，$\rangle$ はケットである。つぎに基本的な性質をいくつか記す。内積はつぎのように表し，積分はすべての座標について行う。

$$\int \phi_1{}^* \phi_2 d\tau = \langle\phi_1|\phi_2\rangle \tag{9.12}$$

任意の物理量 A を示す演算子 $\hat{A}$ については

$$\hat{A}|\phi> = a|\phi> \tag{9.13}$$

と記す。式(9.13)を満足する状態関数 $|\phi>$ は，物理量 A を測定したとき，a なる固有値の得られる状態を表し，演算子 $\hat{A}$ の**固有状態**と呼ぶ。a は内積から

$$a = <\phi|\hat{A}|\phi> \tag{9.14}$$

で求められる。ただし，ϕ は $<\phi|\phi> = 1$ の規格化をする。

$$<\phi_1|\hat{A}^\dagger|\phi_2> = <\phi_2|\hat{A}|\phi_1>^* \tag{9.15}$$

で定義する $\hat{A}^\dagger$ は，$\hat{A}$ の**共役演算子**(記号 † は「ダガー」と読む）と呼ばれ，かつ $\hat{A}^\dagger = \hat{A}$ の場合，$\hat{A}$ を**エルミート演算子**という。物理量の測定値は実数であるので，それらに対応する演算子 $\hat{A}$ はエルミート演算子である。

$$<\phi|\hat{A}|\phi> = <\phi|\hat{A}|\phi>^* \tag{9.16}$$

一般の波動は，正弦波の重ね合わせであるので，フーリエ定理を用いれば

$$\Psi = \sum_j b_j \phi_j \tag{9.17}$$

ただし，b_j は複素数である。それぞれの波は独立で，規格化されているとする。

$$\int \phi_j^* \phi_k d\tau \equiv <\phi_j|\phi_k> = \delta_{jk} \tag{9.18}$$

δ_{jk} はクロネッカーのデルタである。Ψ も同様に規格化されているとする。

$$\sum_j |b_j|^2 = 1 \tag{9.19}$$

$|b_j|^2$ は状態 Ψ が状態 ϕ_j に見出される確率を表すという意味で，b_j を**確率振幅**と呼ぶ。重ね合わせの状態 Ψ での系において，物理量 A の測定を行ったとき，状態が ϕ_j のどの状態にあるかは確率的にしかわからない。つまり，そのゆらぎのために結果は一定値にはならず，ばらつくことになる。多数回同じ測定をして求めた値の平均値を**期待値**と呼び，$<A>$ と書くと

$$<A> = <\Psi|\hat{A}|\Psi> = \sum_j |b_j|^2 a_j \tag{9.20 a}$$

ただし，　$\hat{A}|\phi_j> = a_j|\phi_j>$　(9.20 b)

である。$|b_j|^2$ が ϕ_j に見出される確率であり，a_j は ϕ_j にあるときの測定結果を

示すため，式(9.20)はまさに$<A>$を与えていることがわかる。

Ψが$|b_j|^2$とともに時間的に変化する場合には，ϕ_j状態にある確率が変化して状態間の遷移という問題を考えることになる。

9.1.3 不確定性関係

いま，ある測定量に対応する演算子$\hat{A}$と$\hat{B}$が可換でなく，その交換関係が式(9.11)のように，次式を満足するとする。$\hat{C}$は定数あるいは演算子とする。

$$[\hat{A},\hat{B}]=i\hat{C} \tag{9.21}$$

AおよびBのゆらぎの平均2乗偏差は

$$<(\Delta A)^2>=<(\hat{A}-<\hat{A}>)^2>=<\hat{A}^2>-<\hat{A}>^2 \tag{9.22}$$

であり，シュバルツの不等式を用いれば，つぎの関係が得られる。

$$(\Delta A)^2(\Delta B)^2\geq\left(\frac{1}{4}\right)|<\hat{C}>|^2 \tag{9.23}$$

式(9.11)と比較すれば，$C=\hbar$であるので

$$\Delta q\Delta p\geq\frac{\hbar}{2} \tag{9.24 a}$$

である。位置と運動量の双方を同時に正確に決めることができないことを示したハイゼンベルグの**不確定性原理**と呼ぶ。等号が成立するときを**最小不確定状態**と呼び，後述するようにその状態の一つに**コヒーレント状態**がある。

この関係の変形として，光の進行方向における光子の位置の不確定性Δzとは

$$\Delta z\cdot\Delta p_z\geq\frac{\hbar}{2} \tag{9.24 b}$$

さらに光の進行方向に垂直な方向Δxとは

$$\Delta x\cdot\Delta k_x\geq\frac{1}{2} \tag{9.24 c}$$

などが導かれる。これらの関係はそれぞれ物理的解釈は異なるとしても相関関係のある二つの物理量の間には必ず不確定性が介在することは量子論に特有のものである。そのような関係を互いに相補的であるともいう。

光を粒子と見る立場は古典的なゴルフボールのような概念ではなく，不連続なエネルギーを持つ量子力学的粒子であり，同時に波動性を有するものである。この光子は，エネルギー，運動量およびスピンという三つの属性があるだけで，それらが同じ光子はまったく区別することはできない。量子力学的粒子には，複数個の粒子が同じ状態を占めることのできるものと，できないものがあり，前者を**ボーズ粒子**と呼び，光子はこれに属する。スピンは整数である。

【コラム 9.2】 不確定性原理と観測理論

これらの関係は一見奇妙なものであるが，量子力学的粒子では基本的原理(仮定)として物理量に不連続性があるために生じると考えなくてはならない。もちろん，プランクの定数を 0 にすればこの制約は一切なくなるが，ミクロの世界では古典的な意味での客観的な物理的存在を否定するかのように振る舞う。観測するためには光などの外力が必要であるが，それにより被測定状態が乱れるために物理量が連続でない限り自ずから限界があるはずである。しかし，この原理は測定技術などの問題ではなく，自然界の根本的性質と考えざるをえない。

9.2 電磁場の量子化

9.2.1 調和振動子と零点エネルギー

古典的な電磁場の平均エネルギーは，式(1.51)で

$$W=\frac{1}{2}\int_V(\varepsilon_0\boldsymbol{E}^2+\mu_0\boldsymbol{H}^2)\,dv \tag{9.25}$$

であること，および**クーロンゲージ**を選べば，式(1.66)により $\boldsymbol{E}$ と $\boldsymbol{H}$ は**ベクトルポテンシャル** $\boldsymbol{A}(\boldsymbol{r},t)$ で表せることを学んだ。

$$\boldsymbol{B}=\nabla\times\boldsymbol{A},\qquad \boldsymbol{E}=-\frac{\partial\boldsymbol{A}}{\partial t},\quad \text{かつ}\ \nabla\cdot\boldsymbol{A}=0 \tag{9.26}$$

いま，$\boldsymbol{A}$ をフーリエ展開し，マックスウェル方程式に代入すると，その成分は $\omega=c|\boldsymbol{k}|$ を持った調和振動子の方程式を満たしていることがわかる。つまり，電磁場は無限個の調和振動子の集合として表せる。そこで

$$A(\boldsymbol{r},t)=\sum_{\boldsymbol{k}}\sum_{\lambda=1,2}\sqrt{\frac{\hbar}{2\omega_{\boldsymbol{k}}\varepsilon_0}}\cdot\boldsymbol{e}^{(\lambda)}(\boldsymbol{k})\{a_{\boldsymbol{k}}^{(\lambda)}e^{i(\boldsymbol{k}\cdot\boldsymbol{r}-\omega t)}$$
$$+a_{\boldsymbol{k}}^{(\lambda)*}e^{-i(\boldsymbol{k}\cdot\boldsymbol{r}-\omega t)}\} \tag{9.27}$$

とする。ただし，$\boldsymbol{e}^{(\lambda)}(\boldsymbol{k})$は偏光ベクトルである。このように展開したフーリエ成分 $a_{\boldsymbol{k}}^{(\lambda)}$ を演算子と考えて，電磁場を量子化する。この操作を一般に**第二量子化**という。W はハミルトニアン $\hat{\mathscr{H}}$ なので，$\boldsymbol{E}$ と $\boldsymbol{H}$ を $\boldsymbol{A}$ で表すと，式(9.25)は

$$\hat{\mathscr{H}}=\frac{1}{2}\sum_{\boldsymbol{k}}\sum_{\lambda=1,2}\frac{\hbar c^2}{2\omega}\left(\frac{\omega^2}{c^2}+\boldsymbol{k}^2\right)\{\hat{a}_{\boldsymbol{k}}^{\dagger(\lambda)}\hat{a}_{\boldsymbol{k}}^{(\lambda)}+\hat{a}_{\boldsymbol{k}}^{(\lambda)}\hat{a}_{\boldsymbol{k}}^{\dagger(\lambda)}\}$$
$$=\frac{1}{2}\sum_{\boldsymbol{k}}\sum_{\lambda=1,2}\hbar\omega\{\hat{a}_{\boldsymbol{k}}^{\dagger(\lambda)}\hat{a}_{\boldsymbol{k}}^{(\lambda)}+\hat{a}_{\boldsymbol{k}}^{(\lambda)}\hat{a}_{\boldsymbol{k}}^{\dagger(\lambda)}\} \tag{9.28}$$

となる。$\hat{a}_{\boldsymbol{k}}^{(\lambda)}$ が**ボーズ統計**に従うとすれば，$\boldsymbol{A}(\boldsymbol{r},t)$はハイゼンベルクの運動方程式

$$i\hbar\dot{\hat{\boldsymbol{A}}}(\boldsymbol{r},t)=[\hat{\boldsymbol{A}}(\boldsymbol{r},t),\hat{\mathscr{H}}]=-i\hbar\hat{\boldsymbol{E}} \tag{9.29}$$

を満たすことから，演算子 $\hat{a}_{\boldsymbol{k}}^{(\lambda)}$ の交換関係は，$[\hat{a}_{\boldsymbol{k}}^{(\lambda)},\hat{a}_{\boldsymbol{k}}^{(\lambda)\dagger}]=\delta_{\lambda}\cdot\lambda_{\boldsymbol{k},\boldsymbol{k}'}$ となる。したがって電磁場のハミルトニアンの式(9.28)は

$$\hat{\mathscr{H}}=\sum_{\boldsymbol{k}}\sum_{\lambda=1,2}\hbar\omega\left(\hat{a}_{\boldsymbol{k}}^{(\lambda)\dagger}\hat{a}_{\boldsymbol{k}}^{(\lambda)}+\frac{1}{2}\right) \tag{9.30}$$

となる。以下では簡単のため，1モードの場合を考えることにすると

$$\hat{\mathscr{H}}=\hbar\omega\left(\hat{a}^{\dagger}\hat{a}+\frac{1}{2}\right) \tag{9.31}$$

であり，ここに現れる演算子を

$$\hat{n}=\hat{a}^{\dagger}\hat{a} \tag{9.32}$$

と置き，$\hat{n}$ を対角化すれば，$\hat{a}$，$\hat{a}^{\dagger}$ との交換関係は1モードの場合

$$[\hat{n},\hat{a}]=-\hat{a},\qquad [\hat{n},\hat{a}^{\dagger}]=\hat{a}^{\dagger} \tag{9.33}$$

である。また，$\hat{n}$ の固有値 k に属する固有ベクトルを $|k>$ とすると

$$\hat{n}|k>=k|k> \tag{9.34}$$

となる。この両辺に $\hat{a}^{\dagger}$ を左から作用させれば，式(9.33)から

$$\hat{n}\hat{a}^{\dagger}|k>=(k+1)\hat{a}^{\dagger}|k> \tag{9.35}$$

である。すなわち，$\hat{a}^{\dagger}|k>$ は固有値$(k+1)$を持つ固有状態である。同様に

$$\hat{n}\,\hat{a}|k>=(k-1)\,\hat{a}|k> \tag{9.36}$$

となり，$\hat{a}|k>$ は固有値$(k\text{-}1)$を持つ固有状態であることがわかる。この意味から，$\hat{a}^{\dagger}$ を**生成演算子**，$\hat{a}$ を**消滅演算子**と呼ぶ。

一方，$\hat{\mathscr{H}}$ の固有値は正値確定なので，左辺にある演算子 $\hat{n}$ には最低固有値 k_0 が存在する。その状態(**基底状態**)を $|0>$ とすれば

$$\hat{n}\,\hat{a}|0>=(k_0-1)\,\hat{a}|0> \tag{9.37}$$

となるが，k_0 以外の固有値は存在しないので，$\hat{a}|0>=0$，$\hat{n}|0>=0$ となり，$k_0=0$ となることがわかる。したがって

$$\hat{\mathscr{H}}|0>=\frac{1}{2}\hbar\omega|0>=W_0|0> \tag{9.38}$$

となる。基底状態 $|0>$ は光子(フォトン)の存在しない $n=0$ の状態にもかかわらず，電磁場のエネルギーは $\hbar\omega/2$ という値を持つことになる。これを**零点エネルギー**と呼ぶ。また，この状態は**真空状態**とも呼ぶ。

一般に，$\hat{n}$ の固有状態として $|0>$ に $\hat{a}^{\dagger}$ を n 回掛ければ，固有値 n は，$\hat{n}|n>=n|n>$，$|n>\propto(a^{\dagger})^n|0>$ で求められる。状態 $|n>$ は $\hat{n}$ と $\hat{\mathscr{H}}$ に共通な固有状態であり，そのエネルギー W_n は

$$W_n=\hbar\omega\left(n+\frac{1}{2}\right),\quad n=0,\,1,\,2,\,\cdots \tag{9.39}$$

となる。$\hbar\omega$ は振動数 ω の光子の持つエネルギーなので，n 番目の状態は n 個の光子を持つことがわかる。これらの関係を**図 9.1** に示す。$|n>$ は**個数確定状態**，あるいは **Fock 状態**とも呼ばれ，$\hat{n}$ はその固有値が光子の個数を表すので，**個数演算子**(別名，**占有数演算子**または**フォトン演算子**)と呼ばれる。

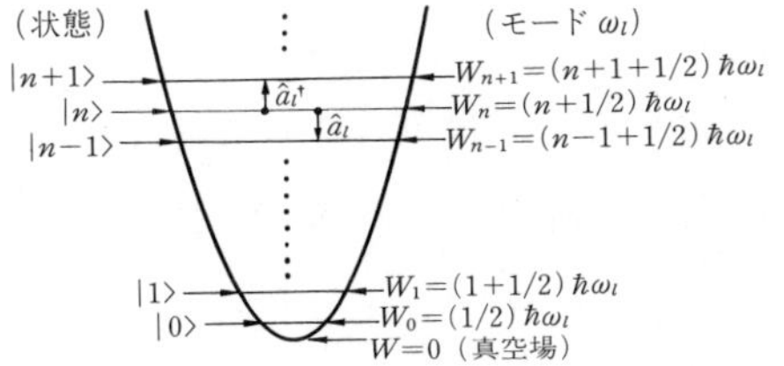

図 **9.1**　モード $\boldsymbol{\omega}_l$ の放射場のエネルギー準位と $\hat{\boldsymbol{a}}_l$ および $\hat{\boldsymbol{a}}_l^{\dagger}$ の作用

$<m|n>=\delta_{mn}$ と規格化すれば，つぎのようになる。

$$|n>=\frac{1}{\sqrt{n!}}(\hat{a}^{\dagger})^{n}|0> \tag{9.40}$$

これまでと同様の考察から，電場についての演算子を $\hat{E}$ とすると

$$\hat{E}=-i\left(\frac{\hbar\omega}{2\varepsilon_0 V}\right)^{1/2}\{\hat{a}e^{i(\boldsymbol{k}\cdot\boldsymbol{r}-\omega t)}-\hat{a}^{\dagger}e^{-i(\boldsymbol{k}\cdot\boldsymbol{r}-\omega t)}\} \tag{9.41}$$

その期待値は，つぎのように計算できる。

$$\left.\begin{aligned}&<E>=<n|\hat{E}|n>=0\\&<E^2>=<n|\hat{E}^2|n>=(\hbar\omega/\varepsilon_0 V)\left(n+\frac{1}{2}\right)\end{aligned}\right\} \tag{9.42}$$

ただし，V は体積を示す定数。これは，$|n>$という光子数の確定した状態での電場の期待値は0になるが，電場の2乗についての期待値は0でなく式(9.39)の W_n に比例することを示している。$|0>$でも「ゆらぎ」のあることを示すもので**零点振動**と呼ばれている。後述する自然放出はこれにより引き起こされる。

この電場ゆらぎの2乗平均は，次式に従うので

$$<(\Delta E)^2>=<E^2>-<E>^2 \tag{9.43}$$

$$\Delta E=\left(\frac{\hbar\omega}{\varepsilon_0 V}\right)^{1/2}\left(n+\frac{1}{2}\right)^{1/2} \tag{9.44}$$

となり，光子数 n とともに大きくなる。

つぎに，光子のゆらぎを考える。式(9.44)で電場 E のゆらぎは n が大きいほど大きくなることを示したが，フォトン数 n のゆらぎは

$$\begin{aligned}<(\Delta n)^2>&=<\hat{n}^2>-<\hat{n}>^2=<\hat{a}^{\dagger}\hat{a}\hat{a}^{\dagger}\hat{a}>-<\hat{a}^{\dagger}\hat{a}>^2\\&=<\hat{a}^{\dagger}\hat{a}>+\{<\hat{a}^{\dagger}\hat{a}^{\dagger}\hat{a}\hat{a}>-<\hat{a}^{\dagger}\hat{a}>^2\}=<\hat{n}>\pm(\Delta n)^2_{wave}\end{aligned} \tag{9.45}$$

となることがわかる。最後の項$(\Delta n)^2_{wave}$ は零点振動に対応し，非粒子性つまり波動性によるものと考えられる†。

† $<(\Delta n)^2>><\hat{n}>$，　$<(\Delta n)^2>=<\hat{n}>$，　$<(\Delta n)^2><<\hat{n}>$に応じて，サブポアソン分布，ポアソン分布，およびスーパーポアソン分布となる。

光子数 n の状態を $|n>$ とすると，演算子 $\hat{a}$ や $\hat{a}^{\dagger}$ を作用させることにより，光子数が一つ変わるので

$$\hat{a}|n> = C_n|n-1>, \qquad \hat{a}^{\dagger}|n> = D_n|n+1> \tag{9.46}$$

と書ける。この場合，C_n，D_n はフォトンが1個消滅あるいは生成されるときの確率振幅を表す。したがって，複素共役な状態 $<n|$ を掛けて内積を求めれば

$$\left.\begin{aligned} <n|\hat{a}^{\dagger}\hat{a}|n> &= <n|\hat{n}|n> = n = |C_n|^2 \\ <n|\hat{a}\hat{a}^{\dagger}|n> &= <n|\hat{n}+1|n> = n+1 = |D_n|^2 \end{aligned}\right\} \tag{9.47}$$

となる。最も簡単な実数として，$C_n=\sqrt{n}$，$D_n=\sqrt{n+1}$ をとれば

$$<n-1|\hat{a}|n> = \sqrt{n}, \qquad <n+1|\hat{a}^{\dagger}|n> = \sqrt{n+1} \tag{9.48}$$

が得られる。確率振幅の2乗が起こりうる確率を表すので，フォトンが誘導吸収される(光子数が減る)確率は，そこにあるフォトン数 n に比例する。逆に放出する(光子数が増える)確率は $(n+1)$ に比例し，n に比例する部分は誘導放出であり，n に依存しない定数1に対応する部分が自然放出であると解釈する。

なお，$|n>$ の状態では式(9.24)を用いて q，p のそれぞれの期待値を求めると

$$(\Delta q\cdot\Delta p) \geq \hbar\left(n+\frac{1}{2}\right) \tag{9.49}$$

なる不確定性が証明される。$n=0$(真空状態)のときのみ等号が成立し，その他は n とともに不確定さが増大する。

9.2.2　コヒーレント状態とスクイーズド状態

量子論的に振幅と位相の関係を求めることにする。位相因子を演算子 $\hat{\phi}$ とし，基本演算子 $\hat{a}^{\dagger}$ と $\hat{a}$ の関係が式(9.46)を満足するように次式で定義する。

$$\hat{a} = (\hat{n}+1)^{1/2}e^{i\hat{\phi}}, \qquad \hat{a}^{\dagger} = e^{-i\hat{\phi}}(\hat{n}+1)^{1/2} \tag{9.50}$$

$$\hat{n} = e^{-i\hat{\phi}}(\hat{n}+1)e^{i\hat{\phi}} = e^{-i\hat{\phi}}\hat{n}e^{i\hat{\phi}}+1 \tag{9.51}$$

したがって，位相演算子 $e^{i\hat{\phi}}$ は式(9.52)の性質を持つ。

$$e^{i\hat{\phi}}e^{-i\hat{\phi}}=1, \qquad e^{-i\hat{\phi}}\hat{n}e^{i\hat{\phi}}=\hat{n}-1 \tag{9.52}$$

これは $\hat{\phi}$ と $\hat{n}$ の間に，つぎの交換関係があれば満足される。

$$[\hat{\phi},\hat{n}]=\hat{\phi}\hat{n}-\hat{n}\hat{\phi}=-i$$

もし，$\hat{\phi}$ がエルミート演算子であるとすれば，式(9.21)，(9.24)を参照して

$$\Delta\phi\cdot\Delta n\geq\frac{1}{2} \tag{9.53}$$

なる位相とフォトン数との不確定関係が得られる。

ここで注意すべきことは，量子力学における**位相演算子**の定義にはある程度の任意性があるが，適当な極限では古典的な位相と同じ意味を持つべきであること，および位相は原理的には観測可能な量であるので，**エルミート演算子**である必要があることである。上式の演算子 $e^{i\hat{\phi}}$ は式(9.16)を参照したとき，エルミート演算子ではないことが明らかであるので，より正確を期して他の 1 対のエルミート演算子を導入する。

$$\cos\hat{\phi}=\frac{1}{2}\{e^{i\hat{\phi}}+e^{-i\hat{\phi}}\}, \qquad \sin\hat{\phi}=\frac{1}{2i}\{e^{i\hat{\phi}}-e^{-i\hat{\phi}}\} \tag{9.54}$$

これを電磁場の観測可能な位相の性質を表す量子力学的演算子として採用する。

いま，振幅の確定した状態 $|n>$ の場合，位相のゆらぎを求めると，振幅が確定するときは，式(9.53)より位相角は 0 から 2π の間のどの値でも同じ確率で分布していることになり，位相はまったく不確定であることが示される。

さて，これらの量子論的記述は古典的表現とはまったく相容れないものである。前章までに述べてきた光波では，振幅と位相が確定した状態として記述された。古典論は巨視的分野では正確な理論であるので，量子論的記述が古典論に近い形にできないものかについて考えてみることにする。4 章で光波の干渉は波の重ね合わせとして取り扱った。そこで，量子論的電磁場を「モード k の個数確定状態 $|n_k>$」の重ねとして表現することにして，これを**コヒーレント状態** $|\alpha>$ と呼ぶことにする。これは個数確定状態 $|n>$ の線形の重ね合わせとして

$$|\alpha\rangle = \exp\left(-\frac{1}{2}|\alpha|^2\right)\sum_{n=0}^{\infty}\frac{\alpha^n}{\sqrt{n!}}|n\rangle \tag{9.55}$$

で定義する。α は任意の複素数である。可能な重ね合わせの状態は多種多様であるが，そのなかで，コヒーレント状態は光の量子論を実際に応用するうえで重要である。コヒーレント状態では

$$\hat{a}|\alpha\rangle = \alpha|\alpha\rangle \quad \text{または} \quad \langle\alpha|\hat{a}^{\dagger} = \hat{a}^{*}\langle\alpha| \tag{9.56}$$

が成立するので，コヒーレント状態は消滅演算子 $\hat{a}$ の固有状態であり，固有値が α であることは明らかである。ただし生成演算子の固有状態ではない。

【コラム 9.3】 コヒーレント状態と真空状態

フォトン数が大きくて，観測によってフォトンが吸収された後でも同じ状態を保つと仮定して，つまり $\hat{a}|\alpha\rangle = \alpha|\alpha\rangle$ なる固有値方程式から式(9.55)の展開式を導くこともできる。ここで，式(9.40)を参照すれば，式(9.55)で与えられた定義によるコヒーレント状態 $|\alpha\rangle$ は真空状態 $|0\rangle$ から作られることが明らかであり，また，$\alpha=0$ の状態 $|0\rangle_{\alpha}$ と，$n=0$ の状態 $|0\rangle_{n}$ とが一致することも容易に証明できる。

コヒーレント状態における個数演算子の期待値は

$$\langle\alpha|\hat{n}|\alpha\rangle \equiv \langle n\rangle_{\alpha} = |\alpha|^2 \tag{9.57}$$

$$\langle\alpha|\hat{n}^2|\alpha\rangle \equiv \langle n^2\rangle_{\alpha} = |\alpha|^4 + |\alpha|^2 \tag{9.58}$$

であり，したがってコヒーレント状態での光子数の不確定さは式(9.22)より

$$\Delta n = |\alpha| \tag{9.59}$$

である。式(9.57)と(9.58)から平均光子数に対する不確定さは

$$\delta = \frac{\Delta n}{\langle n\rangle_{\alpha}} = \frac{1}{|\alpha|} \tag{9.60}$$

となり，$|\alpha|$ が大になれば，この比は 0 に近づく。この δ を相対不確定性とも呼ぶ。個数確定状態 $|n\rangle$ におけるゆらぎの式(9.45)と比較すると，コヒーレント状態ではいかなる波動的ゆらぎもなく，その状態にあるフォトン数に相当する粒子的ゆらぎのみになることに注意しておく。

なお，式(9.55)の定義から

$$|\langle n|\alpha\rangle|^2 = \exp(-|\alpha|^2)\frac{|\alpha|^{2n}}{n!} \tag{9.61}$$

が得られる。これは平均値 $|\alpha|^2$ を中心にした光子数のポアソンの確率分布であり，式(9.61)はその広がりに対する通常の結果でもある。熱放射からの光(**カオス光**)はよく

知られているとおり，ボルツマン分布に従う。

一方，コヒーレント状態での位相演算子の期待値はいくぶん複雑になる。途中計算は省略して結果のみを示す。$\alpha=|\alpha|e^{i\theta}$ として，$|\alpha|^2\gg1$ の場合を考えると

$$\Delta\cos\phi=\frac{|\sin\theta|}{2|\alpha|} \tag{9.62}$$

したがって，次式が近似的に成立する。

$$\Delta n\cdot\Delta\cos\phi=\frac{1}{2}|\sin\theta|,\quad(|\alpha|^2\gg1) \tag{9.63}$$

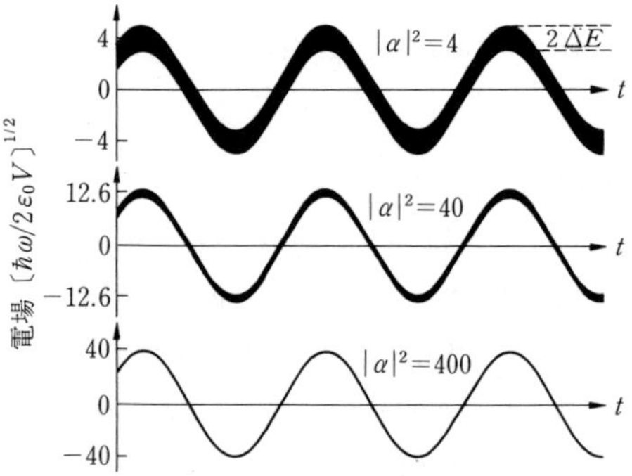

図 9.2　状態 $|\boldsymbol{\alpha}\rangle$ に励起した空洞モードにおける電場の変動の様子を絵画的に示す。平均光子数 $|\boldsymbol{\alpha}|^2$ の値が異なる三つの場合を示し，縦軸の目盛はそれぞれ異なっている。電場の値の不確定さは正弦波の縦幅 $2\Delta\boldsymbol{E}$ で表してある。これらの幅は，$\Delta\boldsymbol{n}$ に伴う振幅の不確定性と $\boldsymbol{\Delta\cos\varphi}$ に伴う位相の不確定性との合成とみることもできる。

つまり，位相のゆらぎも 0 に近づくことがわかる。**図 9.2** で $|\alpha|^2$ に依存して式(9.60)と(9.62)で示されるように相対不確定性が小さくなり，古典的電場に近づくことがわかる。このように，コヒーレント状態ではフォトン数の大きな極限では古典的な波動と同等になり，不確定性関係を満足しながら振幅と位相がともに正確に決められる。また，コヒーレント状態は式(9.24)の等号が成立する状態であり，すなわち最小不確定状態である。証明を以下に簡単に示す。

$\hat{a}$ と $\hat{a}^\dagger$ で対応する調和振動子の座標 $\hat{q}$ と運動量 $\hat{p}$ を表すと，$\hat{q}=(\hbar/2\omega)^{1/2}(\hat{a}+\hat{a}^\dagger)$，$\hat{p}=-i(\hbar\omega/2)^{1/2}(\hat{a}-\hat{a}^\dagger)$ となるので，期待値を求めると

$$\left.\begin{aligned}
&<q>_\alpha=(\hbar/2\omega)^{1/2}<\alpha|\hat{a}+\hat{a}^\dagger|\alpha>=(\hbar/2\omega)^{1/2}(\alpha+\alpha^*)\\
&<p>_\alpha=i(\hbar\omega/2)^{1/2}<\alpha|\hat{a}^\dagger-\hat{a}|\alpha>=i(\hbar\omega/2)(\alpha^*-\alpha)\\
&<q^2>_\alpha=(\hbar/2\omega)(\alpha^{*2}+\alpha^2+2\alpha^*\alpha+1)\\
&<p^2>_\alpha=-(\hbar\omega/2)(\alpha^{*2}+\alpha^2-2\alpha^*\alpha-1)
\end{aligned}\right\} \tag{9.64}$$

よって

$$\left.\begin{aligned}
&<(\Delta q)^2>_\alpha=<q^2>_\alpha-<q>_\alpha{}^2=\hbar/2\omega\\
&<(\Delta p)^2>_\alpha=<p^2>_\alpha-<p>_\alpha{}^2=\hbar\omega/2
\end{aligned}\right\} \tag{9.65}$$

したがって

$$(\Delta p\cdot\Delta q)_\alpha=\frac{\hbar}{2} \tag{9.66}$$

すなわち，コヒーレント状態はつねに最小不確定関係を満足するものである。これは式(9.49)で，$n=0$ の場合に一致するが，この場合は無限個のフォトン数状態の重ね合わせである。

また式(9.44)に対して，コヒーレント場における電場の期待値を求め，そのゆらぎ ΔE を計算するとつぎのようになる。

$$\Delta E=\left(\frac{\hbar\omega}{2\varepsilon_0 V}\right)^{1/2} \tag{9.67}$$

重要なことは，E のゆらぎがフォトン数 n(光の強度)に無関係で電場が強くなればなるほど相対的にゆらぎが小さくなることである。式(9.40)で示した個数確定状態 $|n>$ では，ΔE は $\sqrt{n}$ に比例して増大したことと比較してみればその特徴が明確になる。あるいは，個数確定状態の零点振動(真空状態)と同じであると理解することができよう。単一モードで発振しているレーザ光は，このコヒーレント状態に近いものであって，通常のカオス光(熱放射光)と異なる性質を持つ。

最小不確定性関係を有しながら，コヒーレント状態ではそれぞれの観測量のゆらぎの大きさは相等しいものであった。しかし，もし一方の観測量を犠牲にして大きなゆらぎを持たせると，当然，他方が最小不確定性を保つためにそのゆらぎを小さくしなければならないであろう。このような状態が可能となるとき，この状態を**スクイーズド状態** $|s>$ と呼ぶ。つまり，最小不確定状態のより一般的な状態がスクイーズド状態であり，その中で特別なケースとしてコヒーレント状態が存在すると考えることにする。

基本的な消滅演算子 $\hat{a}$ をハミルトニアン演算子 $\hat{X}_1$ と $\hat{X}_2$ の線形和として

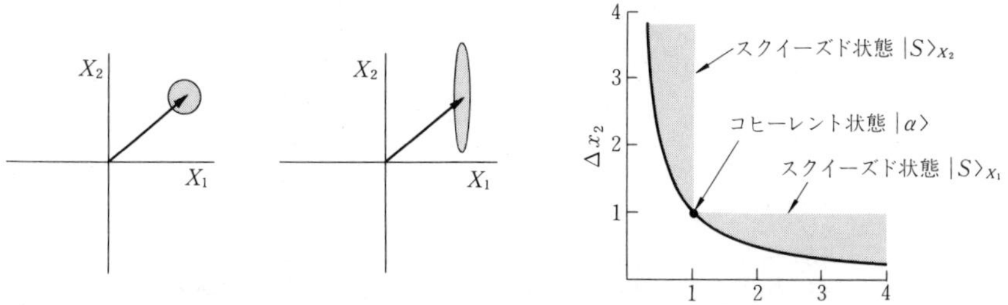

図 9.3 (a)コヒーレント状態 $|\alpha\rangle$ と，(b)，(c)スクイーズド状態 $|s\rangle$ での不確定性関係模式図

$$\hat{a}=\frac{\hat{X}_1+i\hat{X}_2}{2}, \quad \hat{a}^\dagger=\frac{\hat{X}_1-i\hat{X}_2}{2} \tag{9.68}$$

と書くと，$[\hat{X}_1, \hat{X}_2]=2i$ を満足し，それらのゆらぎの積は，式(9.23)より，

$$\Delta X_1 \cdot \Delta X_2 \geq 1 \tag{9.69}$$

であることは，これまでの議論で明らかである。X_1 と X_2 は単一モード場での複素振幅の実部と虚部を示す。

コヒーレント状態では

$$\Delta X_1=\Delta X_2=1 \tag{9.70}$$

であって，直観的理解のために**図 9.3** のように X_1 と X_2 軸上に複素振幅面を示すと「誤差円」として示される。これに対してスクイーズド状態 $|s>$ では

$$\Delta X_1<1<\Delta X_2 \tag{9.71}$$

のように(図(b))，一方が他方の犠牲により 1 より小さい状態であり，**誤差楕円**となる。詳細は省略するが，スクイーズド状態での観測量のゆらぎは

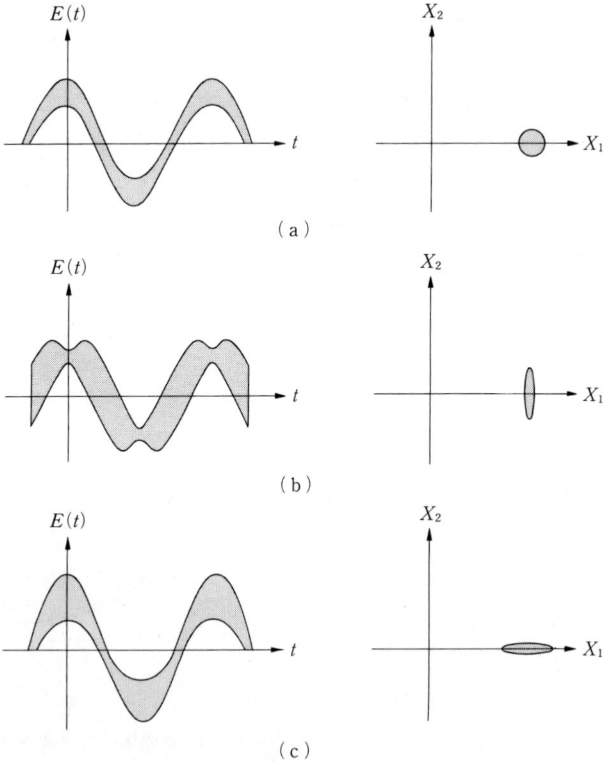

図 9.4　時間変化に伴う電場のゆらぎの様子
(**a**)コヒーレント状態 $|\alpha\rangle$，(**b**)，(**c**)スクイーズド状態 $|s\rangle$

$$<\Delta X_1>_s = e^{-r}, \qquad <\Delta X_2>_s = e^{r} \tag{9.72}$$

となり，つぎの不確定性が満足される(図(c))。

$$(\Delta X_1 \cdot \Delta X)_s = 1 \tag{9.73}$$

また電場のゆらぎは**図 9.4** のようになる。図(a)はコヒーレント状態であって，振幅のゆらぎは式(9.70)からわかるように一定である。図(b)は ΔX_1 のゆらぎを少なくしたもの，図(c)は ΔX_2 を抑制した場合のスクイーズド状態を模式的に示した。

実験的にコヒーレント状態(例えばレーザ光)から，スクイーズド状態を作り出すには，パラメトリック増幅，4 波混合その他非線形光学効果を利用することが試みられている。一般にレーザ光はコヒーレント状態の光を放射しているといわれているが，半導体レーザの場合，条件によっては振幅と位相のスクイーズド光が発生することも確かめられている。これらの理論と実験的検証から，従来不可避的に考えられていた量子雑音の限界(標準量子限界)にせまる技術開発などが検討される段階になっていることは興味深い。

9.2.3 強度干渉とコヒーレンス

4 章で用いた式(4.39)の複素コヒーレンス度 γ は電場振幅の相関関数として定義された。光ビーム内の多数の波の位相は，原子間衝突によってばらばらになるので，単一原子の相関関数は，確率分布が

$$p(t)\,dt = \frac{1}{\tau_0}\exp\left(\frac{-t}{\tau_0}\right)dt \tag{9.74}$$

になると仮定すれば，式(4.39)はつぎのように計算できる。

$$\begin{aligned}<E(t)\cdot E^*(t-\tau)> &= E_0{}^2 e^{-i\omega_0\tau} <e^{i[\phi_i(t-\tau)-\phi_i(t)]}> \\ &= E_0{}^2 e^{-i\omega_0 t}\int p(t)\,dt \\ &= E_0{}^2 \exp\left\{-i\omega_0 t - \left(\frac{t}{\tau_0}\right)\right\}\end{aligned} \tag{9.75}$$

すなわち規格化した相関をとり，複素コヒーレンス度をつぎのように表せる。

$$\gamma^{(1)}(t) = \exp\left\{-i\omega_0 t - \left(\frac{t}{\tau_0}\right)\right\} \tag{9.76}$$

これを**1 次のコヒーレンス度**と呼ぶことにする。このとき，光のスペクトルは

$$\mathcal{F}(\omega) = \left(\frac{1}{\pi}\right)\mathrm{Re}\int_0^\infty \gamma^{(1)}(t)\exp(i\omega t)\,dt$$

$$=\frac{1/\pi\cdot\tau_0}{(\omega_0-\omega)^2+(1/\tau_0)^2} \tag{9.77}$$

となるため，ローレンツ形となる。どんなカオス光でも，時間 t が τ_0 より長くなれば相関はなくなり，4 章で述べたとおり，1 次のコヒーレンス度は 0 になる。

$$<E(t)>=0,\quad \gamma^{(1)}(t)\rightarrow 0,\quad (t\gg\tau_0) \tag{9.78}$$

つぎに，二つの電場の相関でなく，異なる時刻での二つの光強度の相関を考えることにする。このためには，カオス光の強度ゆらぎの統計的性質を導入しなければならない。詳細は専門書に譲ることにして，ここではまず効率のよい強度の瞬間的測定が可能な理想的検出装置が得られるとする。つぎに，観測時間はコヒーレンス長 τ_c より長く行い，その間の時間的平均強度は統計平均に等しいというエルゴードの仮定が成立すると考える。つまり，瞬間的強度 $I=|E|^2$ と，それを長時間 $T\,(T>\tau_c)$ をかけて観測した長時間平均強度は

$$<I>=\left(\frac{1}{2T}\right)\int_{-T}^{T}Idt=\bar{I} \tag{9.79}$$

であり，このとき

$$\Delta I=I-<I> \tag{9.80}$$

は時々刻々変化する。この ΔI を光の強度ゆらぎと定義する。

相関関数の規格化形として，つぎのように**2 次時間コヒーレンス度**を定義する。

$$\gamma^{(2)}(\tau)=\frac{<\bar{I}(t)\cdot\bar{I}(t+\tau)>}{\bar{I}^2}$$
$$=\frac{<E^*(t)E^*(t+\tau)E(t+\tau)E(t)>}{<E^*(t)E(t)>^2} \tag{9.81}$$

1 次コヒーレンス度は，0 から 1 までの範囲をとることをすでに知ったが，2 次コヒーレンス度は，コーシーの不等式により

$$<\bar{I}(t)>^2\leq<\bar{I}(t)^2>,\quad <\bar{I}(t)\cdot\bar{I}(t+\tau)>\leq<\bar{I}(t)^2> \tag{9.82}$$

が成立するので

$$\gamma^{(2)}(0)\geq 1,\qquad \gamma^{(2)}(\tau)\leq\gamma^{(2)}(0) \tag{9.83}$$

でなければならない。ビーム強度と位相が一定値(古典的安定波)であれば，つねに

$$\gamma^{(2)}(\tau)=1 \tag{9.84}$$

である。また，1次コヒーレンス度が0であれば当然2次の相関もないので

$$\gamma^{(2)}(\tau)\to 1 \quad (\tau\gg\tau_c) \tag{9.85}$$

となることからも，1次のコヒーレンス度と異なることが明確である。

さて，カオス光の2次コヒーレンス度を決定するために，光ビームの電場 $E(t)$ は種々の独立な n 個の波の重ね合わせとして

$$E(t)=\sum_{i}^{n}E_i(t) \tag{9.86}$$

とし，電場とその複素共役との積の項だけ残して書けば

$$\begin{aligned}&<E^*(t)E^*(t+\tau)E(t+\tau)E(t)>\\&=\sum_{i=1}^{n}<E_i^*(t)E_i^*(t+\tau)E_i(t+\tau)E_i(t)>\\&+\sum_{i\neq j}^{n}<E_i^*(t)E_j^*(t+\tau)E_j(t+\tau)E_j(t)>\\&\simeq n^2\{<E_i^*(t)E_i(t)>^2+|<E_i^*(t)E_i(t+\tau)>|^2\},\quad (n\geq 1)\end{aligned} \tag{9.87}$$

そこで1次コヒーレンス度の定義式(4.39)と(9.81)を用いれば

$$\gamma^{(2)}(\tau)=1+|\gamma^{(1)}(\tau)|^2,\quad (n\geq 1) \tag{9.88}$$

となる。これはあらゆる種類のカオス光に対して成立し，2次のコヒーレンス度が，1次のコヒーレンス度から求まるという重要な結果である。

つぎに，式(9.77)で求められたように，ローレンツ形周波数分布を持つカオス光(熱放射光など)では

$$\gamma_L{}^{(2)}(\tau)=1+\exp(-2\beta|\tau|),\quad (n\geq 1) \tag{9.89}$$

そして，ガウス形分布を持つカオス光(水銀灯などのスペクトル光源からの光)に対しては，つぎのようになることが証明されている。

$$\gamma_G{}^{(2)}(\tau)=1+\exp(-\delta^2/\tau^2) \tag{9.90}$$

さらに，カオス光に対しては1次コヒーレンス度は $\gamma^{(1)}(0)=1$ であるので

$$\gamma^{(2)}(0)=2 \tag{9.91}$$

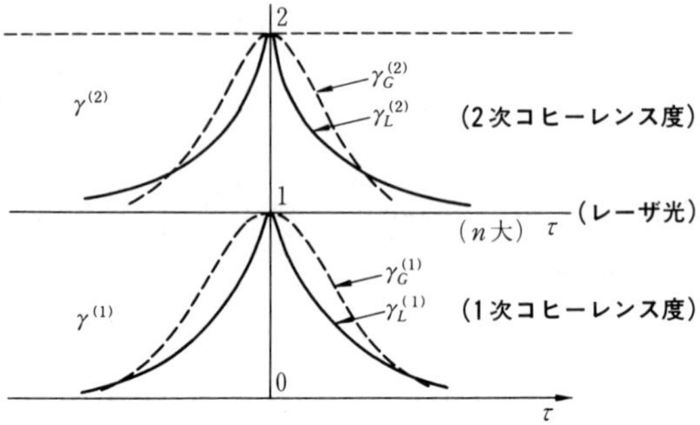

図 **9.5**　1次コヒーレンス度 $\gamma^{(1)}$，および2次コヒーレンス度 $\gamma^{(2)}$ を示す。添字 G はガウス形カオス光，L はローレンス形カオスを示す。

となる。この関係を**図 9.5** に示す。

4章では，時間コヒーレンスと空間コヒーレンスを分離して述べたが，一般的に二つの時空間(r_1, t_1)と(r_2, t_2)における光の2次コヒーレンス度を

$$\gamma^{(2)}(r_1t_1, r_2t_2\,;\,r_2t_2, r_1t_1) = \frac{<E^*(r_1t_1)\,E^*(r_2t_2)\,E(r_1t_1)\,E(r_2t_2)>}{<|E(r_1t_1)|^2><|E(r_2t_2)|^2>} \tag{9.92}$$

と定義する。そして

$$|\gamma^{(1)}(r_1t_1, r_2t_2)| = 1, \quad \gamma^{(2)}(r_1t_1, r_2t_2\,;\,r_2t_2, r_1t_1) = 1 \tag{9.93}$$

を同時に満足するとき，この光は2次コヒーレントな光であるという。

以上を要約すると，カオス光は τ_c 内で十分に接近した時空間に対して1次コヒーレントであり，その極限において2次コヒーレンス度は2になる。つまり，カオス光は時空間をどのように選んでも2次コヒーレンスにはなりえない。それに対して，古典的な安定した調和振動子で与えられる光は，あらゆる時空間で2次コヒーレントな光といえる。また前節で述べた最小不確定状態であるコヒーレント状態 $|\alpha>$ の光は，この性質を持つ。

最後にこれらを整理して書くと，つぎのようにまとめられる。

1)　光子数確定状態 $|n>$ ：$\gamma^{(2)}(r_1r_2\tau_1\tau_2) = \dfrac{n-1}{n}$

$$=\begin{cases}<1 & (n\text{が有限のとき})\\ =1 & (n\gg 1)\end{cases} \tag{9.94}$$

2)　コヒーレント状態：$\gamma^{(2)}(r_1r_2\tau_1\tau_2)=1$　(9.95)

3)　カオス光：$\gamma^{(2)}(r_1r_2\tau_1\tau_2)=1+|\gamma^{(1)}(r,t)|^2$　(9.96)

(a)ローレンツ形：$\gamma_L{}^{(2)}(r_1r_2\tau_1\tau_2)=1+e^{-2\beta\tau}$　(9.97)

(b)ガウス形：$\gamma_G{}^{(2)}(r_1r_2\tau_1\tau_2)=1+e^{-\delta^2/\tau^2}$　(9.98)

これを図9.5に示した。光子数確定状態$|n>$で，光子数が有限で$\gamma^{(2)}$が1より小さくなるのは**光子離散**状態ともいわれ，スクイーズド状態が対応する。しかし，光子数が大きくなるとき，またコヒーレント状態$|\alpha>$では，$\gamma^{(2)}$はつねに1になり，2次コヒーレントな光となる。これが$|\alpha>$をコヒーレント状態と呼ぶ理由である。単一モードで発振している理想的なレーザ光，あるいは前述のように古典的安定波は2次コヒーレントな光の代表である。これに対して，カオス光は前述のとおり2次コヒーレントな光にはならない。

1952年から1958年にかけて，ハンブリ・ブラウンとツゥイスらがカオス光について行った最初の強度干渉の実験とその結果は，当時多くの議論をもたらしたものであった。しかし，上記のような理論構成により式(9.96)で明らかになるように，2次のコヒーレンス度を測定したものと結論され，これから$\gamma^{(1)}$の1次コヒーレンス度を求めることが可能であることを実証したものといえる。4章，図4.28のように，強度のゆらぎΔIの相関を求め，$\gamma^{(2)}$から$\gamma^{(1)}$を得てマイケルソンの天体干渉法と同様の原理から星の直径をより精度高く測定することに成功した。ただし，この場合位相の情報は得られないので，空間的に星は対称性を持つものと仮定している。なお，当然のことであるが，2次コヒーレント光では，このような強度干渉項は観測されないことを注意しておく。

コヒーレンス度の量子論は，その後グラウバーらにより積極的に理論構築され，量子統計光学として発展している。強度干渉の実験はレーザの出現直前の時期において，光の古典論と量子論の対応という点で特別の意義を有した。

演習問題

（1） $\hat{a}^{\dagger}|k>$ は固有値 $(k+1)$ を持つ固有状態であることを示せ。

（2） 生成演算子や消滅演算子はエルミートではないこと，ただし，個数演算子はエルミート演算子であることを示せ。

（3） コヒーレント状態およびスクイーズド状態は最小不確定状態であることを示せ。

（4） 式(9.82)および式(9.83)を証明せよ。

（5） 1 次コヒーレンス度から 2 次コヒーレンス度が求められることを示せ。

付　　　　録

A．ベクトル解析の公式

$$\boldsymbol{A}\times(\boldsymbol{B}\times\boldsymbol{C})=\boldsymbol{B}(\boldsymbol{C}\cdot\boldsymbol{A})-\boldsymbol{C}(\boldsymbol{A}\cdot\boldsymbol{B}) \tag{A.1}$$

$$\nabla\times\nabla u=0 \tag{A.2}$$

$$\nabla\cdot(\nabla\times\boldsymbol{A})=0 \tag{A.3}$$

$$\nabla\times(\nabla\times\boldsymbol{A})=\nabla(\nabla\cdot\boldsymbol{A})-\nabla^2\boldsymbol{A} \tag{A.4}$$

$$\nabla\cdot(\boldsymbol{A}\times\boldsymbol{B})=\boldsymbol{B}\cdot\nabla\times\boldsymbol{A}-\boldsymbol{A}\cdot\nabla\times\boldsymbol{B} \tag{A.5}$$

B．円筒座標と極座標でのベクトル演算

円筒座標系(ρ,φ,z)と極座標(r,θ,φ)での基本的なベクトル演算はつぎのようになる。ただし，それぞれの座標系での単位ベクトルを$(\hat{\rho},\hat{\varphi},\hat{z})$と$(\hat{r},\hat{\theta},\hat{\varphi})$で表した。

円筒座標

$$\nabla u=\hat{\rho}\frac{\partial u}{\partial\rho}+\hat{\varphi}\frac{1}{\rho}\frac{\partial u}{\partial\varphi}+\hat{z}\frac{\partial u}{\partial z} \tag{B.1}$$

$$\nabla\cdot\boldsymbol{A}=\frac{1}{\rho}\frac{\partial}{\partial\rho}(\rho A_\rho)+\frac{1}{\rho}\frac{\partial A_\varphi}{\partial\varphi}+\frac{\partial A_z}{\partial z} \tag{B.2}$$

$$\begin{aligned}\nabla\times\boldsymbol{A}=&\,\hat{\rho}\left(\frac{1}{\rho}\frac{\partial A_z}{\partial\varphi}-\frac{\partial A_\varphi}{\partial z}\right)+\hat{\varphi}\left(\frac{\partial A_\rho}{\partial z}-\frac{\partial A_z}{\partial\rho}\right)\\&+\hat{z}\left\{\frac{1}{\rho}\frac{\partial}{\partial\rho}(\rho A_\varphi)-\frac{1}{\rho}\frac{\partial A_\rho}{\partial\varphi}\right\}\end{aligned} \tag{B.3}$$

$$\nabla^2 u=\frac{1}{\rho}\frac{\partial}{\partial\rho}\left(\rho\frac{\partial u}{\partial\rho}\right)+\frac{1}{\rho^2}\frac{\partial^2 u}{\partial\varphi^2}+\frac{\partial^2 u}{\partial z^2} \tag{B.4}$$

極座標

$$\nabla u=\hat{r}\frac{\partial u}{\partial r}+\hat{\theta}\frac{1}{r}\frac{\partial u}{\partial\theta}+\hat{\varphi}\frac{1}{r\sin\theta}\frac{\partial u}{\partial\varphi} \tag{B.5}$$

$$\nabla\cdot\boldsymbol{A}=\frac{1}{r^2}\frac{\partial}{\partial r}(r^2A_r)+\frac{1}{r\sin\theta}\frac{\partial}{\partial\theta}(A_\theta\sin\theta)+\frac{1}{r\sin\theta}\frac{\partial A_\varphi}{\partial\varphi} \tag{B.6}$$

$$\nabla\times\boldsymbol{A}=\frac{\hat{r}}{r\sin\theta}\left\{\frac{\partial}{\partial\theta}(A_\varphi\sin\theta)-\frac{\partial A_\theta}{\partial\varphi}\right\}+\frac{\hat{\theta}}{r}\left\{\frac{1}{\sin\theta}\frac{\partial A_r}{\partial\varphi}-\frac{\partial}{\partial r}(rA_\varphi)\right\}$$

$$+\frac{\hat{\varphi}}{r}\left\{\frac{\partial}{\partial r}(rA_\theta)-\frac{\partial A_r}{\partial \theta}\right\} \tag{B.7}$$

$$\nabla^2 u=\frac{1}{r^2}\frac{\partial}{\partial r}\left(r^2\frac{\partial u}{\partial r}\right)+\frac{1}{r^2\sin\theta}\frac{\partial}{\partial \theta}\left(\sin\theta\frac{\partial u}{\partial \theta}\right)+\frac{1}{r^2\sin^2\theta}\frac{\partial^2 u}{\partial \varphi^2} \tag{B.8}$$

C．ガウスの定理とストークスの定理

ガウスの定理

閉曲面 S(単位法線ベクトル $\boldsymbol{n}$)での面積積分は，その閉曲面が囲む体積 V での発散の積分に等しい。

$$\int_S \boldsymbol{A}\cdot\boldsymbol{n}\,ds=\int_V \nabla\cdot\boldsymbol{A}\,dv \tag{C.1}$$

ストークスの定理

閉曲線 L(単位接線ベクトル $\boldsymbol{t}$)での線積分は，その閉曲線が囲む曲面 S(単位法線ベクトル $\boldsymbol{n}$)での回転の面積積分に等しい。

$$\int_L \boldsymbol{A}\cdot\boldsymbol{t}\,dl=\int_S (\nabla\times\boldsymbol{A})\cdot\boldsymbol{n}ds \tag{C.2}$$

D．グリーンの定理

閉曲面 S とそれが囲む体積 V で特異点を持たない関数 $\boldsymbol{A}$ にガウスの定理を適用する。

$$\int_S \boldsymbol{A}\cdot\boldsymbol{n}\,ds=\int_V \nabla\cdot\boldsymbol{A}\,dv$$

ここで，$\boldsymbol{A}=f\nabla g$ とするとつぎのようになる。

$$\int_S f\nabla g\cdot\boldsymbol{n}ds=\int_V (\nabla f\cdot\nabla g+f\nabla^2 g)\,dv$$

また，$\boldsymbol{A}=g\nabla f$ とした場合はつぎのようになる。

$$\int_S g\nabla f\cdot\boldsymbol{n}ds=\int_V (\nabla g\cdot\nabla f+g\nabla^2 f)\,dv$$

以上の2式を引き算すると，領域 V 内で特異点を持たない関数 f と関数 g についてつぎの関係が成り立つ。

$$\int_S\left(f\frac{\partial g}{\partial n}-g\frac{\partial f}{\partial n}\right)ds=\int_V (f\nabla^2 g-g\nabla^2 f)\,dv \tag{D}$$

これを，**グリーンの定理**という。ただし，$\nabla f\cdot\boldsymbol{n}=\partial f/\partial n$ と $\nabla g\cdot\boldsymbol{n}=\partial g/\partial n$ の関係を用いた。

E．標準比視感度特性（CIE）

波長〔10^{-9}m〕	Photopic 明所視 $V(\lambda)$	Scotopic 暗所視	波長〔10^{-9}m〕	Photopic 明所視 $V(\lambda)$	Scotopic 暗所視
390	0.000 1	0.002 21	555	1.000	0.402
400	4	929	560	0.995	.328 8
410	0.001 2	0.034 84	570	.952	.207 6
420	40	969	580	.870	.121 2
430	0.011 6	0.199 8	590	.757	.065 5
440	0.023	.328	600	.631	.033 15
450	38	.455	610	.503	.015 93
460	60	.567	620	.381	.007 37
470	91	.676	630	.265	.003 335
480	0.139	.793	640	.175	.001 497
490	0.208	.904	650	.107	.000 677
500	.323	.982	660	.061	.000 312 9
507		1.000	670	.032	.000 148 0
510	.503	.997	680	.017	.000 071 5
520	.710	.935	690	.008 2	.000 035 33
530	.862	.811	700	.004 1	.000 017 80
540	.954	.650			
550	.995	.481			

F．ベッセル関数

第1種ベッセル関数はつぎの積分式で定義される。

$$J_l(z)=\frac{1}{2\pi}\int_0^{2\pi}\cos(l\theta-z\sin\theta)\,d\theta=\frac{1}{2\pi}\int_\alpha^{2\pi+\alpha}e^{i(l\theta-z\sin\theta)}d\theta \tag{F.1}$$

第2種変形ベッセル関数はつぎの積分式で定義される。

$$K_l(z)=\sec\left(\frac{l\pi}{2}\right)\int_0^\infty\cos(z\sinh t)\cosh(lt)\,dt\quad(z>0) \tag{F.2}$$

第1種ベッセル関数に関してはつぎの不定積分の公式が成り立つ。

$$\int_0^x zJ_0(\alpha z)\,dz=\frac{x}{\alpha}J_1(\alpha x) \tag{F.3}$$

また，ベッセル関数にはつぎの漸化公式が成り立つ。

$$\frac{J'_l(z)}{zJ_l(z)}=-\frac{J_{l+1}(z)}{zJ_l(z)}+\frac{l}{z^2}=\frac{J_{l-1}(z)}{zJ_l(z)}-\frac{l}{z^2} \tag{F.4}$$

$$\frac{K'_l(z)}{zK_l(z)}=-\frac{K_{l+1}(z)}{zK_l(z)}+\frac{l}{z^2}=-\frac{K_{l-1}(z)}{zK_l(z)}-\frac{l}{z^2} \tag{F.5}$$

$$J_l(z)=2\,\frac{l-1}{z}J_{l-1}(z)-J_{l-2}(z) \tag{F.6}$$

$$K_l(z)=2\,\frac{l-1}{z}K_{l-1}(z)+K_{l-2}(z) \tag{F.7}$$

G. ベッセル関数の数表

$J_0(x)$, $J_1(x)$, $J_2(x)$, $J_3(x)$
$K_0(x)$, $K_1(x)$, $K_2(x)$, $K_3(x)$

x	$J_0(x)$	$J_1(x)$	$J_2(x)$	$J_3(x)$	$K_0(x)$	$K_1(x)$	$K_2(x)$	$K_3(x)$
0.0	1.000 000	0.000 000	0.000 000	0.000 000	∞	∞	∞	∞
0.2	0.990 025	0.099 501	0.004 983	0.000 166	1.752 703	4.775 973	49.512 429	995.024 559
0.4	0.960 398	0.196 027	0.019 735	0.001 320	1.114 529	2.184 354	12.036 301	122.547 367
0.6	0.912 005	0.286 701	0.043 665	0.004 400	0.777 522	1.303 835	5.120 305	35.438 203
0.8	0.846 287	0.368 842	0.075 818	0.010 247	0.565 347	0.861 782	2.719 801	14.460 787
1.0	0.765 198	0.440 051	0.114 903	0.019 563	0.421 024	0.601907	1.624 839	7.101 263
1.2	0.671 133	0.498 289	0.159 349	0.032 874	0.318 508	0.434 592	1.042 829	3.910 689
1.4	0.566 855	0.541 948	0.207 356	0.050 498	0.243 655	0.320 836	0.701 992	2.326 528
1.6	0.455 402	0.569 896	0.256 968	0.072 523	0.187 955	0.240 634	0.488 747	1.462 502
1.8	0.339 986	0.581 517	0.306 144	0.098 802	0.145 931	0.182 623	0.348 846	0.957 836
2.0	0.223 891	0.576 725	0.352 834	0.128 943	0.113 894	0.139 866	0.253 760	0.647 385
2.2	0.110 362	0.555 963	0.395 059	0.162 326	0.089 269	0.107 897	0.187 357	0.448 546
2.4	0.002 508	0.520 185	0.430 980	0.198 115	0.070 217	0.083 725	0.139 988	0.317 038
2.6	−0.096 805	0.470 818	0.458 973	0.235 294	0.055 398	0.065 284	0.105 617	0.227 771
2.8	−0.185 036	0.409 709	0.477 685	0.272 699	0.043 820	0.051 113	0.080 329	0.165 868
3.0	−0.260 052	0.339 059	0.486 091	0.309 063	0.034 740	0.040 156	0.061 510	0.122 170
3.2	−0.320 188	0.261 343	0.483 528	0.343 066	0.027 595	0.031 643	0.047 372	0.090 858
3.4	−0.364 296	0.179 226	0.469 723	0.373 389	0.021 958	0.024 999	0.036 663	0.068 132
3.6	−0.391 769	0.095 466	0.444 805	0.398 763	0.017 500	0.019 795	0.028 497	0.051 458
3.8	−0.402 556	0.012 821	0.409 304	0.418 026	0.013 966	0.015 706	0.022 232	0.039 108
4.0	−0.397 150	−0.066 043	0.364 128	0.430 171	0.011 160	0.012 483	0.017 401	0.029 885
4.2	−0.376 557	−0.138 647	0.310 535	0.434 394	0.008 927	0.009 938	0.013 660	0.022 948
4.4	−0.342 257	−0.202 776	0.250 086	0.430 127	0.007 149	0.007 923	0.010 751	0.017 697
4.6	−0.296 138	−0.256 553	0.184 593	0.417 069	0.005 730	0.006 325	0.008 480	0.013 699
4.8	−0.240 425	−0.298 450	0.116 050	0.395 209	0.004 597	0.005 055	0.006 704	0.010 641
5.0	−0.177 597	−0.327 579	0.046 565	0.364 831	0.003 691	0.004 045	0.005 309	0.008 292
5.2	−0.110 290	−0.343 223	−0.021 718	0.326 517	0.002 966	0.003 239	0.004 212	0.006 479
5.4	−0.041 210	−0.345 345	−0.086 695	0.281 126	0.002 385	0.002 597	0.003 346	0.005 075
5.6	0.026 971	−0.334 333	−0.146 375	0.229 779	0.001 918	0.002 083	0.002 663	0.003 985
5.8	0.091 703	−0.311 028	−0.198 954	0.173 818	0.001 544	0.001 673	0.002 121	0.003 136
6.0	0.150 645	−0.276 684	−0.242 873	0.114 768	0.001 244	0.001 344	0.001 692	0.002 472
6.2	0.201 747	−0.232 917	−0.276 882	0.054 283	0.001 003	0.001 081	0.001 351	0.001 952
6.4	0.243 311	−0.181 638	−0.300 072	−0.005 908	0.000 808	0.000 869	0.001 080	0.001 544
6.6	0.274 043	−0.124 980	−0.311 916	−0.064 060	0.000 652	0.000 700	0.000 864	0.001 223
6.8	0.293 096	−0.065 219	−0.312 278	−0.118 474	0.000 526	0.000 564	0.000 692	0.000 971
7.0	0.300 079	−0.004 683	−0.301 417	−0.167 556	0.000 425	0.000 454	0.000 555	0.000 771
7.2	0.295 071	0.054 327	−0.279 980	−0.209 872	0.000 343	0.000 366	0.000 445	0.000 613
7.4	0.278 596	0.109 625	−0.248 968	−0.244 202	0.000 277	0.000 295	0.000 357	0.000 488
7.6	0.251 602	0.159 214	−0.209 703	−0.269 584	0.000 224	0.000 238	0.000 287	0.000 389
7.8	0.215 408	0.201 357	−0.163 778	−0.285 346	0.000 181	0.000 192	0.000 230	0.000 311
8.0	0.171 651	0.234 636	−0.112 992	−0.291 132	0.000 146	0.000 155	0.000 185	0.000 248
8.2	0.122 215	0.257 999	−0.059 289	−0.286 920	0.000 118	0.000 126	0.000 149	0.000 198
8.4	0.069 157	0.270 786	−0.004 684	−0.273 017	0.000 096	0.000 101	0.000 120	0.000 159
8.6	0.014 623	0.272 755	0.048 808	−0.250 053	0.000 078	0.000 082	0.000 097	0.000 127
8.8	−0.039 234	0.264 074	0.099 251	−0.218 960	0.000 063	0.000 066	0.000 078	0.000 102
9.0	−0.090 334	0.245 312	0.144 847	−0.180 935	0.000 051	0.000 054	0.000 063	0.000 082
9.2	−0.136 748	0.217 409	0.184 011	−0.137 404	0.000 041	0.000 043	0.000 051	0.000 065
9.4	−0.176 772	0.181 632	0.215 417	−0.089 966	0.000 033	0.000 035	0.000 041	0.000 053
9.6	−0.208 979	0.139 525	0.238 046	−0.040 339	0.000 027	0.000 028	0.000 033	0.000 042
9.8	−0.232 276	0.092 840	0.251 223	0.009 700	0.000 022	0.000 023	0.000 027	0.000 034
10.0	−0.245 936	0.043 473	0.254 630	0.058 379	0.000 018	0.000 019	0.000 022	0.000 027

引用・参考文献

1章および全般

（1） M. Born and E. Wolf : Principles of Optics (sixth edition), Pergamon Press (1980)

（2） E. Hecht : Optics (second edition), Addison-Wesley Publishing Co. Inc. (1987)

（3） C. Williams and O. A. Becklund : Optics, John Wiley & Sons, Inc. (1972)

（4） F. A. Jenkins and H. E. White : Fundamentals of Optics (fourth edition), McGraw-Hill book company (1981)

（5） R. D. Guenther : Modern Optics, John Wiley & Sons, Inc. (1990)

（6） 久保田　広：波動光学，岩波書店(1971)

（7） 石黒浩三：光学，共立出版(1953)

2章

（1） 応用物理学会光学懇話会編：生理光学，朝倉書店(1975)

（2） 乾　敏郎：視覚情報処理の基礎，サイエンス社(1990)

（3） 樋渡涓二：生体情報工学，コロナ社(1955)

（4） 大頭　仁，行田尚義：視覚と画像，森北出版(1994)

（5） S. L. Polyak : The Vertebrate Visual System, The Univ. of Chicago Press (1962)

（6） H. Davson, ed. : The Eye, Vol. 1 ～ 6 Academic Press (1962)

3章

（1） 山田幸五郎：幾何光学，1，2，光学工業技術協会出版(1981)

（2） 辻内順平：光学概論，I，II，朝倉書店(1979)

（3） 石黒浩三：光学，基礎物理学選書，裳華房(1982)

（4） R. K. Luneberg : Mathematical Theory of Optics, Univ. California Press (1963)

（5） A. E. Conrady : Applied Optics and Optical Design, I, II, Dover Pub. (1960)

4章および5章

（1） 久保田　広：応用光学，岩波書店（1959）
（2） 鶴田匡夫：応用光学，Ⅰ，Ⅱ，培風館（1990）
（3） 村田和美：光学，サイエンス社（1983）
（4） 吉原邦夫：物理光学，共立出版（1984）
（5） 久保田　広他編：光学技術ハンドブック，朝倉書店（1968）
（6） S. Tolansky : An Introduction to Interferometry, Longman（1955）
（7） H. A. Macleod : Thin-Film Optical Filters, second edition, Adam-Hilger（1986）
（8） R. H. Brown : The Intensity Interferometers, Taylor and Francis（1974）

6章

（1） 辻内順平，村田和美編：光学情報処理，朝倉書店（1974）
（2） 飯塚啓吾：光工学，共立出版（1989）
（3） E. L. O'Neil : Introduction to Statistical Optics, Addison-Wesley（1963）
（4） J. W. Goodman : Introduction to Fourier Optics, McGraw-Hill book company（1968）
（5） B. R. Frieden *et al.* : The Computer in Optical Research, Springer-Verlag, Berlin, Heigelberg（1980）

7章

（1） 応用物理学会光学懇話会編：結晶光学，森北出版（1975）
（2） 坪井誠太郎：偏光顕微鏡，岩波書店（1959）
（3） P. Drude : The theory of Optics, Dover（1959）
（4） J. F. Nye : Physical Properties of Crystals, Oxford University Press（1957）
（5） A. Yariv and P. Yeh : Optical Waves in Crystals, John Wiley & Sons, Inc.（1984）

8章

（1） 末松安晴，伊賀健一：光ファイバー通信入門，オーム社（1990）
（2） 栖原敏明：光波工学，コロナ社（1998）
（3） レーザー学会編：レーザーハンドブック，オーム社（1982）
（4） N. S. Kapany : Fiber Optics, Academic Press（1967）
（5） S. D. Personick : Fiber Optics, Plenum Press（1985）
（6） M. K. Barnoski : Fundamentals of Optical Fiber Communications, Academic Press（1981）

（7） 上林利生，貴堂靖昭：光エレクトロニクス，森北出版(1992)

9章

（1） 櫛田孝司：量子光学，朝倉書店(1981)
（2） 工藤恵栄，若木守明：基礎量子光学，現代工学社(1997)
（3） R. Loudon : The Quantum Theory of Light, Clarendon Press. Oxford (1983)
（4） D. F. Walls and G. J. Millurn : Quantum Optics, Spriger-Verlag, Berlin, Heigelberg (1995)
（5） L. Mandel and E. Wolf : Optical Coherence and Quautum Optics, Cambridge Univ. Press (1995)

演習問題の解答例

第1章

（2） $\sin\theta_t = n_1 \sin\theta_i / n_2$ を用いてつぎのように表し，$\theta_i \to 0$，$\theta_t \to 0$ とする。

$$t_N = \frac{2n_1 \cos\theta_i}{n_1 \cos\theta_i + n_2 \cos\theta_t}$$

$$t_p = \frac{2n_1 n_2 \cos\theta_i}{(n_1 \cos\theta_i + n_2 \cos\theta_t)(n_1 \sin\theta_i \sin\theta_t + n_2 \cos\theta_i \cos\theta_t)}$$

$$r_N = \frac{n_1 \cos\theta_i - n_2 \cos\theta_t}{n_1 \cos\theta_i + n_2 \cos\theta_t}$$

$$r_P = \frac{(n_1 \cos\theta_i - n_2 \cos\theta_t)(n_2 \cos\theta_i \cos\theta_t - n_1 \sin^2\theta_i)}{(n_1 \cos\theta_i + n_2 \cos\theta_t)(n_2 \cos\theta_i \cos\theta_t + n_1 \sin^2\theta_i)}$$

（4） $\varepsilon = \varphi - \alpha + \sin^{-1}(\sin\alpha\sqrt{n^2 - \sin^2\varphi} - \sin\alpha \sin\varphi)$

プリズムへの入射角 φ と出射角 φ' が等しくなったときに，偏角 ε が最小になる。

（5） $v_1/\sin\theta_1$

第2章

（1） 眼底網膜に点光源が入射すると，その周辺では刺激を抑制する効果（側抑制効果）が生じる。そのためにレンズによる結像と異なり，点像応答関数（6.3節参照）に負の領域ができる。

（2） 月面上の照度は一定であるとして，これを2次光源と考えランバート余弦則を適用すれば，式(2.10)からその輝度は角度に依存しないことは明らかであろう。

（3） レンズにより光源の面積が ds から ds' に結像されたとする。横倍率 m は $m^2 = ds'/ds$，レンズによる反射や吸収を無視して，光源および像からレンズに対してはる立体角をそれぞれ ω，ω' とすると $m^2 = \omega/\omega'$ となるので，光源および像の輝度をそれぞれ I，I' として ds' に集まる全光束は式(2.3)より

$$dP = dI \cdot \omega = dI' \omega'$$

$$\therefore \quad dI' = \frac{\omega}{\omega'} dI = m^2 dI, \quad \therefore \quad L' = \frac{dI'}{ds'} = m^2 \frac{dI}{ds'} = m^2 L \frac{ds}{ds'} = L$$

となる（4.3節参照）。

（4） 全光束は式(2.11)より

$$P=\int dP=\pi L\int ds=4\pi R^2(\pi L)=4\pi^2 R^2 L$$

半径 d の球面上の照度は

$$E=\frac{dP}{ds}=\frac{P\cdot}{4\pi d^2}=\pi L\left(\frac{R^2}{d^2}\right)$$

（5） 上問で $r\ll R$, $L'\gg$L,　$L'r^2=LR^2$ なる輝度 L' の小球面高輝度光源を考えると，両者による球面 d 上の照度はまったく等しい。つまり，照度は等しいが輝度は高いのでまぶしく感じることになる。

第3章

（1） （a） $L(r,\phi,z)=\int\sqrt{n(r)^2-c^2/r^2-a^2}\,dr+c\phi+az$　（a，c は任意定数）

（b） $z=\int\dfrac{a\,dr}{\sqrt{n(r)^2-c^2/r^2-a^2}}$,　　$\phi=\int\dfrac{c\,dr}{r^2\sqrt{n(r)^2-c^2/r^2-a^2}}$

（c） $r=\dfrac{\sin\gamma_0}{a}\sin\left(\dfrac{a}{\cos\gamma_0}\right)z$

（2） 反射の光路長 $l=n_1(\sqrt{a^2+x^2}+\sqrt{a^2+(b-x)^2})$ で

$dl/dx=0$ より $i=r$

屈折の光路長 $l=n_1(\sqrt{a^2+x^2}+n_2\sqrt{a^2+(b-x)^2})$ で

$dl/dx=0$ より $n_1\sin i=n_2\sin t$

（3） 1.33倍

（8） $p=\dfrac{f_1'd}{f_1'+f_2'-d}$,　　$p=\dfrac{-f_2'd}{f_1'+f_2'-d}$

$$\frac{1}{f'}=\frac{1}{f_1'}+\frac{1}{f_2'}-\frac{d}{f_1'f_2'}$$

第4章

（1） 厚さ d を厚くすると干渉縞は外へ移動する。屈折率 n を大きくすると干渉縞は外へ移動する。

（2） 反射防止膜：$d=(2m+1)\lambda_0/4n_1$

反射増加膜：$d=m\lambda_0/2n_1$

（3） 鏡を遠ざけると，干渉縞は外側に向かって移動する。$m=\lambda/d$

（4） $f'\sqrt{1-(m\lambda_0/2nd)^2}$

（5） $\gamma=\delta(\omega-\omega_0)+\dfrac{1}{4}\delta\left(\omega-\omega_0-\dfrac{a}{2}\right)e^{-i\frac{a}{2}\tau}+\dfrac{1}{4}\delta\left(\omega-\omega_0+\dfrac{a}{2}\right)e^{i\frac{a}{2}\tau}$

第5章

(2) $DF = v_1 \Delta t = CF \sin\theta_i$, $CE = v_1 \Delta t = CF \sin\theta_r$, $CG = v_2 \Delta t = CF \sin\theta_t$

第1式と第2式より $\theta_i = \theta_r$。第1式と第3式より $\sin\theta_i / v_1 = \sin\theta_t / v_2$，すなわち，$n_1 \sin\theta_i = n_2 \sin\theta_t$

(4) $a = b/2$ とすればよい。

(6) $C(-w) = -C(w)$, $S(-w) = -S(w)$

(7) 焦点距離 $z = f' = p$

このとき

$$u(x_i) = u_0 e^{ikp}\left[1 + \frac{1}{2}\{\delta(x_i/p\lambda) + e^{-ikx_i/p\lambda}\}\right]$$

(8) 再生像の倍率が λ_P/λ_R になる。

第6章

(1)
$$\begin{aligned}\mathcal{F}\{f(x) * g(x)\} &= \int_{-\infty}^{\infty}\left\{\int_{-\infty}^{\infty} f(\xi) g(x-\xi)\, d\xi\right\} e^{-i2\pi\nu x} dx \\ &= \int_{-\infty}^{\infty}\left\{\int_{-\infty}^{\infty} g(x-\xi)\, e^{-i2\pi\nu(x-\xi)} dx\right\} f(\xi)\, e^{-i2\pi\nu\xi} d\xi \\ &= \int_{-\infty}^{\infty} g(w)\, e^{-i2\pi\nu w} dw \int_{-\infty}^{\infty} f(\xi)\, e^{-i2\pi\nu\xi} d\xi\end{aligned}$$

(2) $\mathcal{F}\{e^{-a^2x^2}\} = e^{-\frac{\pi^2}{a^2}\nu^2}\int_{-\infty}^{\infty} e^{-(ax + i\pi\nu/a^2)} dx$

$\cos(2\pi ax) = \{\exp(i2\pi ax) + \exp(-i2\pi ax)\}/2$ と $\sin(2\pi ax) = \{\exp(i2\pi ax) - \exp(-i2\pi ax)\}/2i$ を用いる。

(3) $G(\nu_x, \nu_y) = 2S(\nu_y, \nu_y)\cos(\pi a \nu_x)$ より $T(\nu_x, \nu_y) = 1/2\cos(\pi a \nu_x)$ を用いる。

(4) $G(\nu_x, \nu_y) = \delta(\nu_x, \nu_y) + i\,\mathcal{F}\{\phi(\nu_x, \nu_y)\}$, $U(\nu_x, \nu_y) = i\,\mathcal{F}\{\phi(\nu_x, \nu_y)\}$, $u(x, y) = i\phi(x, y)$。したがって，$I(x, y) = C\phi^2(-x, -y)$

(5) $u(x, y) = a\exp(i\alpha) + i\phi(-x, -y)$, $I(x, y) = C\{a^2 + \phi^2(-x, -y) + 2a\phi(-x, -y)\sin\alpha\} \simeq C\{a^2 + 2a\phi(-x, -y)\sin\alpha\}$。したがって，$\alpha = \pm\pi/2$ のときコントラストが最大になる。

第7章

(1) $E_i = \dfrac{s_i v_i^2}{v_r^2 - v_i^2}\nabla\cdot\boldsymbol{s}$

と変形して，$\boldsymbol{E}\cdot\boldsymbol{s} = 0$ を用いる。

(3) $\cos\alpha = \dfrac{n_o^2\cos^2\theta + n_e^2\sin^2\theta}{\sqrt{n_o^4\cos^4\theta + n_e^4\sin^4\theta}}$, $\tan\alpha = \dfrac{(n_e^2 - n_o^2)\sin\theta\cos\theta}{n_e^2\cos^2\theta + n_o^2\sin^2\theta}$

(4) 1.3.3項で学んだように，偏光方向によって薄膜の前面と後面の振幅反射係数が異なるので，多光束干渉の条件が異なる。特定方向の偏光に対する透過率を最大にし，それと直交する方向の偏光の透過率を小さくするように薄膜の屈折率と厚さを選ぶことで，偏光が作製できる。

第8章

（1） $\theta_m = 5.9\times10^{-5}$rad,　　　N.A.$=5.6\times10^{-1}$

（2） $R > \dfrac{n_1+n_2}{n_1-n_2}a$

（3） （a） $n_1=\sqrt{\varepsilon_1}$,　　$n_2=\sqrt{\varepsilon_2}$ として

TE モード

$$\frac{\partial H_z}{\partial y} - i\beta H_y = i\omega\varepsilon_i E_x$$
$$i\beta E_x = i\omega\mu_0 H_y$$
$$-\frac{\partial E_x}{\partial y} = i\omega\mu_0 H_z$$

TM モード

$$\frac{\partial E_z}{\partial y} - i\beta E_y = -i\omega\mu_0 H_x$$
$$i\beta H_x = -i\omega\varepsilon_i E_y$$
$$-\frac{\partial H_x}{\partial y} = -i\omega\varepsilon_i E_z$$

（b） TE モードの波動方程式

$$\frac{\partial^2 E_x}{\partial y^2} + (k_0{}^2 n_i{}^2 - \beta^2)E_x = 0$$

$\gamma^2 = n_1{}^2k_0{}^2 - \beta^2$，$\varkappa^2 = \beta^2 - n_2{}^2k_0{}^2$ とおき，$y=0$ と $y=a$ での E_x と H_z の連続性から

$$E_x(y) = \begin{cases} Ae^{-\varkappa(y-a)}\cos(\gamma a+\phi) & (a\le y) \\ A\cos(\gamma y+\phi) & (0\le y\le a) \\ Ae^{\varkappa y}\cos\phi & (y\le 0) \end{cases}$$

$$H_z(y) = \begin{cases} (i/\omega\mu_0)\varkappa Ae^{-\varkappa(y-a)}\cos(\gamma a+\phi) & (a\le y) \\ (i/\omega\mu_0)\gamma A\sin(\gamma y+\phi) & (0\le y\le a) \\ -(i/\omega\mu_0)\varkappa Ae^{\varkappa y}\cos\phi & (y\le 0) \end{cases}$$

A は任意定数で

$$\phi = -\tan^{-1}(\varkappa/\gamma)$$
$$\gamma a = 2\tan^{-1}(\varkappa/\gamma) + m\pi \qquad (m=0,1,2,\cdots)$$

（c） $m=1$ 以上の高次のモードで $\varkappa=0$ となればよい。

$$a \le a_c = \frac{\pi}{\gamma} = \frac{\lambda}{2\sqrt{n_1{}^2-n_2{}^2}}$$

$$\lambda_c = 2a\sqrt{{n_1}^2 - {n_2}^2}$$

第9章

（1）　$[\hat{a}\hat{a}^\dagger]=1, [\hat{a}\hat{a}]=0=[\hat{a}^\dagger\hat{a}^\dagger]$，を用いて容易に解ける。

（2）　エルミート演算子$\hat{A}$は，$<i|\hat{A}|j> = <j|\hat{A}|i>^*$，あるいは$<\hat{A}>_{ij} = <\hat{A}>^*_{ji}$を満足しなくてはならない。

（3）　本文参照。

（4）　$2\,\bar{I}(t_1)\,\bar{I}(t_2) \leq \bar{I}(t_1)^2 + \bar{I}(t_2)^2$，$N$ 回の強度測定から

$$\left\{\frac{\sum_{N=1}^{N}\bar{I}(t_N)}{N}\right\}^2 \leq \frac{\sum_{N=1}^{N}\bar{I}(t_N)^2}{N}$$

そこで$\bar{I}^2 \equiv <\bar{I}(t)>^2 \leq <\bar{I}(t)^2>$，　また

$$\left[\sum_{N=1}^{N}\bar{I}(t_N)\cdot\bar{I}(t_N+\tau)\right]^2 \leq \left[\sum_{N=1}^{N}\bar{I}(t_N)^2\right]\left[\sum_{N=1}^{N}\bar{I}(t_N+\tau)^2\right]$$ より

$$<\bar{I}(t)\,\bar{I}(t+\tau)> \leq <\bar{I}(t)^2>$$

（5）　本文参照。

索　　引

——著者略歴——

大頭　仁（おおず　ひとし）
1953 年　早稲田大学理工学部応用物理学科卒業
1959 年　ウィーン工科大学（オーストリア）応用物理学博士課程修了
1959 年　Dr. techn.（工学博士）（ウィーン工科大学）
1959 年　王立理工学研究所（スウェーデン）研究員
1965 年　早稲田大学助教授
1969 年　早稲田大学教授，ワシントン大学（アメリカ）客員教授
1997 年　ミュンスター大学（ドイツ）客員教授
2002 年　早稲田大学名誉教授，ネオアーク(株)レーザー医用研究所長
現在に至る

高木康博（たかき　やすひろ）
1986 年　早稲田大学理工学部応用物理学科卒業
1988 年　早稲田大学大学院理工学研究科物理学及応用物理学専攻修士課程修了
1991 年　早稲田大学助手
1992 年　博士（工学）（早稲田大学）
1994 年　日本大学講師
1998 年　日本大学助教授
2000 年　東京農工大学助教授
2007 年　東京農工大学准教授
2014 年　東京農工大学教授
現在に至る

基礎光学
——光の古典論から量子論まで——
Fundamentals of Optics

2000 年 5 月 25 日　初版第 1 刷発行
2015 年 5 月 30 日　初版第 5 刷発行

検印省略

著　者　大　頭　　仁
　　　　高　木　康　博
発 行 者　株式会社　コロナ社
　　　　代 表 者　牛来真也
印 刷 所　新日本印刷株式会社

112-0011　東京都文京区千石 4-46-10
発行所　株式会社　**コロナ社**
CORONA PUBLISHING CO., LTD.
Tokyo Japan
振替 00140-8-14844・電話(03)3941-3131(代)
ホームページ http://www.coronasha.co.jp

ISBN 978-4-339-01052-7 (横尾)　　(製本：牧製本印刷)
Printed in Japan

	配本順			頁	本体
C-10		オペレーティングシステム			
C-11		ソフトウェア基礎	外山芳人著		
C-12		データベース			
C-13	(第31回)	集積回路設計	浅田邦博著	208	3600円
C-14	(第27回)	電子デバイス	和保孝夫著	198	3200円
C-15	(第8回)	光・電磁波工学	鹿子嶋憲一著	200	3300円
C-16	(第28回)	電子物性工学	奥村次徳著	160	2800円

展　開

	配本順			頁	本体
D-1		量子情報工学	山崎浩一著		
D-2		複雑性科学			
D-3	(第22回)	非線形理論	香田徹著	208	3600円
D-4		ソフトコンピューティング	山川烈・堀尾恵一共著		
D-5	(第23回)	モバイルコミュニケーション	中川正雄・大槻知明共著	176	3000円
D-6		モバイルコンピューティング			
D-7		データ圧縮	谷本正幸著		
D-8	(第12回)	現代暗号の基礎数理	黒澤馨・尾形わかは共著	198	3100円
D-10		ヒューマンインタフェース			
D-11	(第18回)	結像光学の基礎	本田捷夫著	174	3000円
D-12		コンピュータグラフィックス			
D-13		自然言語処理	松本裕治著		
D-14	(第5回)	並列分散処理	谷口秀夫著	148	2300円
D-15		電波システム工学	唐沢好男・藤井威生共著		
D-16		電磁環境工学	徳田正満著		
D-17	(第16回)	VLSI工学 —基礎・設計編—	岩田穆著	182	3100円
D-18	(第10回)	超高速エレクトロニクス	中村徹・三島友義共著	158	2600円
D-19		量子効果エレクトロニクス	荒川泰彦著		
D-20		先端光エレクトロニクス			
D-21		先端マイクロエレクトロニクス			
D-22		ゲノム情報処理	高木利久・小池麻子編著		
D-23	(第24回)	バイオ情報学 —パーソナルゲノム解析から生体シミュレーションまで—	小長谷明彦著	172	3000円
D-24	(第7回)	脳工学	武田常広著	240	3800円
D-25		生体・福祉工学	伊福部達著		
D-26		医用工学			
D-27	(第15回)	VLSI工学 —製造プロセス編—	角南英夫著	204	3300円

定価は本体価格+税です。
定価は変更されることがありますのでご了承下さい。

図書目録進呈◆